基础化学实验教学示范中心建设系列教材

主　编：方志杰

副主编：（按姓氏笔画排序）

　　　王凤云　　贡雪东　　居学海　　彭新华

中国石油和化学工业优秀教材
大学化学实验3 测试实验与技术 第二版

主　　编：王凤云

副 主 编：金瑞娣　　张常山

编写人员：（按姓氏笔画排序）

　　　王　双　　王大雁　　王凤云　　田　澍

　　　吴志清　　张跃华　　张常山　　罗元香

　　　金瑞娣　　徐皖育　　姬俊梅　　程广斌

基础化学实验教学示范中心建设系列教材

方志杰　主编

中国石油和化学工业优秀教材

大学化学实验3
测试实验与技术

DAXUE HUAXUE SHIYAN 3
CESHI SHIYAN YU JISHU

第二版

王风云　主编

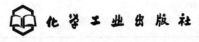

化学工业出版社

·北京·

《基础化学实验教学示范中心建设系列教材》是南京理工大学、南通大学、南京理工大学泰州科技学院等几家院校大学化学实验教学改革的成果。经过十几年不断地探索、教学实践的检验和完善，也参考了其他院校基础化学实验课程改革的经验。该系列教材将基础化学实验分成四个分册：基础知识与技能、合成实验与技术、测试实验与技术、综合与设计性实验。本书是第三分册。

《大学化学实验3 测试实验与技术》第二版保持了第一版的风格，对部分实验进行了修订。内容包括仪器性能评价实验，物质的含量、基本物性、热力学性质、动力学参数、电化学性能、界面性能和结构性质的测定实验。对测试实验中常用仪器的原理、作用与操作方法进行了简单介绍，附录中列出了常用实验数据与物性常数，供读者使用时查阅。

本书内容广泛、实用，可作为化学、化工、环境、材料、生物、制药、冶金、轻工等专业学生的实验教材，也可供从事化学实验教学和科学研究的相关人员参考。

图书在版编目（CIP）数据

大学化学实验3. 测试实验与技术/王风云主编.
2版. —北京：化学工业出版社，2013.4（2023.8重印）
基础化学实验教学示范中心建设系列教材
ISBN 978-7-122-16511-4

Ⅰ. ①大… Ⅱ. ①王… Ⅲ. ①化学实验-高等
学校-教材 Ⅳ. ①O6-3

中国版本图书馆 CIP 数据核字（2013）第 027737 号

责任编辑：刘俊之　　　　　　　　　　装帧设计：韩　飞
责任校对：宋　玮

出版发行：化学工业出版社（北京市东城区青年湖南街 13 号　邮政编码 100011）
印　　装：北京虎彩文化传播有限公司
787mm×1092mm　1/16　印张 13½　字数 323 千字　　2023 年 8 月北京第 2 版第 5 次印刷

购书咨询：010-64518888　　　　　　售后服务：010-64518899
网　　址：http://www.cip.com.cn
凡购买本书，如有缺损质量问题，本社销售中心负责调换。

定　　价：26.00 元

前 言

基础化学实验教学示范中心建设系列教材（共 4 册）第一版在 2007 年出版发行，因系统性强，内容新颖，涉及新方法新技术实践，已在大学生和研究生教学中获得广泛应用，得到用书学校师生的高度认同和肯定。各分册均多次印刷，并获得第九届中国石油和化学工业优秀教材奖。

编写一套理论和实践趋向完美结合的实验教材，需要师生们的新思想，我们很高兴利用再版的机会吸收新观点，摒弃第一版中不合时宜的内容，并保持教材的以下特色。

（1）综合性：一个实验是两个或两个以上二级学科知识点的有机结合。例如无机制备或有机合成与分析表征的结合、晶体合成与结构表征的结合等。

（2）先进性：部分实验内容来源于科学研究的最新成果，可以引导学生尽早了解各分支学科的国际前沿和热点。例如组合化学、纳米材料合成等。

（3）实用性：实验的对象是真实的样品，例如地表水、表面活性剂、分子筛或自行制备的工业水处理剂等。

（4）普遍性：通过一个实验可以达到"举一反三"的目的，既可以深入学习方法的原理，又可以得到实际操作能力的训练，进而可以推广应用。

作为基础化学实验教材，既要保持内容的系统性，又要反映科学技术发展的先进性。然而科学技术发展日新月异，及时反映科学技术发展的前沿，除了教学人员的知识体系不断更新外，还需要不断进行适合于新方法技术的先进仪器设备等装备。鉴于此，《大学化学实验3 测试实验与技术》第二版仍沿袭第一版的风格，保留了第一版中的大部分内容，只对实验3.6、3.8 和 5.2 进行了修改，使实验操作和数据处理更加明确和便利，同时结合新时期对教材内容改革的需要，增加了实验 4.7。

本书可作为化学化工领域大学生实践教育的配套教材，也可作为其他相关专业人员的化学实验参考书。我们感谢书中所列参考文献的作者和因疏漏等原因未列出的文献作者，因他们创新了很多典型案例。同样感谢化学工业出版社的编辑，使得本书及时修订。最后感谢南京理工大学、南通大学、泰州科技学院等单位对本书再版工作的支持。书中不妥之处，敬请读者批评指正。

编 者
2013 年 4 月

第一版前言

为实施"高等教育面向 21 世纪教学内容和课程体系改革"计划，拓宽基础，淡化专业，注重知识、能力和素质的综合协调发展，培养面向 21 世纪的创新型人才，以基础化学实验教学示范中心建设为契机，我们对原有的实验课程教学模式进行了较大的调整改革，对基础化学实验内容进行了整合、优化与更新，将实验课由原来依附于理论课开设变成独立设课，由原来按二级或三级学科内容开设变为分层次开设，将基础化学实验作为一个以能力培养为目标的整体来考虑。从培养技能的基本操作性实验，到培养分析解决问题能力的有关原理、性质、合成、表征等方面的一般实验，进而到重点培养综合思维和创新能力的综合与设计探索性实验，分层次展开。希望进一步强化大学生的自我获取知识的能力，在巩固其扎实的基础知识和基本技能的基础上，更有利于培养学生的动手能力和创新能力。据此，我们编写了基础化学实验教学示范中心建设系列教材，由方志杰主编。该系列教材共分 4 册，分别为《大学化学实验 1 基础知识与技能》、《大学化学实验 2 合成实验与技术》、《大学化学实验 3 测试实验与技术》和《大学化学实验 4 综合与设计性实验》。

本书为该系列教材第三分册。随着科学技术的发展，新的测试仪器和新的测试方法不断出现，了解和掌握这些仪器的工作原理、使用方法和数据处理步骤是现代理工科大学生的基本任务。为此，本册教材以经典化学实验中的仪器分析实验和物理化学实验为基础，分仪器性能评价、物质的含量测定、基本物性的测定、热力学性质的测定、动力学参数的测定、电化学性能的测定、表面性质的测定和结构性质的测定等八个专题，选编了 60 个实验。在实验内容的选取中，我们力求在仪器的类型、测定的原理和数据处理方法等方面的全面和均衡，尽可能保证学生通过有限数量的实践获得尽量多的知识。对测试实验与技术中常用仪器的原理、作用与操作方法等进行了简单介绍，最后在附录中还列出了常用实验数据与物质性质常数。

本册由王风云任主编，金瑞娣和张常山任副主编。实验 1.1、1.3、2.2、2.7、2.9、2.11、6.6 和 8.5 由田澍负责编写；实验 3.3、3.6、3.7、3.10、4.1、4.2、6.1、6.8、6.9 和 7.1 由金瑞娣、张跃华负责编写；实验 1.2、1.5、2.4、2.6、6.3、6.4、6.5 和 6.7 由姬俊梅、王双负责编写；实验 1.4、2.1、2.3、2.8、2.10、2.12、4.6 和 8.4 由罗元香、徐皖育和程广斌负责编写；实验 3.1、3.4、3.5、3.8、3.9、4.4、5.1～5.7、8.1 和 8.6 由张常山、王大雁、吴志清负责编写；实验 2.5、3.2、4.3、4.5、6.2、7.2～7.5、8.2 和 8.3 由王风云负责编写；第 9 章和附录由张跃华、王风云负责编写。南京理工大学工业化学研究所的硕士研究生支微、陆丽娟和边晖在本册的编写过程中做了大量文字录入和校对工作。

本书的出版得到南京理工大学教务处、化工学院，南通大学，泰州科技学院等单位的大力支持，还得益于化学工业出版社编辑认真细致的工作，编者在此一并致以衷心的感谢。同时还要感谢书中所列参考文献的作者，以及由于疏漏尚未列出的文献作者。

限于编者水平有限，不妥之处在所难免，恳请广大师生和读者批评指正。

编 者
2007 年 7 月

目录

第1章　仪器性能评价实验　　　　　　　　　　　　　　　1

实验1.1　氯离子选择性电极性能的测试 …………………………… 1

实验1.2　有机化合物紫外吸收曲线的测绘和应用 ………………… 3

实验1.3　气相色谱的定性和定量分析 …………………………… 4

实验1.4　气相色谱填充柱的柱效测定 …………………………… 6

实验1.5　邻二氮菲分光光度法测定微量铁的条件试验………… 7

第2章　物质含量的测定　　　　　　　　　　　　　　　　10

实验2.1　水样中铜、镉、锌的极谱分析 …………………… 10

实验2.2　环境水样中氟含量的离子选择性电极法测定 ………… 12

实验2.3　阳极溶出伏安法测定水中的铅、镉含量 …………… 14

实验2.4　邻二氮菲法测定微量铁 ………………………… 16

实验2.5　双环己酮草酰二腙分光光度法测定水中的微量铜离子 …… 18

实验2.6　分光光度法测定铬和钴的混合物 …………………… 19

实验2.7　原子吸收分光光度法测定自来水中钙、镁的含量 ……… 21

实验2.8　荧光法测定维生素片中核黄素的含量 …………… 23

实验2.9　紫外吸收光谱法测定蒽醌试样中蒽醌的含量和摩尔吸收系数 …… 25

实验2.10　硝基甲苯异构体的气相色谱分析 …………………… 26

实验2.11　高效液相色谱法测定饮料中的咖啡因 …………… 27

实验2.12　苯、萘、联苯的高效液相色谱分析 ……………… 29

第3章　基本物性的测定　　　　　　　　　　　　　　　　31

实验3.1　纯液体饱和蒸气压的测定 …………………………… 31

实验3.2　电解质溶液的黏度与密度测定 ……………………… 34

实验3.3　凝固点降低法测定溶质的相对分子质量 …………… 36

实验3.4　气态物质相对分子质量的测定 …………………… 39

实验3.5　黏度法测定高分子化合物的平均相对分子质量 ……… 41

实验3.6　二元液相溶液气-液平衡相图的绘制 ……………… 45

实验 3.7　低共熔二元体系相图的绘制 ……………………………………………… 48

实验 3.8　萘-联苯低共熔体系相图的绘制 ………………………………………… 50

实验 3.9　苯-醋酸-水三组分体系等温相图的绘制 ………………………………… 53

实验 3.10　沉降分析法测定碳酸钙的粒径分布 …………………………………… 56

第4章　热力学性质的测定　61

实验 4.1　燃烧热的测定 ……………………………………………………………… 61

实验 4.2　溶解热的测定 ……………………………………………………………… 64

实验 4.3　离子选择性电极法测定水的质子离解热力学函数 …………………… 68

实验 4.4　气相色谱法测定二元溶液系活度系数 ………………………………… 71

实验 4.5　蒸气压法测定二元体系活度系数与超额热力学函数 ………………… 72

实验 4.6　分光光度法测定邻二氮菲-铁（Ⅱ）配合物的组成 …………………… 76

实验 4.7　配合物组成和稳定常数的测定 ………………………………………… 77

第5章　动力学参考的测定　81

实验 5.1　蔗糖水解反应速率常数的测定 ………………………………………… 81

实验 5.2　乙酸乙酯皂化反应 k 和 E 的测定 …………………………………… 84

实验 5.3　丙酮碘化反应动力学参数的测定 ……………………………………… 86

实验 5.4　硫氰化铁快速配位反应速率常数的测定 ……………………………… 89

实验 5.5　稳定流动法测定乙醇脱水反应的动力学参数 ………………………… 91

实验 5.6　碳的气化反应及温度对平衡常数的影响 ……………………………… 94

实验 5.7　化学振荡反应 …………………………………………………………… 96

第6章　电化学性能的测定　100

实验 6.1　原电池电动势及其与温度关系的测定 ………………………………… 100

实验 6.2　HCl 活度系数与 HAc 离解常数的测定 ……………………………… 103

实验 6.3　电位法测量水溶液的 pH ……………………………………………… 105

实验 6.4　乙酸的电位滴定分析及其解离常数的测定 …………………………… 108

实验 6.5　重铬酸钾法电位滴定硫酸亚铁铵溶液 ………………………………… 110

实验 6.6　玻璃电极响应斜率和溶液 pH 的测定 ………………………………… 112

实验 6.7　H_2SO_4 和 H_3PO_4 混合酸的电位滴定 ……………………………… 114

实验 6.8　电位-pH 曲线的测定 …………………………………………………… 116

实验 6.9　溶液电导的测定及其应用 ……………………………………………… 120

第7章　界面性质的测定　123

实验 7.1　最大气泡法测定液体的表面张力 ……………………………………… 123

实验 7.2　泡沫稳定性的研究 ……………………………………………………… 126

实验 7.3　硅胶的物理吸附与比表面积测定 ……………………………………… 129

实验 7.4　活性炭的化学吸附特性测定 …………………………………………… 132

实验7.5　表面活性剂临界胶束浓度与分子截面积的测定 ·· 134

第8章　结构性质的测定　　　　　　　　　　　　　　　138

实验8.1　溶液法测定极性分子的偶极矩 ·· 138
实验8.2　物质摩尔折射率的测定 ·· 142
实验8.3　磁化率的测定 ·· 144
实验8.4　红外吸收光谱的测定及有机结构分析 ·· 148
实验8.5　苯及其衍生物的紫外吸收光谱的测绘及溶剂效应的研究 ·· 149
实验8.6　X衍射法测定 NaCl 的晶体结构 ·· 151

第9章　常用实验仪器　　　　　　　　　　　　　　　155

9.1　阿贝折射仪 ·· 155
　9.1.1　阿贝折射仪的构造 ·· 155
　9.1.2　阿贝折射仪的使用方法 ·· 156
　9.1.3　使用注意事项 ·· 157
　9.1.4　阿贝折射仪的校正和保养 ·· 157
9.2　黏度计 ·· 157
　9.2.1　定义与原理 ·· 157
　9.2.2　乌氏黏度计使用方法 ·· 158
9.3　pH 计 ·· 158
　9.3.1　复合 pH 电极的结构和测量原理 ·· 159
　9.3.2　pH 计 ·· 160
　9.3.3　注意事项 ·· 160
9.4　电导率仪 ·· 161
　9.4.1　原理 ·· 161
　9.4.2　结构 ·· 162
　9.4.3　使用方法 ·· 162
　9.4.4　电极常数的标定方法 ·· 163
　9.4.5　注意事项 ·· 164
9.5　极谱仪 ·· 164
　9.5.1　原理 ·· 164
　9.5.2　结构 ·· 165
　9.5.3　使用方法 ·· 166
　9.5.4　注意事项 ·· 166
9.6　离子计 ·· 167
　9.6.1　工作原理 ·· 167
　9.6.2　使用方法 ·· 167
9.7　库仑分析仪 ·· 167
　9.7.1　原理 ·· 168
　9.7.2　仪器结构 ·· 168

9.7.3 使用方法 ……………………………………………………………… 169
9.7.4 思考题 …………………………………………………………………… 169
9.8 电位差计 …………………………………………………………………… 169
   9.8.1 原理 ……………………………………………………………………… 169
   9.8.2 UJ-25 型电位差计测量电动势的方法 …………………………………… 170
   9.8.3 注意事项 ………………………………………………………………… 171
9.9 旋光仪 ……………………………………………………………………… 171
   9.9.1 旋光现象和旋光度 ……………………………………………………… 171
   9.9.2 旋光仪的结构 …………………………………………………………… 171
   9.9.3 影响旋光度的因素 ……………………………………………………… 173
   9.9.4 旋光仪的使用方法 ……………………………………………………… 173
   9.9.5 使用注意事项 …………………………………………………………… 173
   9.9.6 自动指示旋光仪结构及测试原理 ……………………………………… 174
9.10 荧光分析仪 ………………………………………………………………… 174
   9.10.1 原理 ……………………………………………………………………… 174
   9.10.2 仪器结构 ………………………………………………………………… 175
   9.10.3 荧光分析仪的使用方法 ………………………………………………… 175
9.11 红外光谱仪 ………………………………………………………………… 175
   9.11.1 原理 ……………………………………………………………………… 175
   9.11.2 结构 ……………………………………………………………………… 176
   9.11.3 使用方法 ………………………………………………………………… 178
9.12 紫外-可见分光光度计 …………………………………………………… 178
   9.12.1 仪器原理 ………………………………………………………………… 178
   9.12.2 仪器结构 ………………………………………………………………… 179
   9.12.3 使用方法 ………………………………………………………………… 179
   9.12.4 注意事项 ………………………………………………………………… 180
9.13 原子吸收分光光度计 …………………………………………………… 180
   9.13.1 原理 ……………………………………………………………………… 180
   9.13.2 仪器的结构 ……………………………………………………………… 180
   9.13.3 使用方法 ………………………………………………………………… 181
   9.13.4 注意事项 ………………………………………………………………… 182
9.14 发射光谱分析仪 ………………………………………………………… 182
   9.14.1 仪器原理 ………………………………………………………………… 182
   9.14.2 仪器结构 ………………………………………………………………… 182
   9.14.3 等离子体发射光谱仪及其使用方法 …………………………………… 182
   9.14.4 火焰光度计 ……………………………………………………………… 184
   9.14.5 注意事项 ………………………………………………………………… 185
9.15 色谱仪 ……………………………………………………………………… 186
   9.15.1 气相色谱仪的组成 ……………………………………………………… 187
   9.15.2 高效液相色谱法 ………………………………………………………… 188
9.16 质谱仪 ……………………………………………………………………… 190

9.16.1 原理 ·· 190

9.16.2 结构 ·· 191

9.16.3 使用方法 ······································ 191

9.17 核磁共振波谱仪 ·································· 192

9.17.1 工作原理 ······································ 193

9.17.2 结构 ·· 193

9.17.3 使用方法 ······································ 194

参考文献 ————————————————————— **195**

附　录 ————————————————————— **196**

附录 1　SI 基本单位 ···································· 196

附录 2　常用的 SI 导出单位 ···························· 196

附录 3　基本常数（1986 年国际推荐值） ················ 196

附录 4　压力单位换算表 ································ 197

附录 5　热功单位换算表 ································ 197

附录 6　电磁波谱范围 ·································· 197

附录 7　不同温度下水的 ρ, p, σ, n_D, η 和 ε ·········· 197

附录 8　常用有机溶剂的物理常数 ······················ 198

附录 9　相关有机化合物的蒸气压 ······················ 199

附录 10　一些有机化合物的密度 ························ 199

附录 11　几种溶剂的冰点下降常数 ······················ 200

附录 12　常压下一些二元共沸物的沸点和组成 ············ 200

附录 13　无机化合物的标准溶解热 ······················ 200

附录 14　25℃下醋酸在水溶液中的电离度和离解常数 ······ 201

附录 15　不同浓度范围内 KCl 溶液的电导率（$10^{-2}\kappa$） ······ 201

附录 16　25℃下常见标准电极电位及温度系数 ············ 201

附录 17　常见液体的黏度 ······························ 202

附录 18　相关有机化合物的标准摩尔燃烧焓 ·············· 202

附录 19　18～25℃下难溶化合物在水中的溶度积 ·········· 202

附录 20　相关均相反应的速率常数 ······················ 202

第1章 仪器性能评价实验

现代化学离不开现代仪器。在测试技术中需要用到多种仪器设备，加深对各种相关仪器设备性能的了解是本课程的主要任务之一。

在本章中，共选列了 5 个相关实验。通过这几个实验的练习使学生能了解仪器性能评价的一般方法，为其他实验技能的掌握打下基础。

实验1.1　氯离子选择性电极性能的测试

实验目的

（1）学习电位法的基本原理和操作技术。

（2）理解电极性能衡量指标电位选择系数的物理意义及计算方法。

实验原理

离子选择性电极是一种电化学传感器，它对特定的离子有电位响应。但任何一支离子选择性电极不可能只对某种特定离子有响应，对其他某些离子也会有响应。例如氯离子选择性电极浸入含有 Br^- 的溶液中时，也会产生膜电位。当 Cl^- 和 Br^- 共存于溶液中时，Br^- 存在必然会对 Cl^- 的测定产生干扰。为了表明共存离子对电位的"贡献"，可用一个扩展的能斯特公式描述：

$$E = K - \left(2.303\frac{RT}{nF}\right)\lg(\alpha_i + K_{ij}\alpha_j^{n/b})$$

式中，i 为被测离子；j 为干扰离子；n 和 b 分别为被测离子和干扰离子的电荷数；K_{ij} 为电位选择系数。

从上式可以看出，电位选择系数愈小，电极对被测离子的选择性愈好。

测定 K_{ij} 的方法可以用分别溶液法或混合溶液法测定，本实验采用混合溶液法测定 K_{ij}。

混合溶液法是 i、j 离子共存于溶液中，实验中配制一系列含有固定活度的干扰离子和不同活度的被测离子的标准溶液，分别测量电位值 E，绘成 E-$\lg\alpha_i$ 曲线。

曲线中直线部分（$\alpha_i > \alpha_j$）的能斯特方程为

$$E_1 = K_1 + \left(2.303\frac{RT}{nF}\right)\lg\alpha_i$$

在曲线的水平部分（$\alpha_i > \alpha_j$），电极对 i 离子的响应可以忽略，电位值完全由 j 离子决定，则：

$$E_2 = K_2 + \left(2.303\frac{RT}{nF}\right)\lg(K_{ij}\alpha_j^{n/b})$$

假定 $K_1 = K_2$，且两斜率相同，在直线的交点处 $E_1 = E_2$，可以得出下述公式：

$$K_{ij} = (\alpha_i / \alpha_j)^{n/b}$$

因此可以求得 K_{ij} 值，这一方法也称为固定干扰法，本实验以 Br^- 为干扰离子，测定氯离子选择电极的选择性系数 K_{Cl^-, Br^-}。

仪器与试剂

(1) 酸度计，磁力搅拌器。

(2) 氯离子选择性电极（敏感膜由 Ag_2S-$AgCl$ 粉末混合压片制成。它是无内参比溶液的全固态型电极，电荷由膜内电荷数最少、半径最小的 Ag^+ 传导）和 217 型双盐桥饱和甘汞电极。当把氯离子选择性电极浸入含有 Cl^- 溶液时，它可将溶液中 Cl^- 活度转变成电信号。由于饱和氯化钾甘汞电极中有 Cl^- 存在，电极内的 Cl^- 可通过陶瓷芯多孔物质向溶液中扩散，影响 Cl^- 的测定，所以应该使用双盐桥饱和甘汞电极。

(3) 0.100mol/L NaCl 标准溶液。称取 1.464g 经 110℃ 烘干的分析纯 NaCl 于小烧杯中，用水溶解后，转移至 250mL 容量瓶中，定容至刻度，用时再稀释。

(4) 0.100mol/L NaBr 标准溶液，准确称取分析纯 NaBr 2.573g 于小烧杯中，用水溶解后，转移到 250mL 容量瓶中，用水定容至刻度，用时再稀释。

(5) 1.0mol/L KNO_3 作为离子强度调节剂，用 HNO_3 调节 pH 在 2.5 左右。

实验步骤

(1) 按酸度计操作步骤调试仪器，选择－mV 键，检查 217 型甘汞电极是否充满 KCl 溶液，若未充满，应补充饱和 KCl 溶液，并排除其中的气泡。于盐桥套管中放置 KNO_3 溶液，并用皮筋将套管连接在甘汞电极上。

(2) 将氯离子选择性电极和甘汞电极与酸度计联好（217 型饱和甘汞电极接"正"，氯离子选择性电极接"负"，即玻璃电极插孔），把电极浸入蒸馏水中，放入磁性搅拌磁子，开动搅拌器，将电极洗至空白电位。

(3) 准确吸取适量的氯离子标准溶液于 50mL 容量瓶中，以配制 1.00×10^{-4} mol/L，1.00×10^{-3} mol/L，5.00×10^{-3} mol/L，1.00×10^{-2} mol/L，5.00×10^{-2} mol/L 和 1.00×10^{-1} mol/L NaCl 的系列标准溶液，各加入 5.00mL 1.00×10^{-2} mol/L Br^- 标准溶液，15mL 1.0mol/L KNO_3 溶液，用水稀释至刻度，摇匀。从低浓度至高浓度分别测量电位值。

数据记录及处理

以电位 E 值为纵坐标，$\lg c_{Cl^-}$ 为横坐标作图，延长曲线中两段直线部分，得一交点，并从交点处求得 c_{Cl^-} 的值，根据公式计算氯离子选择性电极对溴离子的电位选择系数。

$$K_{Cl^-, Br^-} = c_{Cl^-} / c_{Br^-}$$

思考题

(1) 评价离子选择性电极的性能有哪些特性参数？

(2) 本实验中为什么要选用双盐桥饱和甘汞电极？

(3) 测定电位选择系数有哪几种方法？

(4) 酸度计、pH 计和离子计之间有什么异同点？

实验 1.2　有机化合物紫外吸收曲线的测绘和应用

实验目的

（1）掌握 UV-754N 型紫外-可见分光光度计的使用。

（2）学习紫外吸收光谱曲线的绘制方法。

（3）学习利用吸收光谱曲线进行化合物鉴定和纯度检查。

实验原理

利用紫外吸收光谱定性的方法原理是：将未知试样和标准样在相同的溶剂中，配制成相同浓度，在相同条件下，分别绘制它们的紫外吸收光谱曲线，比较两者是否一致。或者将试样的吸收光谱与标准谱图（如 Sadtler 紫外光谱图）对比，若两谱图 λ_{max} 和 ε_{max} 相同，表明是同一物质。

在没有紫外吸收峰的物质中检查有高吸光系数的杂质，也是紫外吸收光谱的重要用途之一。例如，检查乙醇是否存在苯杂质，只需要测定乙醇试样在 256nm 处有没有苯吸收峰即可。因为乙醇在此波长无吸收。

仪器与试剂

（1）UV-754N 型紫外-可见分光光度计（或其他型号仪器）；1cm 石英吸收池；100mL、1000mL 容量瓶；10mL 移液管。

（2）无水乙醇；未知芳香族化合物；乙醇试样（内含微量杂质苯）。

实验步骤

（1）准备工作

① 按仪器说明书检查仪器，开机预热 20min。

② 检查仪器波长的正确性和 1cm 石英吸收池的成套性。

（2）未知芳香族化合物的鉴定

① 配制未知芳香族化合物水溶液：称取未知芳香族化合物 0.1000g，用去离子水溶解后，转移入 100mL 容量瓶，稀至标线，摇匀。从中移取 10.00mL 于 1000mL 容量瓶中，稀至标线，摇匀（合适的试样浓度应通过实验来调整）。

② 去离子水作参比溶液，用 1cm 石英吸收池，在 200～360nm 范围测绘吸收光谱曲线。

（3）乙醇中杂质苯的检查

用 1cm 石英吸收池，以纯乙醇作参比溶液，在 200～280nm 波长范围内测定乙醇试样的吸收曲线。

数据记录及处理

（1）绘制并记录未知芳香族化合物的吸收光谱曲线和实验条件；确定峰值波长，计算峰值波长处 $A_{1cm,1\%}$ 值（指吸光物质的质量浓度为 10g/L 的溶液，在 1cm 厚的吸收池中测得的吸光度）和摩尔吸光系数，与标准谱图比较，确定化合物名称。

（2）绘制乙醇试样的吸收光谱曲线，记录实验条件，根据吸收光谱曲线确定是否有苯吸收峰，峰值波长是多少。

波长 λ/nm	
吸光度 A	
波长 λ/nm	
吸光度 A	

思考题

（1）实验过程中，试样溶液浓度大小是否对测量有影响？如果有，应如何调节？

（2）如果试样是非水溶性的，则应如何进行鉴定，请设计出简要的实验方案。

注意事项

（1）实验中所用的试剂应经提纯处理。

（2）石英吸收池每换一种溶液或溶剂都必须清洗干净，并用被测溶液或参比液荡洗三次。

实验1.3 气相色谱的定性和定量分析

实验目的

（1）了解气相色谱仪的基本结构和工作原理。

（2）学习计算色谱峰的分辨率。

（3）熟练掌握根据保留值、用已知物对照定性的分析方法。

（4）学习用归一化法定量测定混合物各组分的含量。

实验原理

对一个混合试样成功地分离，是气相色谱法完成定性及定量分析的前提和基础。衡量一对色谱峰分离的程度可用分离度表示：

$$R = 2(t_{R,2} - t_{R,1})/(Y_1 + Y_2)$$

式中，$t_{R,2}$，Y_2 和 $t_{R,1}$，Y_1 分别是两个组分的保留时间和峰底宽，如图1.3.1所示。当 $R = 1.5$ 时，两峰完全分离；当 $R = 1.0$ 时，两峰98％分离。在实际应用中，$R = 1.0$ 一般可以满足分离分析的需要。

用色谱法进行定性分析的任务是确定色谱图上每一个峰所代表的物质。在色谱条件一定时，任何一种物质都有确定的保留值、保留时间、保留体积、保留指数及相对保留值等保留参数。因此，在相同的色谱操作条件下，通过比较已知纯样和未知物的保留参数或在固定相上的位置，即可确定未知物为

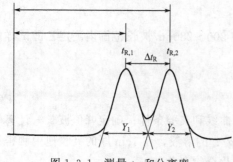

图1.3.1 测量 t_R 和分离度

何种物质。

当拥有待测组分的纯样时，用与已知物对照进行定性分析极为简单。实验时，可采用单柱比较法、峰高加入法或双柱比较法等。

根据不同的情况，可选用不同的定量方法。归一化法是将样品中所有组分含量之和按 100% 计算，以它们相应的响应信号（如峰高、峰面积等）为定量参数，通过下式计算各组分的质量分数：

$$w_i = \frac{m_i}{m(\text{总})} \times 100\% = \frac{f_{is}^A A_i}{f_{1s}^A A_1 + f_{2s}^A A_2 + \cdots + f_{ns}^A A_n} \times 100\% = \frac{f_{is}^A A_i}{\sum\limits_{k=1}^{n} f_{ks}^A A_k} \times 100\%$$

该法简便、准确。当操作条件变化时，对分析结果影响较小，常用于常量分析，尤其适于进样量少而体积不易准确测量的液体试样。但采用本法进行定量分析时，要求试样中各组分均能产生可测量的色谱峰。

仪器与试剂

（1）气相色谱仪（热导池检测器）；带减压阀的氢气钢瓶；秒表；$10\mu L$，$100\mu L$ 注射器；带磨口试管若干；色谱柱：$\phi 2mm \times 2m$，6201 载体上涂有邻苯二甲酸二壬酯 [100:(10~15)] 固定液。

（2）正己烷、环己烷、苯、甲苯（均为 A. R.）；未知的混合试样。

实验步骤

（1）认真阅读气相色谱仪操作说明。

（2）在教师指导下，按照下列色谱条件设定色谱仪。柱温：85~95℃；检测器温度：120℃；汽化室温度：120℃；载气流速：30~40mL/min。

（3）准确配制正己烷:环己烷:苯:甲苯=1:1:1.5:2.5（质量比）的标准混合溶液，以备测量校正因子。

（4）在低纸速下（如 1cm/min），进未知混合试样约 1.4~2.0μL 和空气 20~40μL，各 2~3 次，记录色谱图上各峰的保留时间 t_R 和死时间 t_M。

（5）分别注射正己烷、苯、环己烷、甲苯等纯试剂 0.2μL，各 2~3 次，记录色谱图上各峰的保留时间 t_R。

（6）将记录仪纸速调快（如 6cm/min），每次进 1.4~2.0μL 已配制好的标准混合溶液 2~3 次，记录色谱图及各峰的保留时间 t_R。

（7）在与操作（6）完全相同的条件下，每次进 1.4~1.6μL 未知混合试样 2~3 次，记录色谱图及各峰的保留时间 t_R。

数据记录及处理

（1）用步骤（6）所得数据，计算前 3 个峰中，每两个峰间的分辨率。

（2）比较步骤（4）和（5）所得色谱图及保留时间，指出未知混合试样中各色谱峰对应的物质。

（3）用步骤（6）所得数据，以苯为基准物质，计算各组分的质量校正因子。

（4）用步骤（7）所得色谱图，计算未知混合试样中各组分的质量分数。

思考题

（1）本实验中，进样量是否需要非常准确？为什么？

（2）将测得的质量校正因子与文献值比较，并说明产生差异的原因。

（3）试说明 3 种不同单位校正因子的关系和联系。

（4）试根据混合试样各组分及固定液的性质，解释各组分的流出顺序。

实验 1.4　气相色谱填充柱的柱效测定

实验目的

（1）了解气相色谱仪的基本结构和工作原理。

（2）学习气相色谱仪的使用。

（3）学习、掌握色谱柱的柱效测定方法。

实验原理

色谱柱的柱效是色谱柱的一项重要指标，可用于考察色谱柱的制备工艺的操作水平以及估计该柱对试样分离的可能性。在一定色谱条件下，色谱柱的柱效可用有效塔板数 $n_{有效}$ 及有效塔板高度 $h_{有效}$ 来表示。塔板数越多，塔板高度越小，色谱柱的分离效能越好。有效塔板数及有效塔板高度的计算公式为

$$n_{有效}=5.54(t'_R/Y_{1/2})^2=16(t'_R/Y)^2$$

$$h_{有效}=L/n_{有效}$$

$$t'_R=t_R-t_M$$

式中，t_R 为组分的保留时间；t'_R 为组分的调整保留时间；t_M 为空气的保留时间（死时间）；$Y_{1/2}$ 为色谱峰的半峰宽度；Y 为色谱峰的峰底宽度；L 为色谱柱的长度。

由于不同组分在固定相和流动相之间的分配系数不同，因而同一色谱柱对不同组分的柱效也不相同，所以在报告 $n_{有效}$ 时，应注明对何种组分而言。

仪器与试剂

（1）气相色谱仪（热导检测器）；填充色谱柱（固定相：SE-30；担体：硅烷化白色担体；柱内径：3mm；柱长：2m）；FJ-2000 色谱工作站；$50\mu L$ 微量进样器；2mL 注射器；载气：氮气。

（2）正己烷、正庚烷、正辛烷均为分析纯（体积比 1∶1∶1）。

实验步骤

（1）开启仪器，设定实验操作条件。按气相色谱仪器操作步骤开启仪器，设定柱温为80℃；汽化室温度为 150℃；检测器温度为 110℃；载气流量为 10～15mL/min。

（2）开启色谱工作站，进入数据采集系统。按照色谱工作站操作步骤开启计算机，进入色谱工作站，监视基线，待仪器上的电路和气路系统达到平衡，基线平直时，即可进样，同

时记录数据文件名。

（3）测定试样的保留时间 t_R。用微量进样器吸取 $3\mu L$ 试液进样，记录试样色谱图文件名，重复两次。

（4）测定死时间 t_M。用注射器吸取 0.5mL 空气进样，记录空气色谱图文件名，重复两次。

（5）数据记录。按照色谱工作站操作步骤进入色谱工作站数据处理系统，依次打开色谱图文件并对色谱图进行处理，同时记录下各色谱峰的保留时间和半峰宽。

（6）实验完毕后，用乙醚抽洗微量进样器数次，并按仪器操作步骤关闭仪器及计算机。

（7）记录实验条件：色谱柱（柱长，内径，固定相）、载气（种类，流量，柱前压）、柱温、汽化温度、检测器桥流及温度、进样量、数据文件名。

数据记录及处理

（1）用色谱工作站数据处理系统处理空气色谱峰，并记录其保留时间，以 s 表示。

（2）用色谱工作站数据处理系统处理样品色谱峰，并记录各峰的保留时间和半峰宽，均以 s 表示。

（3）分别计算三个组分在该色谱柱上的有效塔板数 $n_{有效}$ 及有效塔板高度 $h_{有效}$。将各数据列表表示。

思考题

（1）本实验测得的有效塔板数可说明什么问题？

（2）试比较测得的苯和甲苯的 $n_{有效}$ 值，并说明为什么用同一根色谱柱分离不同组分时，$n_{有效}$ 不同。

实验 1.5　邻二氮菲分光光度法测定微量铁的条件试验

实验目的

（1）学习分光光度法测定时，实验条件的确定方法。

（2）掌握可见分光光度计的使用方法。

实验原理

在可见光分光光度测定中，通常是将被测物质与显色剂反应，使之生成有色物质，然后测量其吸光度，进而求得被测物质的含量。因此，显色反应的完全程度和吸光度的物理测量条件都影响到测定结果的准确性。

显色反应的完全程度取决于介质的酸度、显色剂的用量、反应的温度和时间等因素。在建立分析方法时，需要通过实验确定最佳反应条件。为此，可改变其中一个因素（例如介质的 pH），暂时固定其他因素，显色后测量相应溶液的吸光度，通过吸光度-pH 曲线确定显色反应的适宜酸度范围。其他几个影响因素的适宜值，也可按这一方法分别确定。

本实验以邻二氮菲为显色剂，找出测定微量铁的适宜显色条件。

仪器与试剂

（1）722N 型紫外可见分光光度计或其他型号的分光光度计；1cm 玻璃比色皿；50mL，250mL 容量瓶；5mL，10mL 吸量管；25mL 吸管；广泛 pH 试纸和不同范围的精密 pH 试纸。

（2）10g/L 盐酸羟胺水溶液；0.1mol/L NaOH 溶液；0.1mol/L HCl 溶液。

（3）铁盐标准溶液：准确称取若干克（自行计算）优级纯的铁铵矾 $NH_4Fe(SO_4)_2 \cdot 12H_2O$ 于小烧杯中，加水溶解，加入 6mol/L HCl 溶液 5mL，酸化后的溶液转移到 250mL 容量瓶中，用蒸馏水稀释至刻度，摇匀，所得溶液每毫升含铁 0.100mg。然后吸取上述溶液 25.00mL 置于 250mL 容量瓶中，加入 6mol/L HCl 溶液 5mL，用蒸馏水稀释至刻度，摇匀，所得溶液含铁 0.0100mg/mL。

（4）1g/L 邻二氮菲（又称邻菲啰啉）水溶液：称取 0.5g 邻二氮菲于小烧杯中，加入 2～3mL 95％乙醇溶液，再用水稀释到 500mL。

（5）HOAc-NaOAc 缓冲溶液（pH＝4.6）：称取 136g 优级纯醋酸钠，加 120mL 冰醋酸，加水溶解后，稀释至 500mL。

实验步骤

（1）酸度影响。于 12 只 50mL 容量瓶中，用吸量管各加入 0.0100mg/mL 的铁标准溶液 2.0mL，盐酸羟胺溶液 2.5mL 和邻二氮菲溶液 5mL，然后按下表分别加入不同体积的 HCl 溶液或 NaOH 溶液，再用蒸馏水稀释到刻度，摇匀，放置 10min 后，在波长 510nm 处测定各溶液的吸光度。测定时用 1cm 比色皿，以蒸馏水作参比。并先用广泛 pH 试纸粗略测定所配制各溶液的 pH，再用精密 pH 试纸准确测定各溶液的 pH。

编 号	1	2	3	4	5	6	7	8	9	10	11	12
V_{HCl}/mL												
V_{NaOH}/mL												

（2）显色剂用量的影响。用吸量管分别加入 2.0mL 0.0100mg/mL 的铁标准溶液于 8 只 50mL 容量瓶中，分别依次加入 2.5mL 盐酸羟胺溶液，5.0mL HOAc-NaOAc 缓冲溶液和各为 0.5mL，1.0mL，1.5mL，3.0mL，5.0mL，8.0mL，9.0mL 和 10.0mL 的邻二氮菲溶液，用蒸馏水分别稀释至刻度，摇匀，放置 10min，以蒸馏水为参比溶液，在波长 510nm 处测定各溶液的吸光度。

（3）显色反应时间的影响及有色溶液的稳定性。取出上述加入 5.0mL 邻二氮菲显色剂的有色溶液，记下容量瓶稀释至刻度后的时刻（$t＝0$），立即以不含 Fe^{3+}，但其余试剂用量完全相同的试剂空白作参比，在波长 510nm 处测量溶液的吸光度。然后依次测量放置 5min，10min，30min，60min，90min，120min 和 150min 的溶液的吸光度，每次都取原容量瓶中的溶液测量。

数据记录及处理

（1）将测量结果填入表。

A. 酸度的影响

编　号	1	2	3	4	5	6	7	8	9	10	11	12
pH												
吸光度												

B. 显色剂用量的影响

编　号	1	2	3	4	5	6	7	8
$V_{显}$/mL								
吸光度								

C. 显色反应时间的影响及有色溶液的稳定性

t/min	0	5	10	30	60	90	120	150
吸光度								

（2）根据上列三组数据分别绘制：

① 吸光度-pH 曲线（吸光度为纵坐标）；

② 吸光度-显色剂用量曲线（吸光度为纵坐标）；

③ 吸光度-反应时间曲线（吸光度为纵坐标）。

（3）从所得三条曲线上确定显色反应适宜的 pH 范围、显色剂用量范围和显色时间范围。

思考题

（1）从吸光度-pH 曲线确定显色的适宜 pH 范围时，应根据什么原则？如果选择不当，对测定有何影响？

（2）从吸光度-反应时间曲线确定适宜的显色时间范围时，主要应考虑哪些因素？如果时间选择过短或过长对测定有何影响？

注意事项

（1）分光光度计在使用前必须预热。

（2）保证比色皿是清洁的，在拿放的时候应持其"毛面"。

第 2 章　物质含量的测定

物质含量分析是定量分析的主要内容。由于新型仪器的不断出现，使得定量分析的精度越来越高。

本章共选列了 12 个实验，所采用的分析仪器包括极谱仪、离子计、原子吸收分光光度计、紫外-可见分光光度计、荧光分析仪和色谱仪等。可望通过本章相关实验的训练，使学生了解和掌握采用各种分析仪器进行定量分析的原理和方法。

实验 2.1　水样中铜、镉、锌的极谱分析

实验目的

(1) 巩固极谱分析理论知识。
(2) 学习测量波高及半波电位的方法。
(3) 了解半波电位的意义及应用。
(4) 运用标准曲线法进行极谱分析。

实验原理

极谱定量分析的基础是：在一定条件下，扩散电流 i_d 与被测离子浓度 c 成正比。利用这一规律，通过直接比较法、标准曲线法或标准加入法即可对被测离子进行定量测定。

本实验采用标准曲线法测定镉含量，即先配制一系列不同浓度的 Cd^{2+} 标准溶液，在一定实验条件下，分别测量其扩散电流（波高），绘制扩散电流与浓度的关系曲线（标准曲线），然后在相同条件下，测量未知试液中 Cd^{2+} 的扩散电流，即可从标准曲线上查得相应 Cd^{2+} 含量。标准曲线法适用于大批量同类试剂的分析测定。

Cd^{2+}、Cu^{2+}、Zn^{2+} 等离子在氨性介质中生成氨配离子，在滴汞电极上被还原，得到极谱波，利用半波电位及扩散电流的增高进行定性分析。

本实验以 $NH_3 \cdot H_2O$-NH_4Cl 为支持电解质，消除迁移电流，以明胶作极大抑制剂，用 Na_2SO_3 除去溶液中的溶解氧。

仪器与试剂

(1) 883 型（或其他型号）笔录式极谱仪；滴汞电极、饱和甘汞电极；稳压电源 (6V)；10mL 电解杯或烧杯；25mL 容量瓶；5mL 吸量管。

(2) 5.00×10^{-3} mol/L Cd^{2+} 标准溶液；5.00×10^{-2} mol/L Cu^{2+}、Cd^{2+} 和 Zn^{2+} 的三种溶液；1mol/L $NH_3 \cdot H_2O$-1mol/L NH_4Cl 溶液；0.1g/L 明胶；无水 Na_2SO_3；含 Cd^{2+} 的水样；纯 N_2(99.99%)。

实验步骤

（1）调节和预热极谱仪。

（2）Cd、Cu、Zn 极谱波观察及定性分析。

① 于电解杯中加入 $NH_3 \cdot H_2O$-NH_4Cl 溶液 1mL，无水 Na_2SO_3 0.1g，明胶 4 滴，用水稀释至 10mL，搅拌后，浸入滴汞电极与饱和甘汞电极，用极谱仪于 $-1.8 \sim 0V$ 范围内作电压扫描，由记录仪记录 i-E 曲线，得极谱空白曲线。

② 于上述电解杯中加入 5.00×10^{-2} mol/L Cu^{2+}、Cd^{2+} 和 Zn^{2+} 溶液各 2 滴，用极谱仪于 $-1.8 \sim 0V$ 范围内作电压扫描，由记录仪记录 i-E 曲线，可得有三个极谱波的极谱图。

③ 于上述电解杯中增加 2 滴 Cu^{2+} 溶液，通氮气搅拌后，记录极谱的 i-E 曲线，观察极谱波的增高情况；再滴入 2 滴 Cd^{2+} 溶液，重复上述实验；然后再滴入 2 滴 Zn^{2+} 溶液，继续观察极谱波的变化情况，分别进行 Cu^{2+}、Cd^{2+} 和 Zn^{2+} 三种离子的定性鉴定。

（3）标准曲线法测定水样中 Cd^{2+} 的含量

① 于 5 只 25mL 容量瓶中，依次加入 5.00×10^{-3} mol/L Cd^{2+} 标准溶液 1.00mL、2.00mL、3.00mL、4.00mL 和 5.00mL，于另一只 25mL 容量瓶中加入含 Cd^{2+} 的水样 5.00mL，然后在上述 6 只容量瓶中各加入 $NH_3 \cdot H_2O$-NH_4Cl 溶液 2.5mL，无水 Na_2SO_3 0.3g，明胶 10 滴，以去离子水稀释至刻度，摇匀。

② 根据实验步骤（2）③ 所得的 Cd^{2+} 半波电位数值，确定电压扫描的范围，从低浓度溶液开始，于极谱仪上依次测量标准溶液和未知水样的 i-E 曲线。

（4）按极谱仪的操作方法，做好实验的结束整理工作。

数据记录及处理

（1）根据实验步骤（2）③，写出 Cu^{2+}、Cd^{2+}、Zn^{2+} 三种离子出现极谱波的先后次序。

（2）按照本实验附录所述测量波高和半波电位的方法，量出 Cu^{2+}、Cd^{2+}、Zn^{2+} 三种离子的半波电位。

（3）测量出实验步骤（3）② 所得的 6 条 i-E 曲线的波高。

（4）以测量出的标准溶液的波高为纵坐标，其相应的浓度为横坐标，绘制标准曲线。

（5）在标准曲线上查出未知水样的浓度，计算水样中的镉含量，以 $\mu g/mL$ 表示。

思考题

（1）半波电位在极谱分析中有何实用价值？

（2）为什么在极谱定量分析中，要消除迁移电流？应采取何种措施消除？

注意事项

可用两种方法从 i-E 曲线上测量扩散电流（波高），一般以 mm 或记录纸的格数表示，不需要测量扩散电流的数值。

（1）平行线法。如果极谱波的波形较好，可通过极谱波的极限电流和残余电流做两条平行的直线，如图 2.1.1 中的 AB 和 CD，注意使直线通过锯齿形波的中值，则二直线间的垂直距离 H 即为波高。从波高一半处的 E 点做平行于 AB 的直线，与极谱波相交于 F，F 点相应的电位值即为半波电位 $E_{1/2}$。

（2）三切线法。多数情况下，极谱波的极限电流与残余电流两部分不平行，此时可用三切线法求波高，如图 2.1.2 所示。通过极限电流与残余电流部分做两条直线 AB 和 CD，再通过电流上升部分做一切线，且与 AB、CD 分别交于 E 和 F，然后过 E、F 做平行于横坐标的两条平行线，其间距离 H 即为波高。从波高一半处的 G 做平行于横坐标的直线，与直线 EF 相交于 K，则与 K 点相应的电位值即为半波电位 $E_{1/2}$。

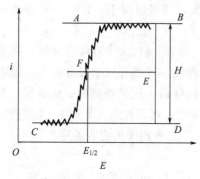

图 2.1.1　平行线法测波高

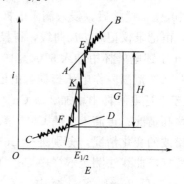

图 2.1.2　三切线法测波高

实验 2.2　环境水样中氟含量的离子选择性电极法测定

实验目的

（1）了解氟离子选择性电极的基本性能及其使用方法。

（2）掌握氟离子选择性电极测定微量 F^- 的原理和测定方法。

实验原理

氟离子选择性电极是一种以电位响应为基础的电化学敏感元件，其敏感膜为 LaF_3 单晶膜（掺有微量 EuF_2，利于导电），电极管内放入 $NaF+NaCl$ 混合溶液作为内参比溶液，以 Ag-AgCl 作内参比电极。25℃时，当将氟电极浸入含 F^- 溶液中时，在其敏感膜内外两侧产生膜电位 $\Delta\varphi_M$：

$$\Delta\varphi_M = K - 0.059 \lg a_{F^-}$$

以氟电极作指示电极，饱和甘汞电极为参比电极，浸入试液组成工作电池：

Hg，Hg_2Cl_2｜KCl(饱和)‖F^-试液｜LaF_3｜NaF，NaCl(0.1mol/L)｜AgCl，Ag

25℃时工作电池的电动势

$$E = K' - 0.059 \lg a_{F^-}$$

在测量时加入以 HOAc-NaOAc，柠檬酸钠和大量 NaCl 配制成的总离子强度调节缓冲剂（TISAB），由于加入了高离子强度的溶液（本实验所用 TISAB 离子强度 $I >$ 1.2），可以在测量过程中维持离子强度恒定，因此工作电池电动势与 F^- 浓度的对数成线性关系：

$$E = k - 0.059 \lg c_{F^-}$$

本实验采用标准曲线法测定 F^- 浓度，即配制成不同浓度的 F^- 标准溶液，测定工作电池的电动势，并在同样条件下测得试液的 E_x，由 $E\text{-}\lg c_{F^-}$ 曲线查得未知试液中的 F^- 浓度。

当试液组成较为复杂时，则应采用标准加入法或 Gran 做图法测定。

氟电极的适用酸度范围为 pH＝5～6，测定浓度在 $10^0 \sim 10^{-6}$ mol/L 范围内，$\Delta\varphi_M$ 与 $\lg c_{F^-}$ 呈线性响应，电极的检测下限在 10^{-7} mol/L 左右。

氟离子选择性电极是比较成熟的离子选择性电极之一，其应用范围较为广泛。本实验所介绍的测定方法，完全适用于各种不同试样中氟离子的测定，如人指甲中 F^- 的测定（指甲需先经适当的预处理），为诊断氟中毒程度提供科学依据；采取适当措施，用标准曲线法可直接测定雪和雨水中的痕量 F^-；磷肥厂的废渣，经 HCl 分解，即可用来快速、简便测定其 F^- 含量；用标准加入法不需要预处理即可直接测定尿中的无机氟与河水中的 F^-，通过预处理，则可测定尿和血中的总氟含量；大米、玉米、小麦粒经磨碎、干燥、$HClO_4$ 浸取后，不加 TISAB，即可用标准加入法测定其中的微量氟；本法还可测定儿童食品中的微量氟。

仪器与试剂

(1) pHS-3C 型酸度计或其他类型的酸度计；氟离子选择性电极；饱和甘汞电极；电磁搅拌器；1000mL，100mL 容量瓶；10mL 吸量管。

(2) 0.100mol/L F^- 标准溶液：将优级纯 NaF 于 120℃干燥 2h，准确称取 4.20g 于小烧杯中，用水溶解后，转移至 1000mL 容量瓶中定容配成水溶液，然后转入洗净、干燥的塑料瓶中。

(3) 总离子强度调节缓冲剂（TISAB）：于 1000mL 烧杯中加入 500mL 水和 57mL 冰醋酸，58g NaCl，12g 柠檬酸钠（$Na_3C_6H_5O_7 \cdot 2H_2O$），搅拌至溶解。将烧杯置于冷水中，用 pH 计控制，缓慢滴加 6mol/L NaOH 溶液，至溶液的 pH＝5.0～5.5，冷却至室温，转入 1000mL 容量瓶中，用水稀释至刻度，摇匀。转入洗净后干燥的试剂瓶中。

(4) F^- 试液：浓度在 $10^{-2} \sim 10^{-1}$ mol/L 范围。

实验步骤

(1) 准备工作

① 调试 pHS-3C 酸度计，按下"pH/mV"按键，使仪器处于测量"mV"状态。

② 摘去甘汞电极的橡皮帽，并检查内电极是否浸入饱和 KCl 溶液中，如未浸入，应补充饱和 KCl 溶液。安装电极。

(2) F^- 标准曲线的绘制

① 准确吸取 0.100mol/L F^- 标准溶液 10.00mL，置于 100mL 容量瓶中，加入 TISAB 10.0mL，用水稀释至刻度，摇匀，得 pF＝$-\lg c_{F^-}$＝$-\lg 0.0100$＝2.00 溶液。

② 吸取 pF＝2.00 溶液 10.00mL，置于 100mL 容量瓶中，加入 TISAB 9.0mL，用水稀释至刻度，摇匀，得 pF＝3.00 溶液。仿照上述步骤，配制 pF＝4.00，pF＝5.00，pF＝6.00 溶液。

③ 将配制的标准溶液系列由低浓度到高浓度逐个转入塑料小烧杯中，并放入氟电极和饱和甘汞电极及搅拌子，开动搅拌器，调节至适当的搅拌速度，搅拌 3min，至数值无明显变动时，读取各溶液的"$-$mV"值。

(3) F^- 试液测定

吸取 F^- 试液 10.00mL，置于 100mL 容量瓶中，加入 10.0mL TISAB，用水稀释至刻

度，摇匀。按标准溶液的测定步骤，测定其电位 E_x 值。

数据记录及处理

（1）记录实验数据。

（2）以电位 E 值为纵坐标，pF 值为横坐标，绘制 E-pF 标准曲线。

（3）在标准曲线上找出与 E_x 值相应的 pF 值，求得原始试液中 F^- 的含量，以 g/L 表示。

pF	6.00	5.00	4.00	3.00	2.00
$E/(-mV)$					

$E_x =$ _____ mV

思考题

（1）测定 F^- 时，加入的 TISAB 由哪些成分组成？各起什么作用？

（2）测定 F^- 时，为什么要控制酸度，pH 过高或过低有何影响？

（3）测定标准溶液系列时，为什么按从稀到浓的顺序进行？

注意事项

（1）温度影响电极的电位和样品的离解，在测定前应使试液达到室温，使之和标准溶液的温度相同（温度相差不得超过 1℃）。

（2）电极用后应用水充分冲洗干净，并用滤纸吸去水分，放在空气中或者放在稀的氟化物标准溶液中。如果短时间不再使用，应洗净、吸去水分，套上保护电极敏感部位的保护帽。电极使用前应充分冲洗并去掉水分。

实验 2.3 阳极溶出伏安法测定水中的铅、镉含量

实验目的

（1）熟悉方波溶出伏安法的基本原理。

（2）掌握汞膜电极的使用方法。

（3）了解一些新技术在溶出伏安法中的应用。

实验原理

首先将工作电极置于某一电位下，使被测物质富集到电极上，然后施加线性变化的电压于工作电极上扫描，使被富集的物质溶出，同时记录伏安曲线。根据溶出峰电流的大小确定被测物质的含量。

溶出伏安法主要分为阳极溶出伏安法、阴极溶出伏安法和吸附溶出伏安法。本实验采用阳极溶出伏安法测定水中的铅和镉，其过程可表示为

$$M^{2+}(Pb^{2+},Cd^{2+})+2e+Hg \underset{溶出}{\overset{富集}{\rightleftharpoons}} M(Hg)$$

本法以玻碳电极为工作电极，采用同位镀汞膜技术。这种方法是在分析溶液中加入一定

量的汞盐［通常是 $10^{-5}\sim10^{-4}$ mol/L $Hg(NO_3)_2$］，在被测物质所加电压下富集时，汞与被测物质同时在玻碳电极上析出形成汞膜（汞齐），然后在反向扫描时，被测物质从汞中"溶出"而产生"溶出"电流峰。

在酸性介质中，当电极电位控制在 -1.0V 时（vs. SCE，以下电位均相对于 SCE），Pb^{2+}、Cd^{2+} 和 Hg^{2+} 同时在玻碳电极上形成汞齐膜。然后，当阳极化扫描至 -0.1V 时，可得到两个清晰的溶出电流峰。铅的峰电位约为 -0.4V，而镉的峰电位约为 -0.6V。本法可分别测定低至 10^{-11} mol/L 的铅、镉离子。

仪器与试剂

（1）LK98A 微机电分析化学系统；玻碳工作电极；饱和甘汞电极；铂丝对电极；50mL 容量瓶若干。

（2）1.0×10^{-5} mol/L Pb^{2+} 标准储备液；1.0×10^{-5} mol/L Cd^{2+} 标准储备液；5.0×10^{-3} mol/L 硝酸汞溶液；1mol/L 盐酸。

实验步骤

（1）打开仪器，连接好三电极。选择方波溶出伏安法，设定仪器参数：灵敏度＝$5\mu A/$V；滤波参数＝10Hz；放大倍数＝1V；初始电位＝-0.1V；电极电位＝-1.0V；电位增量＝6mV；方波周期＝50ms；方波幅度＝20mV；平衡时间＝10s；电沉积时间＝180s。工作电极的预处理：将玻碳电极在 6$^{\#}$ 金相砂纸或麂皮上抛光成镜面，然后依次用 1∶1 硝酸、无水乙醇、蒸馏水超声波洗涤 1～2min，备用。

（2）试液配制：取两份 25.0mL 水样置于两只 50mL 容量瓶中，分别加入 5mL 1mol/L 盐酸，1.0mL 5.0×10^{-3} mol/L 硝酸汞溶液。在其中一个容量瓶中加入 1mL 1.0×10^{-5} mol/L Pb^{2+} 标准溶液和 1mL 1.0×10^{-5} mol/L Cd^{2+} 标准溶液，均用水稀释至刻度，摇匀。

（3）将空白溶液加入电解池中，记录方波溶出伏安曲线，测量峰高。平行做三次，取平均值。每完成一次，在 -0.1V 处清洗电极半分钟。

（4）按上述操作方法测定样品。

数据记录及处理

按下式计算水样中铅、镉的含量：

$$c_x = hc_sV_s/[(H-h)\cdot V]$$

式中，h 为测得的水样峰（电流）高度；H 为加入标准溶液后的总高度；c_s 为标准溶液浓度；V_s 为加入标准溶液的体积数，mL；V 为所取水样体积。

思考题

（1）溶出伏安法有哪些特点？哪几步实验应该严格控制？在样品和空白中加入硝酸汞起什么作用？

（2）使用汞膜电极时要注意什么？

（3）方波极谱法的灵敏度如何？

实验 2.4　邻二氮菲法测定微量铁

实验目的

（1）掌握可见分光光度计的使用方法。

（2）掌握利用标准曲线进行微量成分分光光度测定的基本方法和有关计算。

实验原理

在 pH 为 2～9 的溶液中，邻二氮菲（简写作 phen）与 Fe^{2+} 发生下列显色反应：

$$Fe^{2+} + 3phen \Longleftrightarrow [Fe(phen)_3]^{2+}$$

生成的橙红色络合物非常稳定，$\lg K_稳 = 21.3(20℃)$，其溶液在 510nm 有最大吸收峰，摩尔吸收系数 $\varepsilon_{510} = 1.1 \times 10^4 L/(mol \cdot cm)$，利用上述反应可以测定微量铁。

显色反应的适宜 pH 范围很宽（2～9），酸度过高（pH<2）反应进行较慢；若酸度过低，Fe^{2+} 将水解。通常在 pH 约为 5 的 HOAc-NaOAc 缓冲介质中测定。

邻二氮菲与 Fe^{2+} 反应的选择性很高，相当于含铁量 5 倍的 Co^{2+}、Cu^{2+}，20 倍量的 Cr^{3+}、Mn^{2+}、PO_4^{3-}、V(V)，甚至 40 倍量的 Al^{3+}、Ca^{2+}、Mg^{2+}、SiO_3^{2-}、Sn^{2+} 和 Zn^{2+} 都不干扰测定。

本实验以盐酸羟胺为还原剂，也可使用抗坏血酸将 Fe^{3+} 还原为 Fe^{2+}。

$$2Fe^{3+} + 2NH_2OH \cdot HCl \longrightarrow 2Fe^{2+} + N_2 \uparrow + 2H_2O + 4H^+ + 2Cl^-$$

利用分光光度法进行定量测定时，一般是选择与被测物质（或经显色反应后产生的新物质）最大吸收峰相应单色光的波长为测量吸光度的波长。显然，该波长下的摩尔吸收系数 κ 最大，测定的灵敏度也最高。为了找出物质的最大吸收峰所在的波长，需测绘有关物质在不同波长单色光照射下的吸光度曲线，即吸收曲线（或称吸收光谱）。

通常采用标准曲线法进行定量测定，即先配制一系列不同浓度的标准溶液，在选定的反应条件下使被测物质显色，并在选定的波长测得相应的吸光度，以浓度为横坐标，吸光度为纵坐标绘制标准曲线（或称工作曲线）。另取试液经适当处理后，在与上述相同的条件下显色和测定吸光度，由测得的吸光度从标准曲线上求得被测物质的含量。

仪器与试剂

（1）722N 型可见分光光度计或其他型号的分光光度计；1cm 玻璃比色皿；50mL，250mL 容量瓶；5mL，10mL 吸量管；25mL 吸管。

（2）0.0100mg/mL 铁盐标准溶液；1g/L 邻二氮菲水溶液；10g/L 盐酸羟胺水溶液；HOAc-NaOAc 缓冲溶液（pH=4.6）；3mol/L HCl 溶液；石灰石试样。

实验步骤

（1）测量 Fe^{2+}-phen 吸收曲线。用吸量管吸取 0.0100mg/mL 的铁标准溶液 0，2.0mL

和 4.0mL 分别注入三只 50mL 容量瓶中，各加入 2.5mL 盐酸羟胺溶液，摇匀，再各加入 5.0mL HOAc-NaOAc 缓冲溶液和 5.0mL 邻二氮菲溶液，用蒸馏水稀释至刻度，摇匀，放置 10min。以 1cm 比色皿，试剂空白溶液（即上述不加铁标准溶液的）为参比溶液，用分光光度计在 420～600nm 波长区间测定溶液的吸光度随波长的变化。一般间隔 20nm 测一个点，在 510nm 附近测量点需取得密一些。

（2）绘制标准曲线。用吸量管分别吸取 0.0100mg/mL 的铁标准溶液 0，1.0mL，2.0mL，3.0mL，4.0mL，5.0mL，6.0mL 和 7.0mL 于 8 只 50mL 容量瓶中，依次分别加入 2.5mL 盐酸羟胺溶液、5.0mL HOAc-NaOAc 缓冲溶液、5.0mL 邻二氮菲溶液，用蒸馏水稀释至刻度，摇匀，放置 10min。用 1cm 比色皿，以试剂空白溶液为参比溶液，在实验步骤（1）所得到的最大吸收波长下，分别测量各溶液的吸光度。

（3）石灰石试样中微量铁的测定。准确称取试样 0.4～0.5g（如铁含量较高，则适当减少称样量）于小烧杯中，加少量蒸馏水润湿，盖上表面皿，小心滴加 3mol/L HCl 溶液至试样溶解，转移试样至 50mL 容量瓶中，用少量蒸馏水淋洗烧杯数次，一并转移至容量瓶中。然后按照实验步骤（2）中同样的方法显色和测量吸光度。

数据记录及处理

（1）将测量结果填入表 2.4.1。

（2）绘图及计算

① 以波长为横坐标，吸光度为纵坐标，绘制 Fe^{2+}-phen 吸收曲线，并求出最大吸收峰的波长 λ_{max}。一般选用 λ_{max} 作为分光光度法的测量波长。

② 以显色后的 50mL 溶液中的铁的质量为横坐标，吸光度为纵坐标，绘制测定铁的标准曲线，并求出回归方程和相关系数。

③ 根据试样的吸光度，计算试样中的铁的质量分数。

表 2.4.1 实验数据记录

A-不同铁浓度时的吸收曲线

波长 λ/nm	420	440	460	480	500	……	520	540	560	580	600
吸光度 A 2.0mL											
4.0mL											

B-标准曲线

$V_{铁标}$/mL		1.0	2.0	3.0	4.0	5.0	6.0	7.0
$m_{铁}$/mg								
吸光度 A								

C-试样测定数据记录

试样编号		试样质量		g	吸光度

思考题

（1）邻二氮菲分光光度法测定微量铁的原理是什么？用该法测出的铁含量是否为试样中

亚铁的含量?

(2) 吸收曲线与标准曲线各有何实用意义?

(3) 本实验所用的参比溶液为什么选用试剂空白,而不用蒸馏水?

(4) 试拟出以邻二氮菲分光光度法分别测定试样中微量 Fe^{2+}、Fe^{3+} 含量的分析方案。

注意事项

(1) 分光光度计在使用前必须预热。

(2) 保证比色皿是清洁的,在拿放的时候应持其"毛面"。

(3) 测量 Fe^{2+}-phen 吸收曲线时,每次改变波长,都必须重新扣除空白。

实验 2.5　双环己酮草酰二腙分光光度法测定水中的微量铜离子

实验目的

(1) 了解 751 型分光光度计的结构与工作原理。

(2) 掌握 751 型分光光度计的使用方法。

(3) 掌握应用标准曲线法准确测定水样中的微量铜离子。

实验原理

在碱性溶液中,2 价铜离子与双环己酮草酰二腙形成天蓝色络合物,此络合物的最大吸收波长为 600nm。本法适用于测定锅炉给水、凝结水、蒸汽、水内冷发电机冷却水、工业循环冷却水、炉水及其他废水中的铜含量。本法测定范围:用 751 型分光光度计,100mm 比色皿时为 2~200μg/L。

仪器与试剂

(1) 751 型分光光度计;100mm 比色皿;0.005% 中性红指示剂或中性红试纸。

(2) 10% 柠檬酸三铵溶液(质量浓度);2mol/L 氢氧化钠溶液。

(3) 硼砂缓冲溶液:称取 2.5g 氢氧化钠,溶于 920mL 水中,加硼酸 24.8g,使其溶解即可。

(4) 双环己酮草酰二腙溶液:称取 1.0g 双环己酮草酰二腙($C_{14}H_{22}N_4O_2$)溶于 200mL 乙醇(1+1)溶液中,微热使之溶解,冷却,若有沉淀应过滤后使用。

(5) 铜工作溶液(1mL 含 1μg Cu):称取硫酸铜 0.3930g 溶于水中,加浓硝酸 2.0mL,移入 1000mL 容量瓶中,用水稀释至刻度,摇匀,得 1.00mL 含有 0.100mg 铜(Cu)的标准液。取该标准液 10.00mL 至 1000mL 容量瓶中,用水稀释至刻度,摇匀,得 1mL 含 1μg Cu 的工作液。

实验步骤

(1) 工作曲线的绘制

按下表取一组铜工作溶液注于一组 100mL 容量瓶中,用高纯水稀释至刻度,摇匀。

瓶　号	0	1	2	3	4	5	6	7	8	9
取铜工作溶液/mL	0	0.5	1.0	2.0	3.0	4.0	5.0	10	15	20
相当水样含铜量/(μg/L)	0	5	10	20	30	40	50	100	150	200

将上述一组铜标准溶液移入一组编号相对应的 200mL 烧杯中，各加入 1mL 浓盐酸，加热浓缩至体积小于 50mL，冷却后移入 50mL 容量瓶，并用高纯水稀释至刻度。再依次移入原 200mL 烧杯中，加入 10mL 10%柠檬酸三铵，混匀。加 0.5mL 0.005%中性红指示剂，用 2mol/L 氢氧化钠溶液中和至中性红指示剂从红色转变到恰为黄色，加入 10mL 硼砂缓冲液。混匀后，加入 1mL 双环己酮草酰二腙溶液，用 751 型分光光度计、波长为 600nm、100mm 比色皿、以高纯水为参比，测定其吸光度。将所测得的吸光度扣除编号为 0 的空白值（包括试剂和高纯水空白值）后和相应铜含量绘制标准曲线。

（2）未知水样的测定

① 量取 100mL 待测水样于 200mL 烧杯中，加入 1mL 浓盐酸，加热浓缩至体积略小于 50mL，冷却后移入 50mL 容量瓶，用高纯水稀释至刻度，再移入原 200mL 烧杯中，然后按绘制标准曲线的同样手续加入各试剂进行发色，用 751 型分光光度计、波长 600nm、100mm 比色皿、以高纯水为参比，测定其吸光度。

② 同时做单倍试剂和双倍试剂空白试验，两者之差为试剂空白值。

数据记录及处理

测得水样的吸光度扣除试剂空白值，查工作曲线，即得水样的含铜量。

思考题

（1）与 72X 系列分光光度计相比，75X 系列分光光度计的特点和作用是什么？

（2）双环己酮草酰二腙的结构式是怎样的？它与铜离子所形成的配合物的构型如何？

（3）如何通过实验测定双环己酮草酰二腙-铜配合物的配位数？

注意事项

（1）所用器皿必须用（1＋1）硝酸溶液浸渍，并用高纯水反复清洗后才能使用。

（2）中性红指示剂的用量直接影响吸光度读数，所以需严格控制其剂量。也可制成中性红试纸（方法是把滤纸浸于 0.005%～0.010%的中性红溶液中，烘干制成）。

实验 2.6　分光光度法测定铬和钴的混合物

实验目的

学习用分光光度法测定有色混合物组分的原理和方法。

实验原理

当混合物两组分 M 和 N 的吸收光谱互不重叠时，则只要分别在波长 λ_1 和 λ_2 处测定试样溶液中的 M 和 N 的吸光度，就可以得到其相应的含量。若 M 及 N 的吸收光谱互相重叠，只要服从吸收定律则可根据吸光度的加和性质在 M 和 N 最大吸收波长 λ_1 和 λ_2 处测量总吸光度 $A_{\lambda1}^{M+N}$，$A_{\lambda2}^{M+N}$。用下列联立方程式即可求出 M 和 N 的组分含量。

$$A_{\lambda1}^{M+N} = c_M \varepsilon_{\lambda1}^M + c_N \varepsilon_{\lambda1}^N$$

$$A_{\lambda2}^{M+N} = c_M \varepsilon_{\lambda2}^M + c_N \varepsilon_{\lambda2}^N$$

本实验测 Cr 和 Co 的混合物。先配制 Cr 和 Co 的系列标准溶液，然后分别在 λ_1 和 λ_2 测量 Cr 和 Co 系列标准溶液的吸光度，并绘制工作曲线，所得 4 条工作曲线的斜率即为 Cr 和 Co 在 λ_1 和 λ_2 处的摩尔吸光系数，代入上述联立方程式，即可求出 Cr 和 Co 的浓度。

仪器与试剂

（1）722N 型可见分光光度计或其他型号的分光光度计；1cm 玻璃比色皿；50mL 容量瓶；10mL 吸量管。

（2）0.07mol/L Co(NO$_3$)$_2$ 溶液；0.200mol/L Cr(NO$_3$)$_3$ 溶液。

实验步骤

（1）准备工作。清洗容量瓶、吸量管及需用的玻璃器皿；配制 0.07mol/L Co(NO$_3$)$_2$ 溶液；0.200mol/L Cr(NO$_3$)$_3$ 溶液；按仪器使用说明书检查仪器。开机预热 20min，并调试至工作状态；检查仪器波长的正确性和吸收池的配套性。

（2）系列标准溶液的配制。取 4 个洁净的 50mL 容量瓶分别加入 2.50mL，5.00mL，7.50mL，10.00mL 0.700mol/L Co(NO$_3$)$_2$ 溶液，另取 4 个洁净的 50mL 容量瓶分别加入 2.50mL、5.00mL、7.50mL、10.00mL 0.200mol/L Cr(NO$_3$)$_3$ 溶液，用蒸馏水将各容量瓶中的溶液稀释至标线，摇匀。

（3）测绘 Co(NO$_3$)$_2$ 和 Cr(NO$_3$)$_3$ 溶液的吸收光谱曲线，并确定入射光波长 λ_1 和 λ_2。

（4）取步骤（2）配制的 Co(NO$_3$)$_2$ 和 Cr(NO$_3$)$_3$ 系列标准溶液各一份，以蒸馏水为参比，在 420～700nm，每隔 20nm 测一次吸光度（在峰值附近间隔小些），分别绘制 Co(NO$_3$)$_2$ 和 Cr(NO$_3$)$_3$ 的吸收曲线，并确定 λ_1 和 λ_2。

（5）工作曲线的绘制：以蒸馏水为参比在 λ_1 和 λ_2 处分别测定步骤（2）配制的 Co(NO$_3$)$_2$ 和 Cr(NO$_3$)$_3$ 系列标准溶液的吸收，并记录各溶液不同波长下的各相应吸光度（记录格式可参考下表）。

编　号	1	2	3	4
Co(NO$_3$)$_2$ 标液体积 V/mL	2.50	5.00	7.50	10.00
Cr(NO$_3$)$_3$ 标液体积 V/mL	2.50	5.00	7.50	10.00
$A[\lambda_1, Co(NO_3)_2]$				
$A[\lambda_1, Cr(NO_3)_3]$				
$A[\lambda_2, Co(NO_3)_2]$				
$A[\lambda_2, Cr(NO_3)_3]$				

（6）未知试液的测定：取一个洁净的 50mL 容量瓶，加入 5.00mL 未知溶液，用蒸馏水

稀至标线，摇匀。在波长 λ_1 和 λ_2 处测量试液的吸光度 $A[\lambda_1, Co+Cr]$ 和 $A[\lambda_2, Co+Cr]$。

（7）结束工作：测量完毕关闭仪器电源，取出吸收池，清洗晾干后入盒保存，清理工作台，罩上防尘罩，填写仪器使用记录。清洗容量瓶及其他所用的玻璃器皿，并放回原处。

数据记录及处理

（1）绘制 $Co(NO_3)_2$ 和 $Cr(NO_3)_3$ 的吸收曲线，并确定 λ_1 和 λ_2。

（2）分别绘制 $Co(NO_3)_2$ 和 $Cr(NO_3)_3$ 在 λ_1 和 λ_2 下的 4 条工作曲线，并求出 $\varepsilon_{\lambda 1}^{Co}$，$\varepsilon_{\lambda 2}^{Co}$，$\varepsilon_{\lambda 1}^{Cr}$，$\varepsilon_{\lambda 2}^{Cr}$。

（3）由测得的未知溶液 $A[\lambda_1, Co+Cr]$ 和 $A[\lambda_2, Co+Cr]$，利用联立方程式计算未知试样中 $Co(NO_3)_2$ 和 $Cr(NO_3)_3$ 的浓度。

思考题

（1）当测定两组分混合液时，如何选择入射光波长？

（2）现有三组分混合液试样，如何进行测定，请设计出简要的实验方案。

注意事项

做吸收曲线时，每改变一次波长，都必须重调参比溶液 $T\% = 100$，$A = 0$。

实验 2.7　原子吸收分光光度法测定自来水中钙、镁的含量

实验目的

（1）掌握原子吸收分光光度法的基本原理。

（2）了解原子吸收分光光度计的基本结构及其使用方法。

（3）掌握应用标准加入法和标准曲线法测定自来水中钙、镁的含量。

实验原理

原子吸收分光光度法是基于物质所产生的原子蒸气对特定谱线（即待测元素的特征谱线）的吸收作用进行定量分析的一种方法。若使用锐线光源，且待测组分为低浓度，则在一定的实验条件下，基态原子蒸气对共振线的吸收符合下式：

$$A = \varepsilon c L$$

当 L 以 cm 为单位，c 以 mol/L 为单位表示时，ε 称为摩尔吸收系数，单位为 L/(mol·cm)。上式就是 Lambert-beer 定律的数学表达式。如果控制 L 为定值，上式变为

$$A = Kc$$

上式就是原子吸收分光光度法的定量基础。定量方法可用标准加入法或标准曲线法。

标准曲线法是原子吸收分光光度分析中常用的定量方法，常用于未知试液中共存的基体成分较为简单的情况，如果溶液中基体成分较为复杂，则应在标准溶液中加入相同类型和浓度的基体成分，以消除或减少基体效应带来的干扰，必要时需采用标准加入法而不是标准曲线法。标准曲线法的标准曲线有时会发生向上或向下弯曲现象。要获得线性好的标准曲线，必须选择适当的实验条件，并严格执行。

仪器与试剂

(1) 任一型号原子吸收分光光度计；钙、镁空心阴极灯；无油空气压缩机或空气钢瓶，乙炔钢瓶；250mL 烧杯；50mL、100mL 容量瓶；5mL、10mL 移液管。

(2) 金属 Mg(G. R.)；无水 $CaCO_3$(G. R.)；1mol/L HCl，浓 HCl(G. R.)。

(3) $1000\mu g/mL$ Ca 标准贮备液：准确称取 0.6250g 的无水 $CaCO_3$（在 110℃下烘干 2h）于 100 mL 烧杯中，用少量纯水润湿，盖上表面皿，滴加 1mol/L HCl 溶液，直至完全溶解，然后把溶液转移到 250mL 容量瓶中，用水稀释至刻度，摇匀备用。

(4) $100\mu g/mL$ Ca 标准工作溶液：准确吸取 10.00mL 上述钙标准贮备液于 100mL 容量瓶中，用水稀释至刻度，摇匀备用。

(5) $1000\mu g/mL$ Mg 标准贮备液：准确称取 0.2500g 金属 Mg 于 100mL 烧杯中，盖上表面皿，滴加 5mL 1mol/L HCl 溶液溶解，然后把溶液转移到 250mL 容量瓶中，用水稀释至刻度，摇匀备用。

(6) $10\mu g/mL$ Mg 标准工作溶液：准确吸取 1.00mL 上述 Mg 标准贮备液于 100mL 容量瓶中，用水稀释至刻度，摇匀备用。

实验步骤

(1) 标准加入法 Ca 标准溶液配制。在 5 个干净的 50mL 容量瓶中，各加入 5.00mL 自来水，然后依次加入 0.00，1.00mL，2.00mL，3.00mL 和 4.00mL Ca 标准溶液，用蒸馏水稀释至刻度，摇匀备用。

(2) Mg 标准溶液系列、样品溶液的配制及测定。准确吸取 1.00mL，2.00mL，3.00mL，4.00mL，5.00mL 上述 Mg 标准工作溶液，分别置于 5 只 50mL 容量瓶中，用水稀释至刻度，摇匀备用。配制自来水样溶液准确吸取适量（视 Mg 浓度而定）自来水置于 50mL 容量瓶中，用水稀释至刻度，摇匀备用。

(3) 根据实验条件，将原子吸收分光光度计，按仪器操作步骤进行调节，待仪器电路和气路系统达到稳定，即可测定以上各溶液的吸光度。

数据记录及处理

(1) 记录实验条件：仪器型号、吸收线波长（nm）、空心阴极灯电流（mA）、光谱通带或光谱带宽（nm）、乙炔流量（L/min）、空气流量（L/min）、燃助比。

(2) 列表记录测量 Ca、Mg 标准系列溶液的吸光度，然后以吸光度为纵坐标，分别以 Ca、Mg 加入浓度为横坐标绘制 Ca 的工作曲线和 Mg 的标准曲线。

(3) 根据自来水样的吸光度，在上述所绘制的标准曲线上查得水样中 Mg 浓度（g/L）。若经稀释需乘上稀释倍数求得原始自来水中 Mg 含量。

(4) 延长 Ca 工作曲线与浓度轴相交，交点为 c_x，根据 c_x 换算为自来水中 Ca 的含量。

思考题

(1) 原子吸收光谱的理论依据是什么？

(2) 原子吸收分光光度分析为何要用待测元素的空心阴极灯做光源？能否用氢灯或钨灯代替，为什么？

（3）如何选择最佳的实验条件？

注意事项

（1）实验时，要打开通风设备，使金属蒸气及时排出室外。

（2）点火时，先开空气，后开乙炔；熄火时，先关乙炔，后关空气。室内若有乙炔气味，应立即关闭乙炔气源，开通风，排除问题后，再继续实验。

（3）更换空心阴极灯时，要将灯电流开关关掉，以防触电和造成灯电源短路。

（4）排液管应水封，防止回火。

（5）钢瓶附近严禁烟火。

实验 2.8　荧光法测定维生素片中核黄素的含量

实验目的

（1）掌握荧光分析法的原理。

（2）学习测绘维生素 B_2 的激发光谱和荧光光谱以及荧光分析法测定维生素 B_2 的含量。

（3）了解荧光仪的性能及操作。

实验原理

维生素 B_2（又称核黄素，Vitamine B_2）的结构为

$$\begin{array}{c} CH_2-(CHOH)_3-CH_2OH \end{array}$$

由于其母核上 N_1 和 N_5 间具有共轭双键，增加了整个分子的共轭程度，是一种具有强烈荧光特性的化合物。其水溶液在 pH=6～7 时荧光最强，其最大激发波长为 $\lambda_{ex}=465nm$，最大发射波长为 $\lambda_{em}=520nm$。在低浓度时，$\lambda_{ex}=465nm$ 时在 520nm 处测得的荧光强度与维生素 B_2 的浓度成正比。即 $I_F=kc$。采用校准曲线法可测定维生素 B_2 片剂中维生素 B_2 的含量。

仪器与试剂

（1）荧光光度计；石英荧光池；饱和甘汞电极；铂丝对电极。

（2）维生素 B_2 片剂；$10\mu g/mL$ 维生素 B_2 标准溶液：称取 10.0g 核黄素于小烧杯中，加入少量 1‰醋酸水溶液溶解后，转移至 1000mL 容量瓶中，用 1‰醋酸水溶液定容至刻度，摇匀。溶液应贮存于棕色瓶中，置于冰箱中冷藏保存。

实验步骤

（1）维生素 B_2 的荧光激发光谱和发射光谱。于 1 只 25mL 容量瓶中，用吸量管加入

2.0mL 维生素 B_2 标准溶液，用 1‰醋酸水溶液稀释至刻度，摇匀。选择适当的仪器测量条件（如灵敏度、狭缝宽度、扫描速度及纵坐标和横坐标等）。将溶液倒入石英荧光池中，放在仪器的池架上，关好样品室盖。首先任意确定激发波长（如 400nm），在 480～580nm 区间范围内扫描荧光光谱，从获得的溶液的荧光光谱中，确定最大发射波长 $\lambda_{em}=520$nm；再固定 $\lambda_{em}=520$nm，在 400～500nm 区间范围内扫描荧光激发光谱，从获得的荧光激发光谱中，确定最大激发波长 $\lambda_{ex}=465$nm。如图 2.8.1 所示。

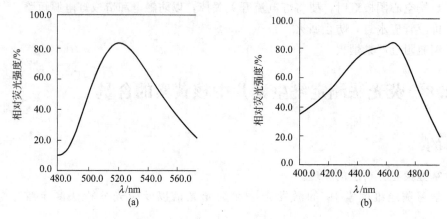

图 2.8.1　维生素 B_2 的激发光谱（a）和荧光光谱（b）

（2）制作标准曲线。于 5 个 25mL 容量瓶中，用 2mL 刻度吸量管分别加入 10.0μg/mL 维生素 B_2 标准溶液 0.40mL、0.80mL、1.20mL、1.60mL、2.00mL，用 1‰醋酸水溶液冲稀至刻度，摇匀。将激发波长固定在 465nm，发射波长为 520nm，测量系列标准溶液的荧光强度。

（3）维生素 B_2 片剂中维生素 B_2 含量的测定。取 2 片维生素 B_2 片剂于小烧杯中，加入少量 1‰醋酸水溶液，用平头玻璃棒轻轻压碎、搅拌使其溶解，转移至 1000mL 容量瓶中，用 1‰醋酸水溶液稀释至刻度，摇匀，静止片刻。吸取上述溶液 1.00mL（平行 2～3 份）于 25mL 容量瓶中，用 1‰醋酸水溶液稀释至刻度，摇匀。在与系列标准溶液相同的测量条件下，测量荧光强度。

数据记录及处理

（1）从测绘的维生素 B_2 的激发光谱和荧光光谱上，确定它的最大激发波长 λ_{ex} 和最大发射波长 λ_{em}。

（2）于方格坐标纸上绘制维生素 B_2 的校准曲线，并从校准曲线上确定样品溶液中维生素 B_2 的浓度，最后计算出维生素 B_2 片剂中维生素 B_2 的含量（mg/片），并将测定值与药品说明书上的标示量比较。

思考题

（1）结合荧光产生的机理，说明为什么荧光物质的最大发射波长总是大于最大激发波长？

（2）为什么测量荧光必须和激发光的方向成直角？

（3）根据维生素 B_2 的结构特点，进一步说明能发生荧光的物质应具有什么样的分子结构？

注意事项

（1）维生素 B_2 的水溶液较稳定，但在强光作用下极不稳定，分解速度随温度的升高和 pH 的增高而加速，维生素 B_2 在强酸和强碱溶液中分解，荧光消失。

（2）在测量前，应仔细阅读仪器使用说明书，选择适宜的测量条件。在测定过程中，不可中途改变设置好的测定条件，如有改变，则应全部重做。

（3）维生素 B_2 片剂产地不同，含量不同，因此配制样品溶液时应使其荧光强度位于标准曲线的中段。

实验 2.9　紫外吸收光谱法测定蒽醌试样中蒽醌的含量和摩尔吸收系数

实验目的

（1）熟悉紫外-可见分光光度计的使用方法。
（2）了解摩尔吸收系数的测定原理。
（3）掌握标准曲线的绘制及利用标准曲线法测定蒽醌。

实验原理

利用紫外吸收光谱进行定量分析时，必须选择合适的测定波长。在蒽醌试样中含有邻苯二甲酸酐，会对测定产生干扰。

由于蒽醌分子结构中的双键共轭体系大于邻苯二甲酸酐，因此蒽醌的吸收峰红移比邻苯二甲酸酐大，且两者的吸收峰形状及其最大吸收波长各不相同，蒽醌在波长 251nm 处有一强烈吸收峰，在波长 323nm 处有一中等强度的吸收峰，而在波长 251nm 附近有一邻苯二甲酸酐的强烈吸收峰，为了避开其干扰，选用 323nm 作为测定蒽醌的工作波长，由于甲醇在 $250\sim350$nm 无吸收干扰，因此可用甲醇作为溶剂和参比溶液。

摩尔吸收系数是衡量吸光度定量分析方法灵敏度的重要指标，可利用求标准曲线斜率的方法求得。

仪器与试剂

（1）紫外-可见分光光度计；石英吸收池；容量瓶、吸量管。
（2）蒽醌、甲醇、邻苯二甲酸酐；蒽醌试样。
（3）4.0g/L 蒽醌标准贮备液：准确称取 0.4000g 蒽醌置于 100mL 烧杯中，用甲醇溶解后，转移到 100mL 容量瓶中，以甲醇稀释至刻度，摇匀。
（4）0.0400g/L 蒽醌标准溶液：吸取 1.0mL 上述蒽醌贮备液于 100mL 容量瓶中，以甲醇稀释至刻度，摇匀。

实验步骤

（1）蒽醌系列标准溶液的配制：在 5 只 10mL 容量瓶中，分别加入 2.00mL，

4.00mL，6.00mL，8.00mL，10.00mL 蒽醌标准溶液（0.0400g/L），然后以甲醇稀释至刻度，摇匀。

（2）称取 0.1000g 蒽醌试样于小烧杯中，用甲醇溶解后，转移到 50mL 容量瓶中，以甲醇稀释至刻度，摇匀备用。

（3）用 1cm 石英吸收池，以甲醇作为参比溶液，在 200～350nm 波长范围内测定一份蒽醌标准溶液的紫外吸收光谱。

（4）配制浓度为 0.1g/L 的邻苯二甲酸酐的甲醇溶液，按上述方法测绘其紫外吸收光谱。

（5）在选定波长下，以甲醇为参比溶液，测定蒽醌系列标准溶液及蒽醌试液的吸光度。

数据记录及处理

首先在吸收曲线图形之后得出应选择的工作波长为多少；然后根据标准溶液的浓度和所测吸光度绘制标准曲线，根据标准曲线的斜率计算蒽醌在该波长下的摩尔吸收系数，在标准曲线上标出试样溶液所测吸光度对应的点，然后计算未知试样的浓度。

思考题

（1）为什么选用 323nm 而不选用 251nm 波长作为蒽醌定量分析的测定波长？

（2）本实验为什么用甲醇作为参比溶液？

注意事项

（1）波长的选择要合适。

（2）在所选波长处邻苯二甲酸酐不能干扰。

实验 2.10 硝基甲苯异构体的气相色谱分析

实验目的

（1）了解气相色谱分析的基本原理和基本操作。

（2）用羟化测定硝基甲苯异构体含量。

实验原理

本实验以 OV-101 为固定相的 30m×3.2mm 毛细管色谱柱，氢火焰离子化检测器分离分析甲苯、邻硝基甲苯、对硝基甲苯、间硝基甲苯。

仪器与试剂

（1）1102 型气相色谱仪；100mL 容量瓶 3 个；5mL 移液管 3 支。

（2）乙醇；甲苯；邻硝基甲苯；对硝基甲苯；间硝基甲苯。

实验步骤

（1）色谱参数。检测器：氢火焰离子化检测器；色谱柱：OV-101(柱)，30m×3.2mm；

进样口：230℃；炉温：160℃；检测器：230℃。

（2）样品溶液的制备：约 5mL 甲苯，400mg 邻硝基甲苯，200mg 间硝基甲苯，400mg 对硝基甲苯。

（3）甲苯，加乙醇使其溶解，并定量转移至 100mL 容量瓶中，继续用乙醇稀释至刻度。摇匀。

（4）样品的测试。

数据记录及处理

（1）依据色谱分离原理，推测出出峰顺序。

（2）面积归一化法

由于本实验中所有组分都在一定时间内出峰，故可使用归一化法计算，用归一化法不必准确测量进样量。

$$P_1\% = [f_1 A_1 / (\sum f_i A_i)] \times 100\%$$

式中，A_1，A_2，…，A_n 为各峰的峰面积；f_1，f_2，…，f_n 为各组分的校正因子。

相对质量校正因子的正确方法是：欲确定某化合物的相对质量校正因子，可将此化合物与基准物按一定质量比例配置成混合溶液。在某一色谱条件下进行分析，求出两者的峰面积，按下式求出相对应答值。

$$S_i = (A_i / A_s)(m_s / m_i)$$

式中，A_i，A_s 分别为某化合物和基准物的峰面积；m_i，m_s 分别为某化合物和基准物的质量。

$$f_i = 1/S_i$$

式中，f_i 为某化合物对基准物的质量校正因子。

许多化合物的相对质量校正因子可在有关气相色谱手册中查到。本实验不作相对质量校正因子的测定。自行查阅相关手册，得各物质的相对校正因子后进行计算。

思考题

（1）简述氢火焰离子化检测器的工作原理。

（2）面积归一化法使用的前提条件有哪些？

实验 2.11　高效液相色谱法测定饮料中的咖啡因

实验目的

（1）了解高效液相色谱仪的基本结构与工作原理。

（2）掌握采用高效液相色谱法进行定性及定量分析的基本方法。

实验原理

定量测定咖啡因的传统分析方法是采用萃取分光光度法。用反相高效液相色谱法将饮料中的咖啡因与其他组分（如单宁酸、咖啡酸、蔗糖等）分离后，将已配制的浓度不同的咖啡因标准溶液也进入色谱系统。如流速和泵的压力在整个实验过程中是恒定的，测定它们在色谱图上的保留时间 t_R（或保留距离）和峰面积 A 后，可直接用 t_R 定性，用峰面积作为定量测定的参数，采用工作曲线法（即外标法）测定饮料中的咖啡因含量。

仪器与试剂

（1）高效液相色谱仪，UV(246nm) 检测器；ODS(n-C_{18}) 色谱柱；超声波发生器或水泵；$50\mu L$ 微量注射器。

（2）咖啡因标准试剂；待测饮料试液。

（3）流动相：60% 甲醇＋40% 水，1L；制备前，先调节水的 pH≈3.5，进入色谱系统前，用超声波发生器或水泵脱气 5min。

实验步骤

（1）标准贮备液的配制：准确称取 25.0mg 咖啡因标准试剂，用配制的流动相溶解，转入 100mL 容量瓶中，稀释至刻度。

（2）用标准贮备液配制浓度分别为 $25\mu g/mL$，$50\mu g/mL$，$75\mu g/mL$，$100\mu g/mL$，$125\mu g/mL$ 的系列标准溶液。

（3）启动泵，打开检测器，设置泵的流速为 1mL/min，基线稳定后，开始进样。

（4）将进样阀放在装载（LOAD）位时，用注射器取 $150\mu L$ 浓度最低的标准样（防止样品在进样阀处的柱外扩散），注入进样阀中。

（5）将进样阀从装载（LOAD）位转向进样（INJECT）位。

（6）当咖啡因的色谱峰出完后，按照步骤（4）～（5）连续操作 2 次，获得 3 张最低浓度的标准试液色谱图。

（7）按标准溶液浓度增加的顺序，按步骤（4）～（6）操作，使每一种标准样获得 3 个数据。

（8）取 2mL 咖啡饮料试液放入 25mL 容量瓶中（或取 5mL 茶液放入 50mL 容量瓶中），分别用流动相稀释至刻度。

（9）按步骤（4）～（6）操作，分析饮料试液（咖啡或茶）。

数据记录及处理

（1）用长度表示保留时间（保留距离），测定标样色谱图上进样信号与色谱峰极大值之间的距离。

（2）根据标准试样色谱图中的保留数据，找到并标出咖啡或茶样色谱图中相应咖啡因色谱峰。

（3）用 $A=hY_{1/2}$ 公式计算每一张色谱图上的峰面积，并对每一个样品求出平均值。

（4）用系列标准溶液的数据作面积 A 对质量浓度 ρ(mg/mL) 的工作曲线。

（5）从工作曲线上求得咖啡或茶中咖啡因的质量浓度（mg/mL）（注意样品的稀释）。

（6）根据咖啡样品色谱图求出谱图中咖啡因色谱峰和最大杂质峰的分离度。

思考题

（1）解释用反相 n-C_{18} 柱测定咖啡的理论基础。

（2）在本实验中，用峰高 h 为定量基础的校正曲线能否得到咖啡因的精确结果？

（3）能否用离子交换柱测定咖啡因？为什么？

实验 2.12 苯、萘、联苯的高效液相色谱分析

实验目的

（1）学习高效液相色谱保留值定性、外标法定量分析方法。

（2）了解高效液相色谱仪基本结构和工作原理，以及初步掌握其操作技能。

（3）学习柱效能的测定方法。

实验原理

高效液相色谱的定性和定量分析，与气相色谱分析相似，在定性分析中，采用保留值定性，或与其他定性能力强的仪器分析法（如质谱法、红外吸收光谱法等）联用。在定量分析中，采用测量峰面积的归一化法、内标法或外标法等。

气相色谱中评价色谱柱柱效的方法及计算理论塔板数的公式，同样适用于高效液相色谱：

$$n=5.54(t_R/Y_{1/2})^2=16(t_R/Y)^2$$

速率理论及范第姆特方程式对于研究影响高效液相色谱柱效的各种因素，同样具有指导意义：

$$H=A+B/u+Cu$$

由于组分在液体中的扩散系数很小，纵向扩散项（B/u）对色谱扩展的影响可以忽略不计，而传质阻力项（Cu）则成为影响柱效的主要因素，提高柱内填料装填的均匀性和减小粒度，以加快传质速率，可提高液相色谱的柱效能。目前常使用的固定相直径为 $5\sim10\mu m$。

液相色谱除了上述影响柱效的一些因素外，还应考虑到一些柱外展宽的因素。

仪器与试剂

（1）任一型号高效液相色谱仪，紫外分光光度检测器；恒流泵或恒压泵；溶剂过滤系统；高压六通进样阀；$100\mu L$ 微量进样器；超声波发生器。

（2）苯、萘、联苯、甲醇（均为 A.R.）；纯水（去离子水，经二次蒸馏）；苯、萘、联苯混合样品。

（3）标准贮备液：分别配制浓度为 $1000\mu g/mL$ 的苯、萘、联苯的甲醇溶液。

（4）标准工作液：将上述标准贮备液用甲醇稀释 10 倍，配成苯、萘、联苯的浓度均为 $100\mu g/mL$ 的甲醇溶液。

操作步骤

（1）测定条件的选择

① 色谱柱：长 250mm，内径 4.6mm，装填 C_{18} 烷基键合相，颗粒度 $10\mu m$ 的固定相。

② 流动相：甲醇-水（83:17），流量 1.0mL/min。

③ 紫外分光光度检测器：测定波长 254nm。

④ 进样量：20μL。

（2）仪器操作

① 将配置好的流动相于超声波发生器上，脱气 15min。

② 将仪器按照仪器的操作步骤调节至进样状态，待仪器液路和电路系统达到平衡、基线平直时，吸取 60μL 标准工作液，进样 20μL，记录色谱图，重复进样两次。

③ 吸取 60μL 样品，进样 20μL，记录色谱图，重复进样两次。

数据记录及处理

（1）记录实验测定条件：色谱柱与固定相；流动相及其流量；检测器类型；进样量。

（2）测量各色谱图中苯、萘、联苯等的保留时间 t_R 及相应色谱峰的半峰宽 $Y_{1/2}$，计算各对应理论塔板 n，并将数据列表。已知组分的出峰顺序为苯、萘、联苯。

（3）求样品中各组分的含量。

思考题

（1）由计算得到的各组分理论塔板数说明了什么？

（2）高效液相色谱法采用 $5\sim10\mu m$ 粒度的固定相有何优点？为什么？

第3章 基本物性的测定

物质的基本物性是指在没有化学变化的前提下物质固有的物理性质，是相应物质的内部特性在一定的宏观条件下的体现。通过宏观条件下特定物质相关物性的测定，有助于加深对该物质各种性质的全面理解。因此基本物性的测定是人们认识自然、改造自然的重要手段之一。

在本章中，共选列了 10 个实验，所涉及的主要内容包括单组分和多组分体系的性质及分子间相互作用等相关知识。

实验 3.1 纯液体饱和蒸气压的测定

实验目的

（1）明确液体蒸气压的定义及气-液两相平衡的概念。
（2）了解用静态法测定乙酸乙酯在不同温度下的蒸气压方法。
（3）求出在实验温度范围内的平均摩尔汽化热。

实验原理

在一定温度下，纯液体与其气相达到平衡时的压力，称为该温度下该液体的饱和蒸气压。饱和蒸气压与温度下的关系可用 Clausius-Clapeyron 方程式来表示：

$$d(\ln p)/dT = \Delta_V H_m/(RT^2)$$

该式成立的条件是：设蒸气为理想气体，可以略去液体的体积。式中 $\Delta_V H_m$ 为在温度 T 时纯液体的摩尔汽化热，R 为气体常数，T 为绝对温度。在实验的温度范围内，由于温度变化不大，故可将 $\Delta_V H_m$ 视为常数，此时对该式积分，可得

$$\ln p = -(\Delta_V H_m/RT) + C'$$

或

$$\lg p = -(A/T) + C$$

式中，C'、C 均为积分常数。可见，$\lg p$-$1/T$ 是直线关系，直线的斜率为 $-A$，$A = \Delta_V H_m/2.303R$。由此可求得 $\Delta_V H_m$ 值。

测定饱和蒸气压的方法有三种。①静态法：在某一温度下直接测量饱和蒸气压；②动态法：在不同外界压力下测定其沸点；③饱和蒸气流法：使干燥的气流通过被测物质，并使其为被测物质所饱和，然后测定所通过的气体中被测物质蒸气的含量，就可根据分压定律算出此被测物质的饱和蒸气压。

本实验采用静态法测定乙酸乙酯在不同温度下的蒸气压。所用的蒸气压测定装置见图

3.1.1。其核心是等位仪（或等压计，平衡管），由 A 球和 U 形管 B、C 组成。

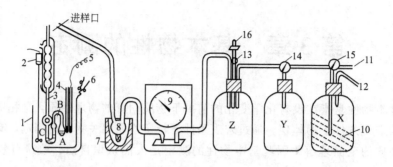

图 3.1.1 液体饱和蒸气压测定装置
1—恒温槽；2—电动搅拌机；3—等位仪；4—温度计（0～50℃，1/10℃）；
5—导电表或水银温度计；6—电热丝；7—保温瓶；8—冷阱；9—真空压力表；
10—干燥剂 CaCl₂；11—接另一套装置；12—接真空泵；13—二通塞；
14,15—三通塞；16—铁夹；X、Y、Z—缓冲瓶

A 球内装待测液体（乙酸乙酯），U 形管 B、C 内也加入一定量的乙酸乙酯。在一定的温度下，当 A 球的液面上纯粹是待测液体的蒸气，而 B 管和 C 管的液面处于同一水平时，则表示 B 管液面上的蒸气压（即 A 球液面上的蒸气压）与加在 C 管液面上的外压相等。用当时的大气压力减去真空表上的读数就得 C 管液面上方的压力，亦即得到了被测液体的饱和蒸气压。

仪器与试剂

（1）液体饱和蒸气压测定装置；真空泵；气压计；（冰）。

（2）乙酸乙酯（A.R.）。

实验步骤

（1）加待测物——乙酸乙酯。将等位仪洗净，并用乙酸乙酯淌洗几次（只需在第一次实验时这样做）。从进样口倒入乙酸乙酯，使它流入 C 球。按图 3.1.1 接好装置，开动真空泵，使真空表上的读数为 500mmHg（约 67kPa）左右，然后突然进气，乙酸乙酯就能通过U 形管冲入 A 球。A 球中乙酸乙酯约为球的 2/3 较宜（此步骤实验室已装好）。

（2）检查系统漏气。关闭活塞 13，打开活塞 14、15 及真空泵上的活塞，开动真空泵再关闭活塞，抽气，使装置内压力降至一定值后，关闭活塞 14，记下真空表上的读数，3min后看真空表指针是否偏转，若有偏转，说明装置漏气应立即检查。

（3）不同温度下乙酸乙酯蒸气压的测定。自 15℃ 或 20℃（由实验时室温而定）起液体每升高 5℃ 测定一次蒸气压。测定方法为接通冷却水，关闭活塞 13，使活塞 14 三通，活塞15 三通。开动搅拌器，调节恒温槽温度为 15℃（或 20℃），打开真空泵上的活塞，开动真空泵，待真空泵运转正常后再关上活塞。当装置内压力降到 40mmHg（5.3kPa）左右时，关闭活塞 14，使等位仪中的乙酸乙酯沸腾 1～2min（不要暴沸得太厉害），微微松开铁螺纹夹 16，然后慢慢打开二通活塞 13，使空气慢慢进入，当 U 形管 B、C 两臂液面相平时，立即关闭活塞 13，观察 1min，记下液面（B、C 两臂）相平时真空表的读数，大气压力和恒

温槽温度（若液面有波动需重新调整）。

每个温度测定 3 次，升高温度 5℃，重复上述步骤测定，测定 5 个温度下的蒸气压。将测定的数据填入表 3.1.1。

数据记录及处理

由表 3.1.1 中数据绘出 $\lg p°$-$1/T$ 图，求直线斜率 A，计算平均摩尔汽化热 $\Delta_\mathrm{v} H_\mathrm{m}$，并与文献值比较，求出相对误差。

表 3.1.1　实验数据记录表

测定温度/℃	真空表读数 $p_表$/mmHg	大气压力 p/mmHg	蒸气压力 $p°=p-p_表$/mmHg	$p°_{平均}$/mmHg	$1/T\times10^3$	$\lg p°$

注：1mmHg＝133.3224Pa。

思考题

（1）等位仪 U 形管内的乙酸乙酯起何作用？能不能用其他物质代替？为什么？

（2）本实验一般只能测定沸点 55～100℃之间的纯物质蒸气压，为什么？

注意事项

（1）在测定时，必须将 A 球内空气排除（如何排除？）。

（2）进气时切不可太快，以免空气倒灌入 A 球。如发生空气倒灌，则需要重新排气。

（3）开动与关闭真空泵前，都需先打开防空活塞（真空泵上的活塞），待正常运转后或停止抽气运转后再关闭该活塞。

（4）测定时温度需恒定。实验完毕勿忘关上冷却水，切断电源。

实验 3.2 电解质溶液的黏度与密度测定

实验目的

(1) 了解恒温槽的构造与原理,学会恒温控制。

(2) 了解黏度计和比重瓶的构造并掌握其使用方法。

(3) 测定不同浓度下氯化钠溶液的黏度与密度,求解并分析黏度多项拟合式中 A、B 系数。

实验原理

1. 黏度的测定

黏度指动力黏度或绝对黏度。液体黏度的大小,一般用黏度系数 η 来表示,在 SI 制中,其单位是 Pa·s (帕斯卡·秒),其量纲为 kg/(m·s)。当用毛细管法测液体黏度时,可通过泊肃叶 (Poiseuille) 公式计算

$$\eta = \pi p r^4 t / 8VL$$

式中,V 为在时间 t 内流过毛细管的液体体积;p 为管两端的压力差;r 为管半径;L 为管长。

但按上式由实验来测定绝对黏度是一件困难的工作,相比之下测定某液体对标准液体 (如水) 的相对黏度则是简单实用的。在已知标准液体的绝对黏度时,即可算出被测液体的绝对黏度。

设两种液体在本身重力作用下分别流经同一毛细管,当流过的体积相等时,有

$$\eta_1 = n p_1 r^4 t_1 / 8VL = n \rho_1 g h_1 r^4 t_1 / 8VL$$

$$\eta_2 = n p_2 r^4 t_2 / 8VL = n \rho_2 g h_2 r^4 t_2 / 8VL$$

从而
$$\eta_1 / \eta_2 = \rho_1 h_1 t_1 / \rho_2 h_2 t_2$$

式中,h 为推动液体流动的液位差;ρ 为液体密度;g 为重力加速度。

如果每次取出试样的体积一定,则可保持 h 在试样中的情况相同,因此 $\eta_1 / \eta_2 = \rho_1 t_1 / \rho_2 t_2$。若已知标准液体的黏度和两液体的密度,则可按上式算得被测液体的黏度。

对于电解质溶液,常用的黏度多项拟合公式为

$$\eta / \eta_0 = 1 + A c^{1/2} + Bc$$

式中,η 为溶液黏度;η_0 为溶剂黏度;c 为溶质物质的量浓度;A、B 为取决于溶剂、溶质性质的常数。

若实验测出电解质溶液在不同浓度 c 下的黏度 η,便可通过多项式曲线拟合求出常数 A、B。其中 A 称为 Falkenhagen 系数 (表征离子-离子相互作用程度的量),B 系数表征电解质对溶剂黏度的影响,若 B 系数为正数时,则表示电解质的加入将削弱溶液的流动性;若 B 系数为负数时,则表示将增强溶液的流动性。如已知某单个离子 B 系数的大小,则可由电解质存在的加和关系

$$B = B_+ + B_-$$

求得另一离子的 B 系数大小，并可根据其值的正负，判断离子对溶液流动性的影响。式中，B 为与电解质有关的 B 系数；B_+ 为与电解质阳离子有关的 B 系数；B_- 为与电解质阴离子有关的 B 系数。

2. 密度的测定

单位体积所含物质的质量，称为该物质的密度。比重瓶法是准确测定液体密度的经典方法。

将比重瓶洗净、烘干，在分析天平上（连小帽）称重，设其为 m_1，然后将蒸馏水注入比重瓶内（注意不要让气泡混入）。小心浸入恒温槽中，达到热平衡后，用滤纸将毛细管口液体吸去，并盖好小帽，然后从恒温槽中取出比重瓶，用滤纸或干布拭干（这时要特别小心，不要因为手的温度过高而使瓶中的液体溢出造成误差），设其重为 m_2，倒出比重瓶中的蒸馏水，用丙酮淌洗两次，再用吸耳球吹干，按上述方法注入待测液体，在同一指定温度的恒温槽中恒温后拭干，称重为 m_3，待测液体的密度按下式计算

$$\rho = \rho_{H_2O}[(m_3 - m_2)/(m_2 - m_1)]$$

式中，ρ_{H_2O} 为指定温度下水的密度。

仪器与试剂

（1）恒温水槽；Ostwald 黏度计（图 3.2.1）；秒表；100mL 容量瓶 6 只；5mL，10mL 移液管各 1 支；50mL 比重瓶（图 3.2.2）1 只。

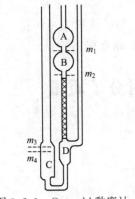

图 3.2.1　Ostwald 黏度计

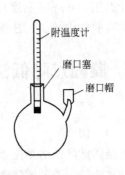

附温度计

磨口塞

磨口帽

图 3.2.2　比重瓶

（2）0.20mol/L NaCl 标准溶液。

实验步骤

（1）调节恒温槽至 25℃。

（2）根据浓度为 0.20mol/L 的 NaCl 母液分别配制浓度为 0，0.002mol/L，0.004mol/L，0.006mol/L，0.008mol/L，0.010mol/L，0.020mol/L 的溶液待用。

（3）按从稀到浓的次序，用移液管取 10mL 待测液放入黏度计中，将黏度计垂直浸入恒温槽中，待内外水温一致后（一般为 5min 以上），用胶管连接黏度计，用洗耳球吸起液体使超过上刻度，然后放开洗耳球，用秒表记录液体自上刻度至下刻度所经历时间，再使液体超过上刻度，重复测定三次，三次测定的平均误差不超过 0.5s，取时间平均值。实验记录表如表 3.2.1 所示。

表 3.2.1 黏度与密度测定数据记录表

$c/(\text{mol/L})$		0	0.002	0.004	0.006	0.008	0.010	0.020
m_3/g								
$(m_3-m_2)/\text{g}$								
$\rho/(\text{g/L})$		997.0						
t/s	No.1							
	No.2							
	No.3							
	t平均							
η/cP		0.890						

$T=298.2\text{K}$;比重瓶重 $m_1=$ g

（4）与此同时，即可进行密度测定及下一体系的预恒温。

数据记录及处理

将不同浓度 c 下的黏度实验值代入黏度多项式 $\eta/\eta_0=1+Ac^{1/2}+Bc$ 求取 A、B 系数。

思考题

（1）你认为准确测定液体密度过程的关键是什么？
（2）为什么用 Ostwald 黏度计时，加入标准物和被测物的体积应相同？
（3）以本实验得出的 A、B 系数值，说明溶质-溶剂的相互作用特点。

实验 3.3 凝固点降低法测定溶质的相对分子质量

实验目的

（1）掌握凝固点降低法测定萘的相对分子质量的方法。
（2）通过实验进一步理解稀溶液理论。
（3）掌握贝克曼温度计的使用。

实验原理

含非挥发性溶质的二组分稀溶液，假设溶质在溶液中不发生缔合和分解，也不与固态溶剂生成固熔体，则稀溶液的凝固点低于纯溶剂的凝固点，这是稀溶液的依数性之一。当指定了溶剂的种类和数量后，凝固点降低值取决于所含溶质分子的数目，即溶剂的凝固点降低值与溶液的浓度成正比。以方程式表示这一规律，则有：

$$\Delta T_f = T_f^* - T_f = K_f b_B$$

这就是稀溶液的凝固点降低公式。式中，T_f^* 为溶剂的凝固点；T_f 为溶液的凝固点；K_f 为凝固点降低常数；b_B 为溶质的质量摩尔浓度。由于 $b_B = 1000(m/M_B)/W$，

则

$$M = \frac{K_f \times 1000m}{W(T_0 - T)}$$

式中，M_B 为溶质 B 的相对分子质量；m 和 W 分别为溶质和溶剂的质量，g。如已知溶剂的 K_f 值，则可通过实验测出 ΔT_f 值，利用上式求溶质的相对分子质量。

显而易见，全部实验操作归结为凝固点的精确测量。所谓凝固点是指在一定条件下，固液两相平衡共存的温度。理论上，只要两相平衡就可达到这个温度。但实际上，只有固相充分分散到溶液中，也就是固液两相的接触面相当大时，平衡才能达到。一般通过绘制步冷曲线的方法来测定出凝固点。

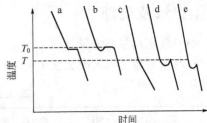

纯溶剂的凝固点是液相和固相共存的平衡温度，其步冷曲线如图 3.3.1 中 a 所示，但实际过程中容易发生过冷现象，即过冷析出固体以后温度才回升到平衡温度，如图 3.3.1 中 b 所示。溶液的凝固点是溶液的液相和溶剂的固相共存的平衡温度，其步冷曲线与纯溶剂不同，如图 3.3.1 中 c 和 d 所示。如果过冷严重，会出现图 3.3.1 中 e 所示，将会影响相对分子质量的测定结果。因此在实验中要控制适当的过冷程度，以免影响相对分子质量测定的结果。在测定过程中必须设法控制适当的过冷程度，一般可以通过控制寒剂的温度、搅拌速度等方法达到。因为稀溶液的凝固点降低值不大，所以温度的测量需要用精密的仪器。

图 3.3.1　几种典型的实验步冷曲线

仪器与试剂

（1）凝固点测定装置 1 套；数显贝克曼温度计 1 台；普通温度计（0～50℃）1 支；分析天平 1 台；25mL 移液管 1 支；

（2）萘（A.R.）；环己烷（A.R.）；碎冰。

实验步骤

（1）安装仪器。在冰浴槽中加入碎冰-水混合物，调节水温在 3℃ 左右，在实验过程中用搅棒经常搅拌并间断地补充少量的冰，使寒剂保持在此温度。将空气套管首先在寒剂中冷却，按图 3.3.2 所示将实验装置安装好。

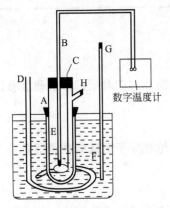

图 3.3.2　凝固点降低测定示意图
A—空气套管；B—热电偶；C—内搅拌棒；
D—外搅拌棒；E—凝固点管；F—恒温介质；
G—温度计；H—放料口

（2）纯溶剂凝固点的测定。首先测定溶剂的近似凝固点：用移液管移取 25mL 环己烷放入内套管里，尽量不要溅在壁上，塞上塞子，以免环己烷挥发，并记录加入环己烷的温度。先将盛有环己烷的凝固点管直接插入寒剂中，上下移动搅棒使环己烷逐渐冷却，当有固体析出时，将凝固点管从寒剂中取出，将管外冰水擦干，插在空气套管中，缓慢而均匀地搅拌之（约每秒一次），观察温度计读数，直至温度稳定，此为环己烷的近似凝固点。取出凝固点管，用手温之，使管中固体完全熔化，再将凝固点管直接插入寒剂中缓慢搅拌，使环己烷较快冷却。当环己烷温度降至高于近似凝固点 0.3℃ 时迅速取出凝固点管，擦干、将其插入空气套管中并缓慢搅拌，使环己烷温度均匀下降，当温度低于近似凝固点

0.5℃时应急速搅拌促使固体析出。当固体析出时温度开始上升，立即改为缓慢搅拌，一直到温度读数稳定，此即为环己烷的凝固点。重复测定三次，要求其绝对误差小于±0.003℃。

（3）溶液凝固点的测定。在上述溶剂中加入精确称量的0.06g左右的片状萘（如果萘为粉状，应压片后再进行实验），使其溶解后按照上述方法测定溶液凝固点，先测定近似凝固点，再精确测定之。

数据记录及处理

（1）气压与室温记录

将气压与室温填入表3.3.1。

表3.3.1 气压与室温记录表

项 目	实 验 前	实 验 后	平 均 值
大气压/kPa			
室温/℃			

（2）环己烷质量的计算

用下面的经验公式：$\rho/(g/cm^3)=0.7971-0.8879\times10^{-3}t/℃$ 计算出环己烷室温下的密度，然后计算出所用环己烷的质量。

（3）萘的摩尔质量的计算

将实验数据填入表3.3.2。计算萘摩尔质量并与标准值比较，计算相对误差。

表3.3.2 凝固点降低法测定相对分子质量的数据表

名 称	粗测/℃	精 测/℃			平均/℃
		1	2	3	
环己烷					
溶 液					

思考题

（1）为什么要使用空气套管？

（2）在冷却的过程中，凝固点管内的液体存在哪些热交换？它们对凝固点的测量有什么影响？

（3）本实验误差的主要影响因素是什么？

（4）如果在测定溶液凝固点时过冷严重，将会怎样影响相对分子质量的测定结果？

注意事项

（1）搅拌速度的控制是做好本实验的关键，每次测定应按要求的速度搅拌，并且测溶剂与溶液凝固点时搅拌条件要尽量一致。

（2）环己烷易挥发，易对结果有较大的影响，因此要先做好准备工作再移液，并要马上塞好塞子。

（3）冷却过程中搅拌要充分，但不可使搅拌桨超出液面，以免把样品溅在器壁上。

实验 3.4　气态物质相对分子质量的测定

实验目的

用 Victor Meyer 法测定四氯化碳（或乙酸乙酯）的相对分子质量。

实验原理

在温度较高、压力较低的情况下，可近似地把一般气体或蒸气看作理想气体，其状态方程式为 $pV=nRT=(m/M)RT$。式中 p、V、T、m、M 和 R 分别为气体的压力、体积、热力学温度、质量、相对分子质量和通用气体常数。

将一定质量的易挥发液态物质在保持温度（应高于该物质沸点 20℃左右）及压力（通常为一个大气压）恒定的容器底部气化，一般该蒸气的相对密度较大，故在气化管底部将同温度、同压力、同体积的空气排挤出来，排出的空气在常温常压下不会液化。由于都看作理想气体，根据阿伏加德罗定律它们具有相同的物质的量。排出来的空气的物质的量可由气量管测出它的体积以及相应的温度和压力来计算。已知液态物质蒸气的物质的量及其质量 m，即可算出它的相对分子质量 M。

物质在气化时需防止蒸气扩散至气化管上部低温部分冷凝，致使排出的空气的体积减少。因此，气化管内不应含有其他易凝结的蒸气。

但是，实际上在上述条件下，把液体的蒸气看作理想气体会带来较大的误差，我们可以采用外推法，即当蒸气的分压趋于零时，把此时的蒸气看作理想气体。故可将理想气体状态方程改写为

$$M=R/(pV/mT)_0$$

其中

$$\left(\frac{pV}{mT}\right)_0 = \lim_{m \to 0} \frac{pV}{mT}$$

当液体的质量愈小，在容器底部气化产生的气体分压愈小，当 $m \to 0$，即当分压 p 趋于 0，作 (pV/mT)-m 图，外推至 $m=0$ 时 $(pV/mT)_0$ 的值，即可算出相对分子质量 M。

也可以用最小二乘法处理线性方程，y 即 (pV/mT)，X 即 m，由线性方程 $y=A+BX$，则截距 A 即为 $(pV/mT)_0$。

仪器与试剂

（1）气体相对分子质量测定装置（见图 3.4.1）1 套；恒温控制仪 1 台；调压变压器 1 套；半导体点温度计 1 支；真空泵 1 台；小玻泡数个；酒精灯 1 个。

（2）四氯化碳（A.R.）。

实验步骤

（1）检查整个装置是否漏气。方法是将三通阀连通 abc，提高水准瓶，使气量管的液面

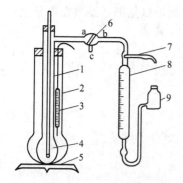

图3.4.1　气体分子量测定装置
1—气化管；2—外套管；3—控温仪探头；
4—长玻璃棒击破装置；5—电炉；6—三通阀；
7—温度计；8—量气管；9—水准瓶

至0~1mL的位置上，然后将三通阀连通 ab（c 不通），使水准瓶液面低于气管内液面。当固定水准瓶位置数分钟，量气管内液面高度不变时，表明不漏气，则可以继续实验；若量气管内液面下降，则表明漏气，应检查出原因，排除后，方可继续实验。

（2）按照恒温装置要求，接通电源加热，控制外套管水温在 90℃±1℃上。

（3）取一个小玻泡在分析天平上准确称重，然后将小玻泡在酒精灯上微热，随即将毛细管顶端浸入四氯化碳液体中，玻泡冷却时将液体吸入泡内。吸入量在 0.1~0.3g 之间。过多过少都不适宜。而后于酒精灯上熔封毛细管。用手微热小玻泡检查是否封牢。再次准确称重，前后两次重量之差即为四氯化碳的重量。上述操作可同时取一组小玻泡（5 个）进行称量。

（4）待外管水温加热到90℃时，可拔出长玻棒击破装置，将小玻泡放在顶端铁丝圈上，小心放入气化管内，塞紧橡皮塞。应检查击破装置安放是否合适，即小玻泡置于气化管底部而长玻棒一端离小波泡 2~3cm，不适合则调整长玻棒击破装置的相对位置。

（5）再一次检查装置是否漏气，方法同（1），若不漏气且温度恒定后，将水准瓶的液面与量气管的液面相平行（尽量使量气管的液面至零刻度或稍低点）。准确读出初始体积，精确到0.05mL，然后左手握气化管上端的橡皮塞，右手握长玻棒的橡皮管，将长玻棒向下按，击破气化底部的小玻泡。

（6）四氯化碳立即溢出气化，量气管内液面不断下降，与此同时应将水准瓶同时下移尽量使二者平齐。直至液面不再下降为止，记下最终体积。通常当四氯化碳量较多时液面会有明显回升，这是正常现象，应取最大值，并记录大气压、量气管温度及相对湿度。

（7）将三通阀改为连通 ac（注意千万不能连通 bc）。使气化管与真空泵接通，抽气约20s，再放入空气，再抽气，再放空，重复数次，使气化管内的四氯化碳蒸气抽尽。

（8）抽气后必须使气化管里充满空气，使气化管中的气压与外界相同后再重复做实验。

数据记录及处理

（1）将实验数据填入表3.4.1中。

（2）大气压力用下式进行校正：$p=p_0-p_{H_2O}^0(1-r)$。p 为气体压力，p_0 为气压计的读数（即室内的大气压），$p_{H_2O}^0$ 为气量管内的温度所对应的水的饱和蒸气压，r 为相对湿度，可由干湿泡温度计测得。

（3）作（pV/mT）-m 图，外推至 $m=0$ 时得（pV/mT）$_0$ 值。代入公式即得相对分子质量 M。

（4）或用最小二乘法处理线性方程的公式计算相对分子质量 M。

（5）进行误差分析，估计测得结果的最大误差范围。

表 3.4.1　气态物质分子量的测定实验数据记录表

项　　目	1	2	3	4	5	6	7
玻泡重/g							
玻泡(CCl_4)重/g							
CCl_4 重/g							
量气管初读数/mL							
量气管末读数/mL							
体积 V/mL							
大气压/kPa							
温度/℃							
相对湿度/%							

思考题

(1) 气化管与量气管的温度不同，为什么可用量气管中测得的被排出空气的 p, V, T 来计算气化管内四氯化碳的相对分子质量？

(2) 如何检查漏气和气化管温度是否恒定？为什么要保持温度恒定？

(3) 每次实验后为什么要把气化管内 CCl_4 的蒸气抽出来？

(4) 你认为 CCl_4 蒸气在实验条件下是否符合理想气体方程？有什么更好的状态方程可被采用，此实验是否可用实际气体状态方程？

实验 3.5　黏度法测定高分子化合物的平均相对分子质量

实验目的

(1) 掌握用乌贝路德（Ubbelohde）黏度计测定黏度的原理和方法。

(2) 测定多糖聚合物（右旋糖酐）的平均相对分子质量。

实验原理

黏度是指液体对流动所表现的阻力，这种力反抗液体中邻接部分的相对移动，因此可看作是一种内摩擦。图 3.5.1 是液体流动的示意图。当相距为 ds 的两个液层以不同的速率（v 和 $v+dv$）移动时，产生的流速梯度为 dv/ds。当建立平稳流动时，维持一定流速所需的力（即液体对流动的阻力）f' 与液层的接触面积 A 以及流速梯度 dv/ds 成正比，若以 f 表示单位面积液体的黏滞阻力，$f = f'/A$，则

$$f = \eta(dv/ds)$$

$$f' = \eta A(dv/ds)$$

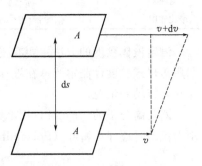

该式称为牛顿黏度定律表示式，其比例常数 η 称为黏度系数，简称黏度，单位为 Pa·s。

高聚物稀溶液的黏度，主要反映了液体在流动时存在　　图 3.5.1　液体流动示意图

着内摩擦。其中因溶剂分子之间的内摩擦表现出来的黏度叫纯溶剂黏度，记作 η_0；此外还有高聚物分子相互之间的内摩擦，以及高分子与溶剂分子之间的内摩擦。三者之总和表现为溶液的黏度 η。在同一温度下，一般来说，$\eta > \eta_0$。相对于溶剂，其溶液黏度增加的分数，称为增比黏度，记作 η_{sp}，即

$$\eta_{sp} = (\eta - \eta_0)/\eta_0$$

而溶液黏度与纯溶剂黏度的比值称为相对黏度，记作 η_r，即

$$\eta_r = \eta/\eta_0$$

η_r 也是整个溶液的黏度行为，η_{sp} 则意味着已扣除了溶剂分子之间的内摩擦效应。两者关系为

$$\eta_{sp} = \eta/\eta_0 - 1 = \eta_r - 1$$

对于高分子溶液，增比黏度 η_{sp} 往往随溶液的浓度 c 的增加而增加。为了便于比较，将单位浓度下所显示出的增比黏度，即 η_{sp}/c 称为比浓黏度；而 $\ln\eta_r/c$ 称为比浓对数黏度。η_r 和 η_{sp} 都是无因次的量。

为了进一步消除高聚物分子之间的内摩擦效应，必须将溶液浓度无限稀释，使得每个高聚物分子彼此相隔极远，其相互干扰可以忽略不计。这时溶液所呈现出的黏度行为基本上反映了高分子与溶剂分子之间的内摩擦。这一黏度的极限值记为

$$\lim_{c \to 0} \frac{\eta_{sp}}{c} = [\eta]$$

式中，$[\eta]$ 被称为特性黏度，其值与浓度无关。实验证明，当聚合物、溶剂和温度确定以后，$[\eta]$ 的数值只与高聚物平均相对分子质量 $M_{平均}$ 有关，它们之间的半经验关系可用 MA. R. k Houwink 方程式表示

$$[\eta] = KM_{平均}^a$$

式中，K 为比例常数；a 是与分子形状有关的经验常数。它们都与温度、聚合物和溶剂性质有关，在一定的相对分子质量范围内与相对分子质量无关。

K 和 a 的数值，只能通过其他方法确定，例如渗透压法、光散射法等。黏度法只能测定 $[\eta]$，进而求算出 $M_{平均}$。

综上所述，溶液黏度的名称、符号及定义可归纳为表 3.5.1。

表 3.5.1　溶液黏度的命名与定义

名　称	符号和定义	名　称	符号和定义
黏度（系数）	η	比浓黏度	η_{sp}/c
相对黏度	$\eta_r = \eta/\eta_0$	比浓对数黏度	$\ln\eta_r/c$
增比黏度	$\eta_{sp} = \eta_r - 1 = (\eta - \eta_0)/\eta_0$	特性黏度	$[\eta] = (\eta_{sp}/c)_{c \to 0} = (\ln\eta_r/c)_{c \to 0}$

测定液体黏度的方法主要有三类：①用毛细管黏度计测定液体在毛细管里的流出时间；②用落球式黏度计测定圆球在液体里的下落速率；③用旋转式黏度计测定液体与同心轴圆柱体相对转动的情况。

测定高分子的 $[\eta]$ 时，用毛细管黏度计最为方便。当液体在毛细管黏度计内因重力作用而流出时遵守泊肃叶（Poiseuille）定律

$$\eta/\rho = \pi hgr^4t/8lV - mV/8\pi lt$$

式中，ρ 为液体的密度；l 是毛细管长度；r 是毛细管半径；t 是流出时间；h 是流经毛

细管液体的平均液柱高度；g 为重力加速度；V 是流经毛细管液体的体积；m 是与仪器的几何形状有关的常数，在 $r/l \ll 1$ 时，可取 $m=1$。

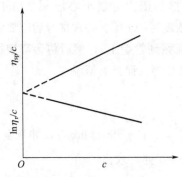

图 3.5.2　外推法求 $[\eta]$ 示意图

对某一支指定的黏度计而言，令 $\alpha = \pi g h r^4 / 8lV$，$\beta = mV/8\pi l$，则上式可改写为

$$\eta/\rho = \alpha t - \beta/t$$

式中 $\beta < 1$。当 $t > 100s$ 时，等式右边第二项可以忽略。设溶液的密度 ρ 与溶剂密度 ρ_0 近似相等。这样，通过分别测定溶液和溶剂的流出时间 t 和 t_0，就可求算 η_r

$$\eta_r = \eta/\eta_0 = t/t_0$$

进而可分别计算得到 η_{sp}、η_{sp}/c 和 $\ln\eta_r/c$ 值。配制一系列不同浓度的溶液分别进行测定，以 η_{sp}/c 和 $\ln\eta_r/c$ 为同一纵坐标，c 为横坐标作图，得两条直线，分别外推到 $c=0$ 处（如图 3.5.2 所示），其截距即为 $[\eta]$，代入关系式 $[\eta] = K(M_{平均})^\alpha$（$K$，$\alpha$ 已知），即可得到 $M_{平均}$。

仪器与试剂

（1）乌（贝洛德）氏黏度计（见图 3.5.3）；2mL，5mL，10mL 移液管；100mL 锥形瓶；50mL 烧杯；100mL 吸滤瓶；恒温水浴；水抽气泵；超声波清洗机；秒表；夹子；大号针筒；3 号砂芯漏斗；铁架台。

（2）右旋糖酐（A.R.）。

实验步骤

（1）溶液配制。用分析天平准确称取 1.2g 右旋糖酐样品，倒入预先洗净的 50mL 烧杯中，加入约 30mL 蒸馏水，在水浴中加热溶解至溶液完全透明，取出自然冷却至室温，再将溶液移至 50mL 容量瓶中，并用蒸馏水稀释至刻度。如溶液中有不溶物，则需用预先洗净并烘干的 3 号砂芯漏斗过滤，装入锥形瓶中备用。

（2）黏度计的洗涤。先将黏度计放于存有蒸馏水的超声波清洗机中，让蒸馏水灌满黏度计，打开电源清洗 5min；拿出后用热的蒸馏水冲洗，同时用水泵抽滤毛细管使蒸馏水反复流过毛细管部分。容量瓶、移液管也都应仔细洗净。

（3）溶剂流出时间 t_0 的测定。开启恒温水浴和搅拌器电源，调节温度为 25℃（或 37℃）。先在黏度计的 C 管和 B 管的上端套上干燥清洁的橡皮管，在铁架台上调节好黏度计的垂直度和高度。然后将黏度计安放在恒温水浴中（G 球及以下部位应在水浴的液面下）。从 A 管加入 10mL 左右的蒸馏水，并用夹子夹住 C 管上的橡皮管下端，使其不通大气。在 B 管的橡皮管口用针筒将水从 F 球经 D 球、毛细管、E 球抽至 G 球中部，取下针筒，同时松开 C 管上夹子，使其通大气。此时溶液顺毛细管而流下，当液面流经刻度 a 线处时，立刻按下秒表开始计时，至 b 处则停止计时。记下液体流经 a，b 之间所需的时间。重复测定三次，偏差应小于 0.2s，取其平均值，即为 t_0 值。

（4）溶液流出时间的测定。取出黏度计，倾去其中的水，加入少量的无水酒精润洗黏度

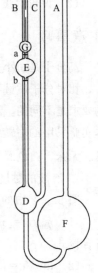

图 3.5.3　乌（贝洛德）氏黏度计示意图

43

计，连接到水泵上让酒精从毛细管中抽出，然后在烘箱中烘干。同上法安装调节好黏度计，用移液管吸取 10.0mL 溶液小心注入黏度计内（不要将溶液黏在黏度计的管壁上），在溶液恒温过程中，应用溶液润洗毛细管后再测定溶液的流出时间 t。然后依次分别小心加入 2.0mL，3.0mL，5.0mL，10.0mL 蒸馏水，按上述方法分别测量不同浓度时的 t 值。每次稀释后都要将溶液在 F 球中充分搅匀（可用针筒打气的方法，但不要将溶液溅到管壁上），然后将稀释液抽洗黏度计的毛细管、E 球和 G 球，使黏度计内各处溶液的浓度相等，而且需恒温。

数据记录及处理

（1）根据不同浓度的溶液测得的相应流出时间分别计算 η_{sp}，η_r，η_{sp}/c 和 $\ln\eta_r/c$，并列表。

（2）以 η_{sp}/c 和 $\ln\eta_r/c$ 对 c 作图，得两条直线，外推至 $c=0$ 处，求出 $[\eta]$。

（3）将 $[\eta]$ 值代入公式，计算 $M_{平均}$。

（4）右旋糖酐水溶液的参数，25℃：$K=9.22\times10^{-2}\text{cm}^3/\text{g}$，$\alpha=0.5$；37℃：$K=0.141\text{cm}^3/\text{g}$，$\alpha=0.46$。

思考题

（1）乌氏黏度计中的支管 C 有什么作用？除去支管 C 是否仍可以测黏度？

（2）评价黏度法测定高聚物相对分子质量的优缺点，指出影响准确测定的因素。

注意事项

高分子是由小分子单体聚合而成的，高聚物相对分子质量是表征聚合物特性的基本参数之一，相对分子质量不同，高聚物的性能差异很大。所以不同材料、不同的用途对相对分子质量的要求是不同的。测定高聚物的相对分子质量对生产和使用高分子材料具有重要的实际意义。本实验采用的右旋糖酐 [即 $(C_6H_{10}O_5)_n$] 是目前公认的优良血浆代用品之一。它是一种无臭、无味、白色固体物质，易溶于近沸点的热水中，相对分子质量在 $2\times10^4\sim8\times10^4$ 范围内。

1. 溶液的黏度与浓度的关系

图 3.5.2 中的两条直线一般有以下形式。

（1）$\eta_{sp}/c=[\eta]+a[\eta]^2c$，此式也是线性方程式，大多数聚合物在较稀的浓度范围内都符合该式。

（2）$\ln\eta_r/c=[\eta]+(a-1/2)[\eta]^2c+(1/3-a)[\eta]^3c^2+\cdots$，该式又包括下列三种情况。

① 若 $a=1/3$，且令 $b=1/2-a$，则有 $\ln\eta_r/c=[\eta]-b[\eta]^2c$。以 $\ln\eta_r/c$ 对 c 作图为一直线，其直线斜率为负值，而以 η_{sp}/c 对 c 作图所得的直线斜率为正值，分别进行外推可得到共同的截距 $[\eta]$，如图 3.5.2 所示。

② 若 $a>1/3$ 时，$\ln\eta_r/c-c$ 不呈直线。当浓度较高时，曲线向下弯曲，切线斜率 $b>(1/2-a)$。切线与 $\eta_{sp}/c-c$ 线在 $c>0$ 处相交于 A 点，两者截距不等，如图 3.5.4 所示。

③ 当 $a<1/3$ 时，$\ln\eta_r/c-c$ 也不呈直线，但情况与②不同，如图 3.5.5 所示。

如果出现②和③这两种情况，而溶液不太稀时，可取 $\eta_{sp}/c=[\eta]-a[\eta]^2c$ 的截距作为特性黏度较好些。如果溶液浓度太高，图的线性不好，外推不可靠；如果浓度太稀，测得的 t 和 t_0 很接近，则 η_{sp} 的相对误差比较大。恰当的浓度是使 η_r 在 1.2～2.0 之间。

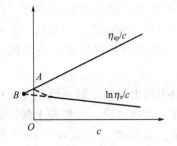
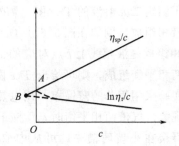

图 3.5.4　$a>1/3$，$b>(1/2-a)$　　　　　图 3.5.5　$a<1/3$，$b<(1/2-a)$

2. 一点法

上述作图求 $[\eta]$ 的方法称为稀释法或外推法，结果较为可靠。但在实际工作中，往往由于试样少，或要测定大量同品种的试样，为了简化操作，可采用"一点法"，即在一个浓度下测定 η_{sp}，直接计算出 $[\eta]$ 值。"一点法"的使用必须事先用外推法测出所用体系的 a，b 值，并且假定：$a=1/3$ 和 $a+b=1/2$，则可得

$$[\eta]=(1/c)[2(\eta_{sp}-\ln\eta_r)]^{1/2} \text{ 或 } [\eta]=[\eta_{sp}+(a/b)\ln\eta_r]/[(1+a/b)c]$$

实验 3.6　二元液相溶液气-液平衡相图的绘制

实验目的

(1) 测定环己烷-乙醇溶液的沸点-组成图（T-x 图），并确定其恒沸点及恒沸组成。

(2) 了解阿贝折射仪的构造、原理，以及测定折射率的方法。

实验原理

二元溶液的 T-x 图可分为三类：(1) 理想溶液，其沸点介于两纯物质之间[图 3.6.1(a)]；(2) 各组分对拉乌尔定律发生负偏差，溶液有最高沸点[图 3.6.1(b)]；(3) 各组分对拉乌尔定律发生正偏差，溶液有最低沸点[图 3.6.1(c)]。第 (2)、(3) 两类溶液在最高或最低沸点时，气液两相组成相同，加热蒸发的结果只能使气相总量增加。气液相组成及溶液沸点在一定外压下保持不变，这时的温度叫恒沸点，相应的组成叫恒沸组成。理论上，第 (1) 类混合物可用一般精馏法分离出两种纯物质，第 (2)、(3) 两类混合物只能分离出一种纯物质和一种恒沸混合物。

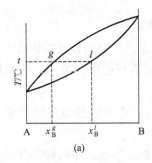
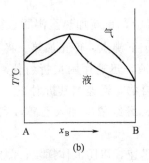
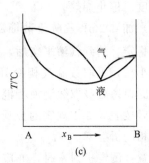

图 3.6.1　二元溶液的 T-x 图

为了测定二元溶液的 T-x 图，需在气液两相达到平衡后，测定溶液的沸点，以及气相组成和液相组成。例如在图 3.6.1（a）中，与沸点 t 对应的气相组成是气相线上 g 点对应的 x_B^g，液相组成是液相线上 l 点对应的 x_B^l。测定整个浓度范围内不同组成溶液的沸点和相应的气液两相平衡组成，则可绘出 T-x 图。

本实验采用简单的蒸馏瓶，用电热丝直接放入溶液中通电加热，这样既方便又可减少过热暴沸现象。气液两相平衡时，溶液的沸点可通过温度计直接读出。蒸馏瓶上的冷凝管使平衡蒸气凝聚在小玻璃槽中，可从中取样分析气相组成。从蒸馏瓶母液中取样可分析液相组成。

分析组成所用的仪器是阿贝折射仪。因为在一定的温度下，各种纯物质具有一定的折射率，而溶液的折射率与其组成之间具有一定的关系。所以可以预先测定若干已知组成溶液的折射率，做出折射率与组成的特征曲线。然后通过测定气相凝聚液和母液的折射率，便可从特征曲线上找出对应的气、液相组成。

仪器与试剂

沸点、组成测定仪一套（见图 3.6.2），蒸馏瓶，磨口塞，带盛冷凝液小槽的冷凝管，$\frac{1}{10}$℃ 的温度计，电热丝（接变压器和伏特计），阿贝折射仪一台，超级恒温水槽一套，长、短取样管各一支，20mL 量筒一个，1mL、5mL、10mL 刻度移液管各一支，洗耳球一个。

环己烷、乙醇各一瓶，环己烷-乙醇标准溶液（乙醇质量分数分别为 0、10%、20%、30%、40%、50%、60%、70%、80%、90%、100%）各一瓶。

实验步骤

（1）调节超级恒温水槽，使阿贝折射仪保持一定的温度（25℃或 35℃）。用阿贝折射仪测定各种环己烷-乙醇标准溶液的折射率。

（2）在干燥的蒸馏瓶中放入 20mL 环己烷，盖好瓶塞、使电热丝浸入液体中，温度计水银球的一半插入液面之下。

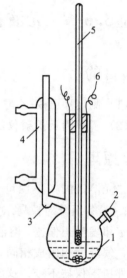

图 3.6.2   沸点、组成测定仪
1—蒸馏瓶；2—磨口塞；
3—盛冷凝液的小槽；4—冷凝管；
5—1/10℃ 的温度计；6—电热丝

（3）冷凝管中通入冷水，电热丝通电（电压控制在 10V 以下。）加热液体至沸腾，经数分钟待温度保持恒定后，记下沸腾温度。停止加热。

（4）加 0.2mL 乙醇于蒸馏瓶中，重新加热至沸腾。待温度读数稳定，达到气液平衡后，记下沸点，停止加热。将干燥、清洁的长取样管插入冷凝管内底部小槽，吸取数滴气相冷凝液，迅速用阿贝折射仪测定其折射率。用干、洁的短取样管，从磨口塞处吸取数滴液相混合物，迅速测其折射率。

然后按表 3.6.1 规定的数量，继续依次加入乙醇，利用上述方法测定溶液的沸点、气相、液相的折射率。

注意：测定折射率时，亦应迅速，以防液体挥发；测定折射率后，将棱镜打开晾干，以备下次测定用。

（5）第一组添加乙醇共 t 次测量工作完毕后，将蒸馏瓶内溶液从磨口倒出，趁热用打气球从冷凝管处鼓入空气将其吹干，重新加入 20mL 乙醇，测定沸点。然后按表中规定，依次加环己烷于乙醇中，用同法进行测定。

加料表中所列加料数量，是考虑了作图所需点的合理分布拟定的。

实验完毕后，将蒸馏瓶中溶液倒入回收瓶中。记下大气压数值。

数据记录

温度_____气压_____

环己烷-乙醇标准溶液折射率之测定

乙醇的质量分数/%	0	10	20	30	40	50	60	70	80	90	100
折射率											

表 3.6.1　加料表

混合液的体积组成		沸点/℃	气相冷凝液分析		液相分析	
每次加环己烷/mL	每次加乙醇/mL		折射率	乙醇/%	折射率	乙醇/%
20	—					
	0.2					
	0.2					
	0.5					
	1					
	5					
	5					
	10					
—	20					
1						
3						
5						

结果处理

（1）根据实验数据，作出环己烷-乙醇标准溶液折射率与组成的特性曲线图。根据此图，查出每次蒸馏所得气相和液相的组成。

（2）以沸点为纵坐标，对应的气、液相组成为横坐标，画出环己烷-乙醇体系的 T-x 图，从图中查出它们的恒沸点和恒沸组成。

思考题

（1）作环己烷-乙醇标准溶液的折射率-组成曲线目的是什么？

（2）每次加入蒸馏瓶中的环己烷或乙醇是否应按表中规定精确计量？

（3）如何判定气液两相已达平衡状态？

（4）测得的沸点与标准大气压下的沸点是否一致？

注意事项

（1）一定要使体系达到气-液两相平衡，即温度稳定后才能取样分析。

（2）取气相冷凝液后立即停止加热，待被测液相冷却后测定其折射率。

（3）取样后的滴管不能倒置。

（4）使用阿贝折射仪时，棱镜上下不能触及硬物（特别是滴管）。

（5）实验过程中必须在沸点仪的冷凝管中通冷却水，使气相全部冷凝。

实验 3.7 低共熔二元体系相图的绘制

实验目的

（1）掌握自动平衡记录仪的使用。

（2）学会利用热分析法从冷却曲线绘制低共熔二元体系相图。

实验原理

较为简单的二组分固液相图主要有三种：第一种是液相完全互溶，凝固后固相也完全互溶成固熔体系，最典型的是 Cu-Ni 系统；第二种是液相完全互溶而固相部分互溶的系统；第三种是液相完全互溶而固相完全不互溶的系统，最典型的是 Bi-Sn 系统，本实验研究 Bi-Sn 系统。

热分析法（步冷曲线法）是绘制相图的基本方法之一。它是利用金属及合金在加热和冷却过程中发生相变时潜热的释放或吸收及热容的突变来得到金属或合金相转变温度。

通常的做法是先将金属或合金全部熔化，然后让其在一定的环境中自行冷却，记录不同时间的温度值并画出温度随时间变化的步冷曲线（见图 3.7.1）。

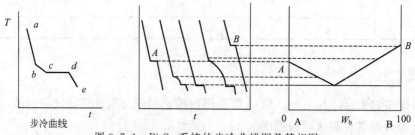

图 3.7.1 Bi-Sn 系统的步冷曲线图及其相图

当熔化的系统冷却时，如果系统不发生相变，则系统的温度随时间的变化是均匀的，冷却速度较快（如图中的 ab 线段）；若在冷却的过程中发生相变，由于在相变过程中伴随着放出热效应，所以系统的温度随时间的变化速率发生改变，系统的冷却速度减慢，步冷曲线上出现转折（如图中 b 点）。溶液继续冷却，当溶液系统以低共熔混合物固体析出（如图中 c 点），此时系统温度保持不变，因此步冷曲线上出现水平线段（如图中的 cd 线段）；当溶液完全凝固后，温度才迅速下降（如图中 de 线段）。

　　由此可知，对组成一定的二组分低共熔混合物系统，可根据它的步冷曲线得出固体析出的温度。根据一系列组成不同系统的步冷曲线的各转折点，可画出二组分系统相图（温度-组成图），步冷曲线-对应的相图亦如图 3.7.1 所示。用热分析法绘制相图时，被测系统必须时时处于或接近相平衡状态，因此冷却速率要足够慢才能得到较好的结果。

仪器与试剂

　　(1) 热电偶 1 支；电炉 1 只；调压器 1 只；自动平衡记录仪 1 台；小保温瓶 1 只；50～100℃(1/10℃) 温度计 1 支；硬质玻璃管 5 支。

　　(2) 纯锡 (A.R.)；纯铋 (A.R.)。

实验步骤

　　(1) 样品的配置。用台秤分别配置含 Bi 量为 30%、57%、80%（均为质量分数）的 Bi-Sn 混合物各 40g，另外称纯 Bi、纯 Sn 各 40g，分别放入 5 支硬质试管中。

　　(2) 安装和调节自动平衡记录仪。本实验用的是 XWT-264 型自动平衡记录仪。选择仪器量程为 20mV，走纸速率为 4mm/min，按图 3.7.2 安装好仪器。

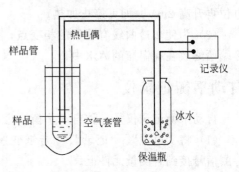

图 3.7.2　步冷曲线测定装置

　　(3) 测量样品的步冷曲线。依次测量上述 5 个样品的步冷曲线，方法如下：将装有样品的试管放入小电炉内，样品上面覆盖一层松香，以防止金属被氧化，将热电偶冷端浸入保温瓶内 0℃冰-水混合物中。加热样品使它熔化，待样品熔化后将热电偶热端插入熔融的金属中心，距试管底大约 1cm 处，迅速将试管放入空气套中让样品缓慢冷却，同时开动记录仪，记录步冷曲线。冷却速度不能太快，最好保持降温速度为 6～8℃/min。

　　(4) 测量水的沸点。将热电偶热端插入沸水中，测定水的沸点，作为标定热电偶温度值的一个定点。

　　(5) 水的凝固点测定。将热电偶热端插入 0℃冰-水混合物中，测定水的凝固点，作为标定热电偶温度值的另一个定点。

数据记录及处理

　　1. 气压与室温记录

项　　目	实 验 前	实 验 后	平 均 值
大气压/kPa			
室温/℃			

　　2. 相图绘制

　　(1) 用水的沸点、水的凝固点作标准温度，以冷却曲线上的转折点的热电位读数作横坐标，标准温度作纵坐标，做出热电偶的工作曲线。已知标准温度为水的沸点：100℃；锡的熔点：232℃；铋的熔点：271℃。

（2）从工作曲线上查出 30％、57％、80％的 Bi 合金熔点温度，再以混合物的质量分数作横坐标，温度作纵坐标，绘制 Bi-Sn 二组分合金相图。

思考题

（1）为什么冷却曲线上会出现拐点？纯金属、低共熔合金的转折点有几个？曲线形状为什么不同？

（2）在做出的相图上，用相律分析低共熔混合物、熔点曲线及各区域内的相数及自由度。

（3）热电偶测量温度的原理是什么？为什么要保持冷端温度恒定？

注意事项

（1）记录仪校正零点后，不能再调节零位调节钮。

（2）熔化样品时，升温不能太快；金属熔化后需要再加热一会儿，一般等金属熔化后热电位再升高 2mV，即可停止加热。

（3）为使步冷曲线有明显的相变点，必须将热电偶结点放在熔融体的中间偏下。热电偶冷端始终放在保温瓶的冰水中。

自动平衡记录仪

自动平衡记录仪是一种自动平衡测量和记录的电位差计。其使用方法如下。

（1）将"电源"、"记录"、"走纸变速器"等开关置于断开位置。"量程"开关置最大，待测信号接到各测量元件上。

（2）打开电源预热 20min，打开测量开关，选择合适量程，用调零旋钮将记录笔调至零位置或需要的位置。

（3）选择合适的走纸速度。

（4）灵敏度调节。仪表的灵敏度和阻尼特性在出厂时已经调节好，一般不需要调整，但当信号过高或引入的干扰电压较大时，会使仪表灵敏度降低。灵敏度太高，记录笔会抖动；灵敏度太低，记录笔运动缓慢无力。调节放大器上的"增益"电位器，用手轻轻拨动记录笔架使它移动几毫米，然后放开，数秒钟内记录下线条，反向做几次。两次记录的线条之间不超过 0.5mm 即可。

（5）阻尼的调整。阻尼不合适会出现过阻尼或欠阻尼现象。过阻尼时，记录笔运动过于缓慢；欠阻尼时，记录笔摆动次数增加，甚至来回摆动，调节放大器上的"阻尼"电位器，使摆动次数小于两个半周期即可。

实验 3.8　萘-联苯低共熔体系相图的绘制

实验目的

（1）掌握热分析方法的原理，并能够应用该方法测定低共熔体系的步冷温度。

（2）根据作出的步冷曲线图形，绘制萘-联苯共熔体系相图。

（3）掌握相图试验仪的使用方法。

实验原理

研究多相系统的状态如何随温度、压力和浓度等物理量的改变而变化，并以图形化的方式加以描述，这种图形就称为相图。对于萘-联苯这种含有固相物种的混合体系，其相图的绘制多采用热分析方法。开始时，将体系加热至熔融，然后令其缓慢冷却，其间每隔一段时间记录一次体系的温度，直至体系完全凝固。于是就得到一组温度随时间而变化的数据，利用该数据所绘制出的温度-时间曲线称为步冷曲线。

在冷却过程中，体系若无相变发生，其温度将随时间光滑地（不是线性）下降。反之，由于相变潜热的释放部分或全部补偿了体系的热损失，使得原来光滑的步冷曲线出现转折点或水平线段，所对应的温度即为体系的相变温度。

对于简单的二元低共熔混合物体系，具有以下三种形态的步冷曲线（见图 3.8.1）

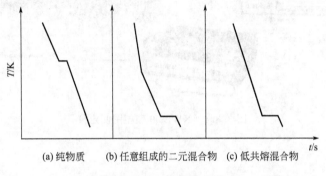

(a) 纯物质　　(b) 任意组成的二元混合物　　(c) 低共熔混合物

图 3.8.1　三种步冷曲线

实验中，配制一系列不同组成的低共熔混合物，分别测量其步冷曲线并确定出所含的转折点，运用平移法就可以绘制出以体系组成为自变量，以相变温度为应变量的 T-x 相图（见图 3.8.2）。

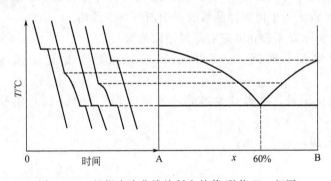

图 3.8.2　根据步冷曲线绘制出的萘-联苯 T-x 相图

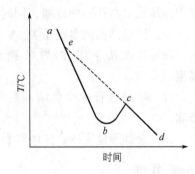

图 3.8.3　过冷现象

用热分析方法绘制相图时要注意以下一些问题：实验体系应尽量接近平衡态，因而要求冷却速度不能过快；由于实验体系性质或环境各不相同，条件需根据实际情况选择，操作得当很重要；测试样品要保证足够的纯度和样品的均匀性，体系加温温度过高、实验测试频繁、样品容易氧化产生杂质，因此实验样品需要定期更换。对于晶型转变热较小的体系，不宜采用此方法。此外在样品冷却过程中，一个新的固相出现之前常常发生过冷现象，轻微的过冷有利于测定相变温度，严重的过冷现象会使转折点产生起伏（见图 3.8.3），不利于确定相变温度。处理的方法可延长 dc 线与 ab 线相交于 e 点，则 e 点为转折点。

仪器与药品

KWL-09 型相图测定仪（见图 3.8.4）1 套，样品玻璃管（分别装萘、25％联苯、60％联苯、75％联苯、联苯）5 只，电子天平（公用）1 台，萘（分析纯）1 瓶，联苯（分析纯）1 瓶。

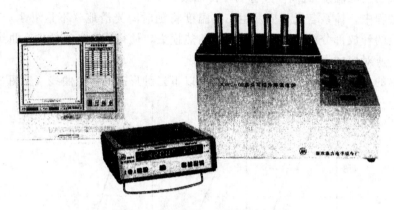

图 3.8.4　KWL-09 型相图测定仪

实验步骤

（1）打开仪器电源，此时温度Ⅰ显示为设定温度，温度Ⅱ显示值为室温。

（2）放置萘-联苯样品管于加热炉中（左孔），同时插入温度传感器在样品管中。

（3）设定温度值为 120℃（仪器默认设定），按下工作/置数键开始加热样品管。

（4）加热过程需观察样品熔化情况（可取出），待样品完全熔化后将样品管从炉中取出置于冷却孔（右孔）中冷却。同时可将下一个待测样品管放置于加热炉中预热。

（5）调整降温风扇电压为 5V（实际以 4℃/min 左右降温速度为宜）。

（6）再次按下工作/置数键设定步长时间 30s（可选择），2min 后开始记录步冷温度。

（7）样品在管中全部结晶后停止记录，选择其他组成，重复（4）、（5）、（6）实验步骤。

（8）全部测试完毕，关闭仪器电源，整理台面。

注意事项

（1）设定温度时，温度不可过高，两支传感器不能互换位置。

（2）加热样品时，炉中传感器不可取出，操作者不能离开岗位。

（3）已经熔化的样品管需直立在架上，不宜横放。

（4）取出样品管时，须戴上手套，避免烫伤。

实验记录及处理

（1）用表格（表 3-8-1）列出各样品（组成）的降温过程时间-温度数据。

表 3.8.1　实验测定数据表

组成	萘	25%联苯	60%联苯	75%联苯	联苯
$t/\min$					
$T/℃$					

（2）根据测定数据作出不同样品（组成）的步冷曲线图形。

（3）根据步冷曲线所确定的相点温度绘制萘-联苯的 T-x 相图。

思考题

（1）相变过程出现转折点及该过程的状态（如长度、倾斜度）说明了什么？

（2）要在步冷曲线上确定相变温度，高温和低温的位置分辨一样吗？为什么？

（3）对于 25% 和 75% 的两个样品的第一个转折点，哪个明显？为什么？

（4）如何判断出现了过冷现象，说明与正常相变过程比较有何不同？

实验 3.9　苯-醋酸-水三组分体系等温相图的绘制

实验目的

（1）了解物质互溶的基本原理和影响因素。

（2）掌握液-液互溶溶解度的测定方法。

（3）掌握三组分体系相图的测定与绘制方法。

实验原理

　　水和苯的相互溶解度极小，而醋酸却与水和苯互溶，在水和苯组成的二相混合物中加入醋酸，能增大水和苯之间的互溶溶解度。醋酸增多，互溶度增大。当加入醋酸到达某一定数量时，水和苯能完全互溶。这时原来二相组成的混合体系由浑变清。在温度恒定的条件下，使二相体系变成均相所需的醋酸量，决定于原来混合物中水和苯的比例。同样，把水加到苯和醋酸组成的均相混合物中时，当水达到一定的数量，原来均相体系要分成水相和苯相的二相混合物，体系由清变浑。使体系变成二相所加水的量，由苯和醋酸混合物的起始组成决定。因此利用体系在相变化时的浑浊和清亮现象的出现，可以判断体系中各组分间互溶度的大小。一般由清变到浑，肉眼较易分辨。所以本实验采用由均相样品加入第三物质而变成二相的方法，测定二相间的相互溶解度。

　　当二相共存并且达到平衡时，将二相分离，测得二相的组成，然后用直线连接这两点，即得连接线。

　　一般用等边三角形的方法表示三元相图，如图 3.9.1 所示。等边三角形的三个顶点各代表纯组分；三角形三条边 AB，BC，CA 分别代表 A 和 B，B 和 C、C 和 A 所组成的二组分的组成；而三角形内任何一点表示三组分的组成。例如图 3.9.1 中的 P 点，其组成可表示如下：经 P 点做平行于三角形三边的直线，并交三边于 a，b，c 三点。若将三边均分成 100

等分，则 P 点的 A，B，C 组成分别为 $A\%=Cb$，$B\%=Ac$，$C\%=Ba$。

对共轭溶液的三组分体系，即三组分中两对液体 AB 及 AC 完全互溶，而另一对 BC 则不溶或部分互溶的相图，如图 3.9.2 所示。图中以 $EK_1K_2K_3DL_3L_2L_1F$ 是互溶度曲线，K_1L_1，K_2L_2 等是连接线。互溶度曲线下面是两相区，上面是一相区。

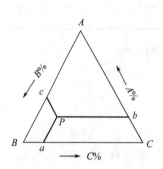

图 3.9.1　等边三角形法表示三元相图

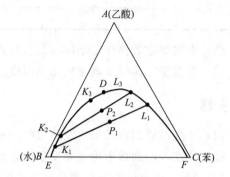

图 3.9.2　共轭溶液的三元相图

仪器与试剂

（1）50mL，100mL 磨口锥形瓶；50mL 滴定管；200mL 锥形瓶；1mL，2mL 移液管。

（2）苯；醋酸；0.5mol/L NaOH 溶液；酚酞指示剂。

实验步骤

1. 测定互溶度曲线

取三根洁净的滴定管分别装入苯、醋酸及水（装苯和醋酸的滴定管应事先干燥）。用滴定管加 5mL 苯于干净的 100mL 磨口锥形瓶内，再用滴定管滴入 1mL 醋酸。摇匀成均相后，由滴定管慢慢滴入蒸馏水，边滴边摇动，并仔细观察有无浑浊现象，直到有浑浊的"油珠"出现，记下这时所用水的体积。

再加入 2mL 醋酸，体系又成均相。继续用水滴定，使体系再由清变浑。分别记下这时体系中苯、醋酸及水所加入的总体积（mL）。而后依次再加入 3mL，3mL，5mL，5mL，5mL 醋酸。同法分别用水进行滴定，并记录体系中各组分的组成。测定后，在体系中再加入 10mL 苯，使体系分成二相，塞好塞子，留给下面测定连接线用。

另取一干净的 100mL 磨口锥形瓶，先用滴定管加入 1mL 苯及 5mL 醋酸，摇成均相后，用水滴定，使其成二相。以后再依次加入 1mL，2mL，5mL，5mL 的醋酸，用水滴定，方法同前。滴完后，加苯 15mL，使体系分成二相。塞好瓶塞留待测连接线用。

再取一个 100mL 磨口锥形瓶，用滴定管加入 0.5mL 苯及 8mL 醋酸，摇匀后用水滴定，使其由清变浑，记下所用水的体积（mL）。然后，再依次加入 2mL，5mL 醋酸，继续用水滴至终点。

在滴定时要一滴一滴慢慢地加，特别是醋酸含量很少时更应特别注意。在醋酸含量较多时，开始时可滴得快一些，接近终点要慢慢地滴定，因为这时溶液接近饱和，溶解平衡需要较长的时间，因此更要多加振荡。由于分散的"油珠"颗粒能散射光线，所以只要体系出现浑浊，并在 2～3min 内仍不消失，即可认为已到终点。

此实验由于有水参加，故所用装苯和醋酸的容器都必须干燥。

2. 连接线的测定

将由上述所得的两个溶液中各个组分的含量准确地记录下来。将瓶塞塞紧后，用力摇动，摇动时勿使瓶内液体流出。然后每隔 5min 摇一次，约 0.5h 后分别倒入两个干净的分液漏斗内。待两液分层后，分别将各层液体放入干净的磨口锥形瓶中，用 2mL 移液管取上层溶液 2mL 置于已称重的 25mL 磨口锥形瓶内，准确称其质量。然后用水洗入 200mL 锥形瓶中，加少许酚酞，用 NaOH 标准溶液滴定其中醋酸的含量。

同样用 1mL 移液管取下层液体 1mL，称重。以酚酞为指示剂，用 NaOH 滴定醋酸的含量。

在不用分液漏斗分离，直接采用移液管取下层液体时，可采用洗耳球吹气法。即在轻轻吹气的同时使移液管插入下层液体，这样可防止上层液体进入移液管中。

数据记录及处理

1. 互溶度曲线的绘制

根据各次所用的苯、醋酸和水的体积以及在实验所处的温度下水、苯、醋酸的密度，求其每次体系出现复相时这三种组分的质量及体系的总质量。计算三种组分所占的质量分数。按表 3.9.1 列出各次所得的数据。

表 3.9.1　三组分体系相图实验数据记录

苯			醋　酸			水			总质量/g
体积/mL	质量/g	质量分数/%	体积/mL	质量/g	质量分数/%	体积/mL	质量/g	质量分数/%	

根据上表数据，在三角坐标纸上，画出各次的组成点。然后用曲线板，将这些点连接成一光滑的曲线，标明由曲线分割开的各相区的意义。

2. 连接线的绘制

（1）计算两瓶中苯、醋酸和水的质量分数，画于上面的三角相图内。

（2）由所取各相的质量及由 NaOH 滴定所得的数据，求出醋酸在各相内的质量分数。

（3）将醋酸的质量分数画在三角相图的互溶度曲线上。水层内的醋酸含量画于含水成分多的一边，苯层内的醋酸含量画于含苯成分多的另一边。

（4）连接由（3）所得的两个成平衡的液层的组成点，即为连接线。该连接线应通过由（1）所得的体系的总组成点。

思考题

(1) 为什么根据体系由清变浑的现象即可测定相界？

(2) 本实验中根据什么原理求出苯-醋酸-水体系的连接线？

实验 3.10　沉降分析法测定碳酸钙的粒径分布

实验目的

(1) 了解沉降分析的工作原理及数据分析方法。

(2) 用沉降分析法测定硫酸铅颗粒半径大小的分布。

实验原理

粒度分布是粉状物生产、处理、使用过程中关注的重要数据。水泥、涂料和油墨等固体物的性能和质量，食品、医药的吸收效果，化工中催化剂的活性，固体物质的溶解、反应能力，废水处理用的吸附剂，污染物在环境中的吸附等都与相关固体物质的粒度分布有关。

大颗粒的固体粒度，如土壤颗粒，常用筛子分级。小颗粒的固体物质常将物质制成分散液，通过测定不同时间的与沉降量相关的某一物理量，做沉降曲线，从而计算粒度分布。测定沉降曲线的方法有：测定分散液中某点的密度随时间的变化；测定分散液中某点的静压随时间的变化；沉降管法；直接称量的沉淀分析法等。

沉降分析法所用的样品量少，方法简单，是常用的粒度分析方法，若使用自动沉降分析仪使操作更为方便，适用于测定 $2 \sim 50 \mu m$ 的粒子。对于更小颗粒的物质，在重力场中沉降太慢，如半径 $1\mu m$、密度为 $2 \times 10^3 kg/m^3$ 的粒子在水中沉降速率仅为 $0.8cm/h$，且易受环境因素干扰，不宜用沉降分析法。$0.1 \sim 2\mu m$ 的粒子需用离心沉降法。20 世纪 20 年代发明了超速离心机，目前超速离心机可产生达 $10^5 g$（即 10^5 倍重力场）的力场，可应用于测量胶体和大分子溶液的分散质粒子的粒度分布。超速离心沉降在生物科学中常用于大分子物质的分离、提纯和相对分子质量的测定。

分散系统通常是由大小不一的颗粒组成，除了要知道总分散质的量，还要测定大小不同的粒子的相对含量，即粒子的分布曲线，用 $f(r) = dS/(w_\infty dr)$ 表示半径介于 $r \sim (r+dr)$ 范围内的粒子质量 dS 占总粒子质量 w_∞ 的分数。通常粒子的分布呈正态分布。利用物质颗粒在介质中的沉降速率来测定粒子分布的方法，称为沉降分析。

根据斯托克斯（Stokes）公式，当一个球形颗粒在均匀介质中匀速下降时，所受阻力为 $6\pi r\eta u$，其重力为 $4\pi r^3(\rho - \rho_0)g/3$，匀速下沉时两种作用力相等，即 $6\pi r\eta u = (4/3)\pi r^3(\rho - \rho_0)g$，由此得 $r = \sqrt{9\eta u/[2g(\rho-\rho_0)]}$。考虑到 $u = h/t$,则

$$r = \sqrt{\frac{9\eta}{2g(\rho-\rho_0)} \times \frac{h}{t}} = kt^{-1/2} \tag{3.10.1}$$

式中，r 为颗粒半径；g 为重力加速度；ρ 为颗粒密度；ρ_0 为介质密度；u 为沉降速率；η 为介质黏度；h 为沉降高度。

测定过程中 g、ρ、ρ_0、η 和 h 都不变，且已知或可测定，合为常数 k。因此，测定沉降时间 t，根据上式可求颗粒半径。

分散质颗粒在不同时间 t 从介质中沉降的质量为 w，以 w 对 t 所做的曲线称为沉降曲线。沉降的质量 w 可通过称量置于分散液液面下 h 处的收集盘测得，扭力天平是常用的称量仪器，如图 3.10.1 所示。

为了说明从沉降曲线求出粒子分布曲线和数据处理方法，先分析简单的情况。

（1）假设粒子的大小相等。由于粒子匀速沉降，且粒子在分散液中分布均匀，则离收集盘距离近的粒子先沉降，远的粒子后沉降，依次直到时间 t_1，分散液液面层中的粒子沉降后，沉降量不再变化，如图 3.10.2 所示为一条过原点直线。t_1 是分散液液面层（距离为 h）中的粒子沉降所需的时间，则沉降速率 $u_1 = h/t_1$。

（2）假设体系由三种大小的粒子 A、B、C 组成。粒子大小为 A>B>C，沉降速率大小为 A>B>C。如图 3.10.3 所示，a、b、c 分别表示 A、B、C 三种粒子

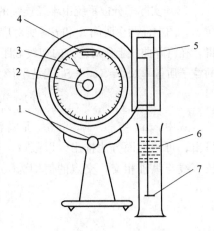

图 3.10.1 扭力天平
1—开关；2—指针转盘；3—指针；
4—平衡指示；5—挂钩；6—沉降
筒；7—沉降收集盘

单独存在时的沉降曲线，直线部分的斜率分别为 m_1、m_2、m_3，三种粒子的质量依次为 G_1、G_2、G_3。当它们同时存在时，任一时刻的沉降量应是这三种沉降曲线在这时刻叠加的值，形成沉降曲线 $OABCZ$。从图 3.10.3 中可知，t_1 是 A 粒子全部沉降所需的时间，代入式（3.10.1）可求 A 的半径；t_2 是 A、B 粒子全部沉降所需的时间，同样代入可得 B 的半径；t_3 是 A、B、C 三种粒子全部沉降所需的时间，同理，可求 C 的半径。OA、AB、BC、CZ 直线段的方程分别为

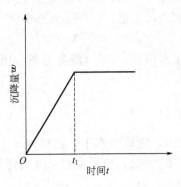

图 3.10.2 一种粒子的沉降

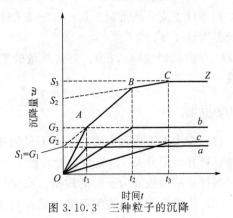

图 3.10.3 三种粒子的沉降

$$OA: \quad w = (m_1 + m_2 + m_3)t \qquad t \leqslant t_1$$
$$AB: \quad w = (m_2 + m_3)t + G_1 \qquad t_1 \leqslant t \leqslant t_2$$
$$BC: \quad w = m_3 t + G_1 + G_2 \qquad t_2 \leqslant t \leqslant t_3$$
$$CZ: \quad w = G_1 + G_2 + G_3 \qquad t_3 \leqslant t$$

AB 线的截距为 $S_1 = G_1$，故 A 粒子的质量可通过 $t_1 \sim t_2$ 时间内沉降曲线的切线（AB 线相当于 $t_1 \sim t_2$ 时间内沉降曲线的切线）的截距确定；BC 线（相当于 $t_2 \sim t_3$ 时间内沉降曲线的切线）的截距为 $S_2 = G_1 + G_2$，B 粒子的质量 $G_2 = S_2 - S_1$；CZ 线的截距为 S_3，同样可求 C 粒子的质量 $G_3 = S_3 - S_2$。

(3) 实际的分散系统由半径连续的粒子组成,测得的沉降曲线也为光滑的曲线,如图 3.10.4 所示。图中任两个时间 t_i 和 t_{i+1} 所对应的粒子半径 r_i 和 r_{i+1}(半径 $r_i > r_{i+1}$)通过式(3.10.1)求得,在沉降曲线上所对应点的切线截距 S_i、S_{i+1} 分别表示半径大于 r_i 的粒子质量和半径大于 r_{i+1} 的粒子质量,$\Delta S_i = S_{i+1} - S_i$ 就是半径为 r_i 和 r_{i+1} 间粒子的质量差,则分布函数

$$f(r) = \mathrm{d}S/(w_\infty \mathrm{d}r) \approx \Delta S_i/(w_\infty \Delta r_i) \tag{3.10.2}$$

式中,$\Delta r_i = r_i - r_{i+1}$;$w_\infty$ 是总沉降量,即 $t \to \infty$ 时的沉降量,在实验时间内通常不能得出,可用下面方法推出。以 $w(t)$ 对 $1000/t$ 做图,所得曲线在 $1/t \to 0$ 时近似为直线,延长直线与纵轴相交,交点的值即为 w_∞,如图 3.10.5 所示。

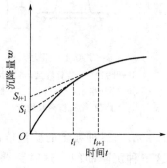

图 3.10.4 分散系统的沉降

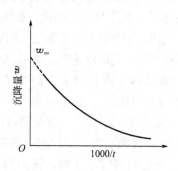

图 3.10.5 w_∞ 的推算

仪器与试剂

(1) JN-A 精密扭力天平 1 台;1000mL 量筒(沉降管)1 只;沉降收集盘 1 只;停表 1 只;温度计 1 支;比重瓶 1 只;100mL 烧杯 1 只;刻度直尺 1 把;0.1mg 天平 1 台(公用);乌氏黏度计 1 支。

(2) 粉末 $PbSO_4$(C.P.);5%(质量分数)阿拉伯胶水溶液;5%(质量分数)$Pb(NO_3)_2$ 溶液。

实验步骤

(1) 扭力天平称量方法。扭力天平如图 3.10.1 所示,先调节水平。在挂钩 5 上放一小物体,打开天平开关 1,旋转指针转盘 2(相当于天平加砝码),使平衡指示 4 与零线重合,此时指针 3 的读数即为所称的质量。称完后关上开关。

(2) 称量空沉降盘在沉降液中的相对质量。在沉降筒中加入 10mL 5%阿拉伯胶水溶液、5mL 5%硝酸铅水溶液(用为分散剂),加水至总体积为 1000mL。搅匀。将沉降盘放入沉降筒中,挂在挂钩上,要保证沉降盘处于沉降筒中央,称出空沉降盘在沉降液中的相对质量,并用刻度尺测量沉降盘与液面的距离,用温度计测量水温。

(3) 调样。称取 5g $PbSO_4$ 置于表面皿上,用牛角匙背面把聚结在一起的颗粒打散,但不能磨碎样品,以免改变样品颗粒的直径。先倒约 50mL 沉降液至小烧杯中用于下面调样,在 $PbSO_4$ 中加几滴沉降液,用牛角匙背面将 $PbSO_4$ 仔细地调成糊状,然后将调制好的 $PbSO_4$ 用小烧杯中剩余的沉降液冲洗到沉降筒中。用电动搅拌器搅拌沉降筒中的悬浊液,搅拌均匀。

(4) 测定沉降曲线。在搅拌结束后立即将沉降盘放在沉降筒内,再把沉降盘上下提动 2~3 次,以便消除搅拌时产生的涡流,与此同时立即将沉降盘挂到挂钩上,打开秒表,开

始记录时间（上述操作尽量在短时间内完成，防止被测样品在正式测定前已大量沉降）。立即打开天平开关，旋转指针转盘使平衡指示稍超过零（即砝码质量稍大于沉降盘一侧的质量），随沉降进行，等平衡指示刚指零时，记下第一个时间。将指针转盘加 5mg，等到平衡指示指零时，再读取第二个时间，依次记录每沉降 5mg 时的时间。当沉降速度减慢时，指针转盘增加的量适当减小，直至在 0.5h 内沉积量不足 1mg 时停止。用温度计再测量沉降液温度，取实验起始和结束时温度的平均值。

（5）比重瓶法测定 $PbSO_4$ 的密度。取一个干燥清洁的比重瓶，先称空瓶重 w_1，再注满蒸馏水，塞上带毛细管的塞子，用滤纸擦干毛细管口溢出的水，并擦干瓶外壁，称量为 w_2，倒去水并吹干瓶子，放入适量 $PbSO_4$ 固体，称量 w_3，再加入少量蒸馏水润湿固体（为了排出固体空隙中的空气，此时最好在真空箱中脱气 5min），再注满蒸馏水，同样用滤纸擦干毛细管口溢出的水，并擦干瓶外壁，称量为 w_4。查得室温下水的密度，用式 $\rho = (w_3 - w_1) \rho_{H_2O} / [(w_2 - w_1) - (w_4 - w_3)]$ 求 $PbSO_4$ 的密度。

（6）测定沉降液的黏度。由于沉降液中加入了分散剂，沉降液的黏度与水不一样。用乌氏黏度计测定定量沉降液在黏度计毛细管中的流出时间，以蒸馏水为标准，同法测出蒸馏水的流出时间。查得室温下水的黏度，用式 $\eta = (t/t_{H_2O}) \eta_{H_2O}$ 计算沉降液的黏度。

数据记录及处理

（1）记录沉降量 w 和对应的沉降时间 t 填入表 3.10.1，做沉降曲线。

表 3.10.1　$PbSO_4$ 沉降实验结果

序号	1	2	3	4	5	...
w/mg						
t/s						

（2）根据测定的 $PbSO_4$ 密度、沉降液黏度和沉降高度，计算式（3.10.1）中的常数 k。

（3）用式（3.10.1）计算半径为 $1.5\mu m$、$2.0\mu m$、$2.5\mu m$、…、$5\mu m$ 粒子的沉降时间 t_i，在沉降曲线上找出这些时间对应的点。在这些点做曲线的切线，在纵轴上求得切线的截距 S_i，分别求出相邻截距差 $\Delta S_i = S_{i+1} - S_i$。

（4）$w(t)$ 对 $1/t$ 做图，外推法求 w_∞。

（5）用式（3.10.2）计算各分布函数 $f_i(r)$ 值，并在 $f(r)$-r 图上在对应的 Δr_i 上以 $f_i(r)$ 为高度做一段直线，做出梯形图，再用光滑曲线连接为粒子分布图。

（6）计算数据列于表 3.10.2。

表 3.10.2　沉降分析实验处理结果

$r_i/\mu m$	$\Delta r_i/\mu m$	t_i/s	w_i/mg	S_i/mg	ΔS_i/mg	$f(r)$
1.5						
2.0						
2.5						

思考题

（1）本实验的主要误差来源是什么？怎样减小误差？

（2）若粒子不是球形，则得出的粒子半径的意义是什么？如果粒子间有聚集，会对测定结果产生什么影响？

（3）如果在实验过程中有大的温度变化，会对测定产生什么影响？

（4）粒子含量太多或太少，对测定产生什么影响？

（5）扭力天平测得的是否是沉降粒子的真正质量？如果不是，对数据处理是否有影响？

第4章　热力学性质的测定

化学反应的热效应及其相关性质的研究是化学科学的重要研究内容。前人在有关反应热、物质热力学参数和热化学常数的测定方面做了大量的工作，积累了大量的实验数据和丰富的实践经验。感兴趣者可参阅相应的化学手册。

在本章共选列了6个常规实验，从实验手段上包括温度测定法、电位测定法和仪器测定法等；从测定内容上分，有反应热、热力学函数和平衡常数测定等几类。

实验4.1　燃烧热的测定

实验目的

（1）学会使用GR-3500型绝热式量热计测定萘的燃烧热。
（2）了解GR-3500型绝热式量热计的主要部件及其作用，掌握其实验技术。
（3）明确燃烧热的定义，了解恒压燃烧热与恒容燃烧热的相互关系。
（4）了解高压钢瓶安全使用常识。

实验原理

在适当条件下，许多有机物都能迅速而完全地进行氧化反应，这就为准确测定它们的燃烧热创造了有利条件。为了使被测物质能迅速而完全地燃烧，就需要强有力的氧化剂，在实验中常使用约2.5MPa的氧气作为氧化剂。实验装置如图4.1.1所示。

实验时，将氧弹放在装有一定量水的铜桶内，水桶外是空气隔热层，再外面是温度恒定的水夹套。样品在体积固定的氧弹中燃烧，燃烧过程中放出的热效应（样品燃烧放出的热、引火丝燃烧放出的热及由氧气中微量的氮气氧化成氮氧化物生成的热）大部分被水桶中的水吸收，另一部分被氧弹、水桶、搅拌器及温度计等所吸收，在量热计与环境没有热量交换的情况下，可写出如下的热量平衡式：

$$-Q_v a - qb + 5.98v = Cm\Delta t + C_{总}\Delta t$$

式中，Q_v为被测物的定容热值，J/g；a为被测样品的质量，g；q为点火丝的热值，J/g（铁丝为-6694J/g）；b为已烧掉的点火丝的质量，g；5.98是硝酸的生成热为59831J/mol，当用0.1000mol/L NaOH滴

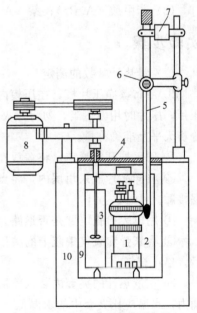

图4.1.1　绝热式氧弹量热计

1—氧弹；2—铜水桶；3—搅拌器；

4—胶木盖；5—温度计；

6—温度计放大镜；7—振荡器；

8—电机；9—空气隔热层；10—水夹套

61

生成的硝酸时，每毫升碱相当于 $-5.98J$；v 为滴定生成的硝酸所耗用的 0.1000mol/L NaOH 体积数，mL；m 为内桶中水的质量，g；C 为水的比热容，$J/(g \cdot K)$；$C_总$ 为氧弹、水桶的总热容，$J/(g \cdot K)$；Δt 为与环境无热交换时的真实温差。

如在实验中保持内桶中水的质量一定，把上式中右端常数合并得到下式：

$$5.98v - Q_va - qb = K\Delta t$$

式中，$K = (Cm + C_总)$，称为量热计常数。

标准燃烧热是指在某一温度，标准压力下，1mol 物质完全燃烧所引起的反应焓变，以 $\Delta_c H_m^{\ominus}$ 表示，在氧弹量热计中可测得物质定容摩尔燃烧热 $\Delta_c U_m$，如果把气体看成是理想气体，且忽略压力对燃烧热的影响，则可由下式将定容燃烧热转变为标准摩尔燃烧热。

$$\Delta_c H_m^{\ominus} = \Delta_c U_m + \Delta nRT$$

式中，Δn 为反应前后气体物质量的变化。

实际上，GR-3500 型绝热式量热计不是严格的绝热系统，加之由于传热速度的限制，燃烧后由最低温度升到最高温度需要一定的时间，在这段时间内系统与环境难免会发生热交换，因而从温度计上读得的温差就不是真实的温差，为此必须对读得的温差进行校正。

从以上讨论可知，要测定样品的 Q_v，必须知道仪器常数 K，其测定方法是以一定量的已知燃烧热的标准物质（常用苯甲酸）在相同条件下进行相同的实验，测定 $t_高$ 和 $t_低$，计算 Δt，并通过雷诺图解法对燃烧前后的温差进行校正，再计算出 K 值。

仪器与试剂

（1）电子天平 1 台；氧气钢瓶 1 个；GR-3500 型氧弹量热计 1 套；台秤 1 台；小镊子、直尺各 1 把；容量瓶 1 个。

（2）苯甲酸（A.R.）；萘（A.R.）；0.1000mol/L 氢氧化钠标准溶液。

实验步骤

（1）量热计常数的测定

① 用布擦净压片模，在压模内放入约 12cm 长的点火丝，称取 1g 左右的苯甲酸，进行压片，压片时用力适当，勿将点火丝压断，然后将样品片在干净的玻璃上敲二到三次，再在分析天平上准确称量。

② 用手拧开氧弹盖，将盖放在专用架上，用移液管移取 10mL 蒸馏水放入弹筒内。

③ 将样品片放入坩埚内，将点火丝的两端分别系在点火电极上，同时防止点火丝与坩埚接触。

④ 用电表检查电路是否通路，盖好氧弹盖，关好出气口，然后充氧。

⑤ 将氧弹和氧气钢瓶上的减压阀连接好，打开减压阀缓缓进气，当氧压达到约 2.5MPa 后，停止充气。

⑥ 在量热计的夹套内装入蒸馏水（实验室已装好），用台秤称取 3000g 自来水装入铜内桶内，水温应比夹套中的水温低 0.3℃ 左右。

⑦ 装上搅拌器，并检查搅拌器桨叶是否与内桶壁相碰，将氧弹轻轻地放入铜内桶内，在两极上接上导电插头，然后盖上盖子，将测温探头放入内筒，开动搅拌器。

⑧ 待内桶的温度基本稳定后，开始读取点火前最初阶段的温度，每半分钟读一次，共 10 个间隔，读数完毕立即按点火开关，指示灯熄灭（如不着火可重新点火），继续每半分钟

读一次数，至温度开始下降后开始读取最后阶段的 10 次数据。读取完毕即可停止实验。

⑨ 关闭搅拌器，取下测温探头，取出氧弹，打开放气阀门放气，放气完毕，拧开一氧弹盖，检查样品是否完全燃烧，并称出未能完全燃烧的点火丝质量，倒出弹桶内的蒸馏水至锥形瓶中，并将弹桶内壁冲洗两次一起并入锥形瓶中，煮沸以赶去其中的二氧化碳，冷却后以酚酞为指示剂，用 0.1000mol/L 的氢氧化钠溶液滴定，记录所用 0.1000mol/L 的氢氧化钠溶液的体积数。

⑩ 将铜内桶中的水取出重新按要求调节其温度，以准备下次实验。

（2）萘燃烧热的测定。准确称取 0.7g 左右的萘，在同样的条件下进行实验。

数据记录及处理

（1）气压与室温记录于下表：

项　　目	实验前	实验后	平均值
大气压/kPa			
室温/℃			

（2）温差校正。

用雷诺图解法对苯甲酸和萘燃烧前后的温差进行校正，如图 4.1.2(a) 所示。图中 b 点相当于开始燃烧的点，c 为观察到的最高温度读数，在温度轴上找出对应于水夹套的温度 T，过 T 做时间轴的平行线交 $abcd$ 于 O，过 O 做垂直于 TO 的线段 AB 与 ab 线和 cd 线的延长线交于 E、F 两点，则 E、F 两点对应的温差即为温度升高值 ΔT。图中的 EE' 为开始燃烧到温度升至环境温度这一段时间内因辐射和搅拌产生的能量所造成的量热计温度升高值需要扣除。FF' 为量热计温度由环境温度升高到最高温度 c 这一段时间内，量热计向环境辐射出能量而造成的温度降低，需要校正。由此可见：E、F 两点的温差较客观地表示了样品燃烧后的量热计温度升高值。

有时由于量热计绝热性能较好，热漏较小，但由于搅拌不断产生少量能量而使燃烧后不出现最高点，如图 4.1.2(b) 所示，按相同的原理进行校正。

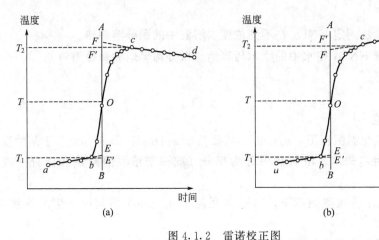

图 4.1.2　雷诺校正图

（3）量热计常数的计算。列出温度读数记录表格，计算温差，用雷诺图解法对燃烧前后的温差进行校正，再计算出量热计的常数。

(4) 萘的摩尔燃烧热计算。计算萘的摩尔燃烧热，并与文献值比较，计算测量误差。

思考题

(1) 在使用氧气钢瓶和减压阀时应注意哪些规则？

(2) 用电解水制得的氧气进行实验可以吗？为什么？

(3) 为什么要测定真实温差？如何测定真实温差？

(4) 在氧弹里加 10mL 蒸馏水起什么作用？

(5) 本实验中哪些为体系？哪些为环境？实验过程中有无热损耗，如何降低热损耗？

(6) 为什么内桶水温要比外桶水温低？低多少合适？

注意事项

(1) 内桶中加水后若有气泡逸出，说明氧弹漏气，设法排除。

(2) 搅拌时不得有摩擦声。

(3) 燃烧样品萘时，内桶水要更换且需重新调温。

(4) 氧气瓶在开总阀前要检查减压阀是否关好；实验结束后要关上钢瓶总阀，注意排净余气，使指针回零。

(5) 减压阀使用注意事项：氧气钢瓶有多种规格，安装减压阀时应确定其规格是否与钢瓶和使用的系统的接头相一致，减压瓶和钢瓶使用半球面连接，靠旋紧螺丝来使其吻合。因此，在使用时应保持两个半球面光洁，以确保良好的气密效果。氧气减压阀严禁接触油脂，以免发生火警事故。停止使用减压阀时要放净减压阀中的余气，然后拧紧调节螺杆，以防弹性元件长久受压变形。减压阀应避免撞击振动，不可与腐蚀性的物质接触。

实验 4.2 溶解热的测定

实验目的

(1) 用电热补偿法测定 KNO_3 在不同浓度水溶液中的积分溶解热。

(2) 用作图法求 KNO_3 在水中的摩尔稀释焓、微分稀释焓和微分溶解热。

实验原理

1. 溶解热的概念

(1) 溶解热：在恒温恒压下，n_2(mol) 溶质溶于 n_1(mol) 溶剂（或溶于某浓度的溶液）中产生的热效应，用 Q 表示，溶解热可分为积分（或称变浓）溶解热和微分（或称定浓）溶解热。

(2) 积分溶解热：在恒温恒压下，1mol 溶质溶于 n_0(mol) 溶剂中产生的热效应，用 Q_s 表示。

(3) 微分溶解热：在恒温恒压下，1mol 溶质溶于某一确定浓度的无限量的溶液中产生的热效应，以 $(\partial Q/\partial n_2)_{T,p,n_1}$ 表示，简写为 $(\partial Q/\partial n_2)_{n_1}$。

(4) 稀释焓：在恒温恒压下，1mol 溶剂加到某浓度的溶液中使之稀释所产生的热效应。

稀释焓也可分为积分（或变浓）稀释焓和微分（或定浓）稀释焓两种。

（5）积分稀释焓：在恒温恒压下，把原含 1mol 溶质及 n_{01}（mol）溶剂的溶液冲淡到含溶剂为 n_{02} 时的热效应，记为某两浓度溶液的积分溶解热之差，以 Q_d 表示。

（6）微分稀释焓：在恒温恒压下，1mol 溶剂加入某一确定浓度的无限量的溶液中产生的热效应，以 $(\partial Q/\partial n_1)_{T,p,n_2}$ 表示，简写为 $(\partial Q/\partial n_1)_{n_2}$。

2. 各种溶解热的确定方法

积分溶解热（Q_s）可由实验直接测定，其他三种热效应则通过 Q_s-n_0 曲线求得。

设纯溶剂和纯溶质的摩尔焓分别为 $H_{m(1)}$ 和 $H_{m(2)}$，当溶质溶解于溶剂变成溶液后，在溶液中溶剂和溶质的偏摩尔焓分别为 $H_{1,m}$ 和 $H_{2,m}$，对于由 n_1（mol）溶剂和 n_2（mol）溶质组成的体系，在溶解前体系总焓为

$$H = n_1 H_{m(1)} + n_2 H_{m(2)}$$

设溶液的焓为 H'

$$H' = n_1 H_{1,m} + n_2 H_{2,m}$$

因此溶解过程热效应 Q 为

$$Q = \Delta_{mix} H = H' - H = n_1 [H_{1,m} - H_{m(1)}] + n_2 [H_{2,m} - H_{m(2)}]$$
$$= n_1 \Delta_{mix} H_{m(1)} + n_2 \Delta_{mix} H_{m(2)} \tag{4.2.1}$$

式中，$\Delta_{mix} H_{m(1)}$ 为微分稀释热；$\Delta_{mix} H_{m(2)}$ 为微分溶解热。根据上述定义，积分溶解热 Q_s 为

$$Q_s = Q/n_2 = \Delta_{mix} H/n_2 = \Delta_{mix} H_{m(2)} + (n_1/n_2) \Delta_{mix} H_{m(1)}$$
$$= \Delta_{mix} H_{m(2)} + n_0 \Delta_{mix} H_{m(1)} \tag{4.2.2}$$

在恒压条件下，$Q = \Delta_{mix} H$，对 Q 进行全微分

$$dQ = (\partial Q/\partial n_1)_{n_2} dn_1 + (\partial Q/\partial n_2)_{n_1} dn_2 \tag{4.2.3}$$

对该式在比值 n_1/n_2 恒定下积分，得

$$Q = (\partial Q/\partial n_1)_{n_2} n_1 + (\partial Q/\partial n_2)_{n_1} n_2 \tag{4.2.4}$$

全式除以 n_2，得

$$Q/n_2 = (\partial Q/\partial n_1)_{n_2} (n_1/n_2) + (\partial Q/\partial n_2)_{n_1} \tag{4.2.5}$$
$$\Delta_{mix} H_{(2)} = (\partial Q/\partial n_2)_{n_1}$$

因
$$Q/n_2 = Q_s, n_1/n_2 = n_0, Q = n_2 Q_s, n_1 = n_2 n_0 \tag{4.2.6}$$

则
$$(\partial Q/\partial n_1)_{n_2} = [(\partial n_2 Q_s)/\partial (n_2 n_0)]_{n_2} = (\partial Q_s/\partial n_0)_{n_2} \tag{4.2.7}$$

将式（4.2.6）、式（4.2.7）代入式（4.2.5）得

$$Q_s = (\partial Q/\partial n_2)_{n_1} + n_0 (\partial Q_s/\partial n_0)_{n_2} \tag{4.2.8}$$

对比式（4.2.1）与式（4.2.4）或式（4.2.2）与式（4.2.8），有

$$\Delta_{mix} H_{(1)} = (\partial Q/\partial n_1)_{n_2}$$

或　$\Delta_{mix} H_{(1)} = (\partial Q/\partial n_0)_{n_2}$

以 Q_s 对 n_0 做图，可得图 4.2.1 的曲线关系。在图 4.2.1 中，AF 与 BG 分别为将 1mol 溶质溶于 n_{01} 和 n_{02} 溶剂时的积分溶解热 Q_s，BE 表示在含有 1mol 溶质的溶液中加入溶剂，使溶剂量由 n_{01} 增加到 n_{02} 过程的积分稀释热 Q_d

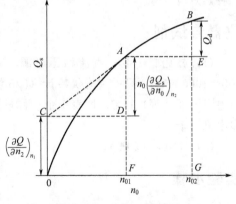

图 4.2.1　Q_s-n_0 关系图

$$Q_d = Q_s n_{02} - Q_s n_{01} = BG - EG \qquad (4.2.9)$$

图 4.2.1 中曲线 A 点的切线斜率等于该浓度溶液的微分稀释热

$$\Delta_{mix} H_{(1)} = (\partial Q_s / \partial n_0)_{n_2} = AD/CD$$

切线在纵轴上的截距等于该浓度的微分溶解热

$$\Delta_{mix} H_{(2)} = (\partial Q / \partial n_2)_{n_1} = [\partial(n_2 Q_s)/\partial n_2]_{n_1} = Q_s - n_0(\partial Q_s/\partial n_0)_{n_2}$$

在图 4.2.1 中，欲求溶解过程的各种热效应，首先要测定各种浓度下的积分溶解热，然后做图计算。

3. 热效应的测定方法

测量热效应是在"量热计"中进行的。量热计的类型很多，分类方法也不统一，按传热介质分有固体和液体量热计，按工作温度的范围分有高温和低温量热计等。一般可分为两类：一类是等温量热计，其本身温度在量热过程中会改变，通过测量温度的变化进行量热，这种量热计又可以是外壳等温或绝热式的。本实验是采用绝热式测温量热计，它是一个包括量热器、搅拌器、电加热器和温度计等的量热系统，如图 4.2.2 所示。量热计是直径为 8cm、容量为 350mL 的杜瓦瓶，并加盖以减少辐射、传导、对流、蒸发等热交换。电加热器是用直径为 0.1mm 的镍铬丝，其电阻约为 10Ω，装在盛有油介质的硬质薄玻璃管中，玻璃管弯成环形，加热电流一般控制在 300～500mA。为使均匀有效地搅拌，可用电动搅拌器，也可按住并捏紧长短不等的两支滴管使溶液混合均匀。用贝克曼温度计测量温度变化，在绝热容器中测定热效应的方法有以下两种。

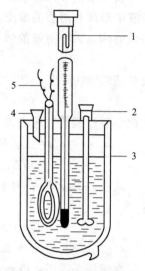

图 4.2.2　量热器示意图
1—贝克曼温度计；2—搅拌器；
3—杜瓦瓶；4—加样漏斗；
5—加热器

（1）先测定量热系统的热容量 C，再根据反应过程中温度变化 ΔT 与 C 之乘积求出热效应（此法一般用于放热反应）。

（2）先测定体系的起始温度 T，溶解过程中体系温度随吸热反应进行而降低，再用电加热法使体系升温至起始温度，根据所消耗电能求出热效应 $Q(I^2 Rt = IUt)$。式中，$I(A)$ 为通过电阻为 R 的电热器的电流强度；$U(V)$ 为电阻丝两端所加电压；$t(s)$ 为通电时间。这种方法称为电热补偿法。

本实验采用电热补偿法测定 KNO_3 在水溶液中的积分溶解热，并通过图解法求出其他三种热效应。

仪器与试剂

（1）杜瓦瓶 1 套；直流稳压电源（1A，0～30V）1 台；直流毫安表（0.5 级，250～500～1000mA）1 只；直流伏特计（0.5 级，0～2.5～5～10V）1 只；贝克曼温度计（或热敏电阻温度计等）1 支；秒表 1 个；称量瓶 8 个；干燥器 1 只；研钵 1 个；放大镜 1 个；同步电机 1 个。

（2）KNO_3（C. P.）。

实验步骤

（1）仔细阅读数字恒流电源和精密数字温度温差仪使用说明。

（2）在台秤上用杜瓦瓶直接称取 216.2g 蒸馏水于量热器中。

（3）调好贝克曼温度计，将量热器上加热器插头与恒流电源输出相接，将传感器与 SEC-ⅡD 温度温差仪接好并插入量热器中。按图 4.2.3 连好线路（杜瓦瓶用前需干燥）。

（4）将 8 个称量瓶编号，依次加入在研钵中研细的 KNO_3，其质量分别为 2.5g、1.5g、2.5g、2.5g、3.5g、4g、4g 和 4.5g，放入烘箱，在 110℃烘 1.5～2h，取出放入干燥器中（在实验课前进行）。

（5）将 WLS-2 数字恒流电源的粗调、细调旋钮逆时针旋到底，打开电源，见图 4.2.4。此时，加热器开始加热，调节 WLS-2 数字恒流电源的电流，使得电流 I 和电压 U 的乘积 $P=I_1U_1$ 为 2.5W（初始值）左右。

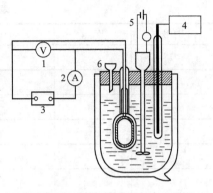

图 4.2.3　量热器及其电路图
1—直流伏特计；2—直流毫安计；
3—直流稳压电源；4—测温部件；
5—搅拌器；6—漏斗

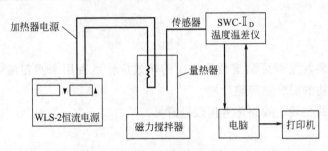

图 4.2.4　实验连接图

（6）打开 SWC-ⅡD 精密数字温度温差仪电源和搅拌器电源，待量热器中温度加热至高于环境温度 0.5℃左右时，按采零键并锁定，同时将量热器加料口打开，加入编号 1 样品，并开始计时，此时温差开始变为负温差。

（7）当温差值显示为零时，加入第二份样品并记下此时加热时间 t_1，此时温差开始变负，待温差变为零时，再加入第三份样品，并记下加热时间 t_2，以下依次反复，直至所有样品加完测定完毕。

（8）算出溶剂热 $Q=I_1Ut$。

数据记录及处理

（1）根据溶剂的质量和加入溶质的质量，求算溶液的浓度，以 n 表示：$n_0=n_{KNO_3}/n_{H_2O}=$(200.0/18.02)/($W_累$/101.1)=1122/$W_累$。

（2）按 $Q=IUt$ 公式计算各次溶解过程的热效应。

（3）按每次累积的浓度和累积的热量，求各浓度下溶液的 n_0 和 Q_s。

（4）将以上数据列表并作 Q_s-n_0 图，并从图中求出 $n_0=80$、100、200、300 和 400 处的积分溶解热和微分稀释热，以及 n_0 从 80→100、100→200、200→300、300→400 的积分稀释热。

（5）将测量结果填入表 4.2.1 中。

表 4.2.1 测量数据记录表

序号	W_i/g	$\sum W_i/g$	t/s	Q/J	$Q_s/(J/mol)$	n_0
1						
2						
3						
4						
5						
6						
7						
8						
9						

$I=$ _____ A $\quad U=$ _____ V $\quad IU=$ _____ W

思考题

（1）本实验的装置是否可测定放热反应的热效应？可否用来测定液体的比热容、水化热、生成热及有机物的混合热等热效应？

（2）对本实验的装置、线路你有何改进意见？

注意事项

（1）实验过程中要求 I、U 值恒定，故应随时注意调节。

（2）实验过程中切勿把秒表按停，直到最后方可停表。

（3）固体 KNO_3 易吸水，故称量和加样动作应迅速。固体 KNO_3 在实验前务必研磨成粉状，并在 110℃烘干。

（4）量热器绝热性能与盖上各孔隙密封程度有关，实验过程中要注意盖好，减少热损失。

实验 4.3 离子选择性电极法测定水的质子离解热力学函数

实验目的

（1）掌握数字式离子计和离子选择性电极的正确使用方法。

（2）了解离子选择性电极的电化学研究方法及其数据处理过程。

（3）了解弱电解质质子离解反应的性质及其与各热力学函数间的关系，并测定水在不同温度下的离解平衡常数及其相关热力学常数。

实验原理

分别考虑电池

A：Cl⁻ 膜电极 | HCl(m_1)＋H₂O | H⁺ 玻璃电极

B：Cl⁻ 膜电极 | NaOH(m_2)＋NaCl(m_3)＋H₂O | H⁺ 玻璃电极

有
$$E_A = E^\ominus + (2.303RT/F)\lg(a^2_{\pm,\text{HCl}})$$

$$E_B = E^\ominus + (2.303RT/F)\lg(a_{H^+} a_{Cl^-})$$

$$= E^\ominus + (2.303RT/F)\lg(K'_a a_{Cl^-} a_{H_2O}/a_{OH^-})$$

在此 $K'_a = a_{H^+} a_{OH^-}/a_{H_2O}$ 为质量摩尔浓度标度的水的质子离解平衡常数，由以上两式得

$$pK'_a = (F/2.303RT)(E_A - E_B) + \lg(m_3 m_{H_2O}/m_1^2 m_2) + \lg[\gamma_{Cl^-}/(\gamma_{OH^-} \gamma^2_{\pm,1})]$$

根据改进的 Debye-Hückel 公式 $\lg\gamma_i = -AI^{1/2}/(1+aBI^{1/2})$，并考虑到 $\lg\gamma_{Cl^-} = \lg\gamma_{OH^-}$，$m_{H_2O} = 55.49$，最终得

$$pK'_a = (F/2.303RT)(E_A - E_B) + \lg(55.49 m_3/m_1^2 m_2) + 2Am_1^{1/2}/(1+rBm_1^{1/2})$$

式中，A，B 为 Debye-Hückel 常数；r 为离子的平均直径，对于 HCl，$r = 4.5 \times 10^{-8}$ cm。不同温度下水的 Debye-Hückel 常数如表 4.3.1 所示。

若实验测得不同温度下电池的电动势 E_A、E_B，便可由上式求得 K'_a。考虑到对离解平衡常数，人们习惯于采用体积摩尔浓度标度的 K_a，它们的换算关系为

$$K_a = (1+0.001 m_{H_2O} M_{H_2O})(d^2_{H_2O}/d_B)K'_a = (2d^2_{H_2O}/d_B)K'_a$$

式中，d_B 与 d_{H_2O} 分别为电池 B 中电解质溶液与纯水的密度。

若实验测得不同温度 T 时水的离解平衡常数 K_a，并对其进行最小二乘曲线拟合，可求得 $pK_a = A/T + B + CT$ 中各拟合系数 A、B、C 之值，进而由热力学基本公式

$$\Delta G^\ominus = 2.303RTpK_a = 2.303RT + 2.303RBT + 2.303RCT^2$$

$$\Delta S^\ominus = -(\partial\Delta G^\ominus/\partial T)_p = 2.303RB - 2 \times 2.303RCT$$

$$\Delta H^\ominus = \Delta G^\ominus + T\Delta S^\ominus = 2.303RA - 2.303RCT^2$$

$$\Delta C_p^\ominus = (\partial\Delta H^\ominus/\partial T)_p = -2 \times 2.303RCT$$

求得质子离解过程的上述各标准热力学函数的变化。若选用其他任意弱电解质作为溶剂而代替水，则可同样求得该弱电解质的各离解平衡热力学量，同理，若将某质子性溶剂与某非质子性溶剂按一定比例混合，则同样可求得该组成的混合溶剂中该质子性溶剂的离解平衡常数及各离解平衡热力学量。

仪器与试剂

(1) 数字式离子计 1 台；磁力搅拌器 1 台；控温装置 1 套；超级恒温槽 1 台；10mL 移液管 3 支；氯离子电极 1 支；50mL 酸式滴定管 1 支；氢离子电极 1 支；100mL 烧杯 1 组；100mL 容量瓶 2 只。

(2) 0.5000mol/L HCl 溶液，0.5000mol/L NaOH＋0.5000mol/L NaCl 溶液。

实验步骤

(1) 打开离子计预热，将 Cl⁻ 电极和 H⁺ 电极一同插入去离子水中，在磁力搅拌下进行漂洗。预热、漂洗时间不少于 1h。

(2) 用 10mL 移液管 A 准确移取 20℃下 0.5000mol/L 的 HCl 溶液 10mL，置入 100mL 容量瓶 A 中，用去离子水稀释至刻度，得溶液 A($m_1 = 0.0500$mol/L)。

（3）用 10mL 移液管 B 准确移取 20℃下 NaOH、NaCl 各 0.5000mol/L 的混合电解质溶液 10mL，置入 100mL 容量瓶 B 中，用去离子水稀释至刻度，得溶液 B（$m_2 = m_3 = 0.05000$mol/L）。

（4）将溶液 A 倒入烧杯 A 中，在磁力搅拌的情况下分别测定其在五个不同温度下电池 A 的平衡电位值，每次测量的恒温时间不少于 5min，1min 以上示值不变方可读数。

（5）同法测量电池 B 的平衡电位值。测得的数据一同填入表 4.3.1。

表 4.3.1 不同温度下溶液的常数与实验数据记录

T/K	288.2	293.2	298.2	303.2	308.2	313.2	318.2	323.2
A	0.5028	0.5070	0.5115	0.5161	0.5211	0.5262	0.5317	0.5373
rB	1.4729	1.4769	1.4810	1.4855	1.4904	1.4954	1.5003	1.5057
$d_{H_2O}/(g/cm^3)$	0.9991	0.9982	0.9970	0.9957	0.9940	0.9922	0.9902	0.9880
$d_B/(g/cm^3)$	1.0028	1.0025	1.0023	1.0022	1.0020	1.0018	1.0015	1.0013
E_A/mV								
E_B/mV								
pK_a								

数据记录及处理

（1）根据实验测得的 E_A、E_B 之值及表 4.3.1 中其他常数求取不同 T 的 pK_a' 与 pK_a，将求得的结果一同列入表 4.3.1。

（2）对五个温度下的五组数据进行最小二乘回归，求取拟合系数 A、B、C 及拟合结果的标准偏差 $\sigma = \{\sum[pK_a(实测) - pK_a(A，B，C)]^2/2\}^{1/2}$。

（3）将 A、B、C 值代入 $\Delta G^\ominus$、$\Delta S^\ominus$、$\Delta H^\ominus$ 及 $\Delta C_p^\ominus$ 各表达式，便可求得不同温度 T 下水的质子离解热力学函数的变化值，并将结果列入表 4.3.2。

表 4.3.2 数据处理结果

T/K	288.2	293.2	298.2	303.2	308.2	313.2	318.2	323.2
pK_a								
$\Delta G^\ominus/(kJ/mol)$								
$\Delta S^\ominus/[J/(K \cdot mol)]$								
$\Delta H^\ominus/(kJ/mol)$								
$\Delta C_p^\ominus/[J/(K \cdot mol)]$								

思考题

（1）如何根据表 4.3.2 中 pK_a 的数值求不同温度下的离子积数据，所需怎样的公式？

（2）实验结果的 $\Delta S^\ominus < 0$，其物理意义是什么？

（3）在本实验的实验测定与数据处理过程中误差的主要来源有哪些？应如何改进？

（4）在电化学研究中，溶液中溶质的浓度常采用质量摩尔浓度 m（每千克溶剂中溶质的物质的量，定义式为 $m=n_{溶质}/W_{溶剂}$）而较少采用物质的量浓度 c（每升溶液中溶质的物质的量，定义式为 $c=n_{溶质}/V_{溶液}$），为什么？

注意事项

测量完毕某一溶液后，两电极及磁力搅拌棒都必须经去离子水冲洗后再用滤纸轻轻拭干。

实验 4.4　气相色谱法测定二元溶液系活度系数

实验目的

(1) 了解气相色谱仪的基本结构与工作原理。
(2) 掌握气相色谱仪的基本操作方法。
(3) 以气相色谱为分析手段，用蒸气压法测丙酮-氯仿溶液的活度系数。

实验原理

按活度的定义，在 A、B 两物质组成的溶液中，它们的活度分别是 $a_A=f_A/f_A^\circ$，$a_B=f_B/f_B^\circ$。式中 f_A，f_B 分别为溶液中 A、B 的逸度；f_A°、f_B° 分别为纯 A 和纯 B 的逸度。

当它们的蒸气压都比较低时，可假定其服从理想气体定律，这时逸度等于压力，则 $a_A=\gamma_A x_A=p_A/p_A^\circ$，$a_B=\gamma_B x_B=p_B/p_B^\circ$。式中 γ_A、γ_B 分别为 A、B 的活度系数；x_A、x_B 分别为 A、B 在溶液中的摩尔分数；p_A、p_B 分别为 A、B 与溶液平衡的分压；p_A°、p_B° 分别为相同温度下纯 A、B 的饱和蒸气压。

因此，测得给定温度下组成为 x_A、x_B 的溶液的平衡蒸气压 p_A、p_B 及该温度下纯物质的蒸气压 p_A°、p_B°，就能按上式计算出相应的 γ_A、γ_B。

溶液的液相组成可以人工配制，与之平衡的气相组成则可用气相色谱测定。在总压一定的条件下，每次取它们相同体积和温度的饱和蒸气压气样进行分析，如果色谱峰高与浓度成正比，则峰高与蒸气压成正比，即 $p_A/p_A^\circ=h_A/h_A^\circ$，$p_B/p_B^\circ=h_B/h_B^\circ$。从而 $\gamma_A=h_A/(h_A^\circ x_A)$，$\gamma_B=h_B/(h_B^\circ x_B)$。式中 h_A、h_B 为与溶液平衡的蒸气的色谱峰高；h_A°、h_B° 为与纯 A、纯 B 平衡的蒸气的色谱峰高。如此就容易测得整个浓度范围内各组分的活度系数。

仪器与试剂

(1) 气相色谱仪；$100\mu L$ 注射器；带软塞的 250mL 瓶（瓶塞应能让注射针穿过取样）；20mL 移液管。
(2) 丙酮（A.R.）；氯仿（A.R.）。

实验步骤

(1) 用纯丙酮和氯仿配制 6 种溶液。溶液组成的摩尔分数（以含丙酮计）为 0，0.2，0.4，0.6，0.8，1.0；体积约为 25mL，配好后盛于带橡胶塞瓶中，并立即塞好。
(2) 将色谱仪调到合适的操作条件。
(3) 待基线稳定后（约 1~2h）进行取样分析。每个组成的样品应进行 3 次平行实验，取 3 次平行实验的平均值。

数据处理

(1) 由丙酮和三氯甲烷的密度计算 $x_{丙酮}$，$x_{氯仿}$。

(2) 由色谱峰高，求相应组成的 $\gamma_{丙酮}$，$\gamma_{氯仿}$，将计算出的活度系数数值填入表 4.4.1 中。

表 4.4.1 实验数据记录表

	丙 酮					氯 仿				
$x_{丙酮}$	峰 高				$t_{丙酮}$	$x_{氯仿}$	峰 高				$t_{氯仿}$
	1	2	3	平均			1	2	3	平均	
1.0						0.0					
0.8						0.2					
0.6						0.4					
0.4						0.6					
0.2						0.8					
0.0						1.0					

室温： 气压：

(3) 作 $\lg\gamma_i$-x_i 图，内插求 $x_{丙酮}$ 为 0.3，0.5，0.7，0.9 时的 $\gamma_{丙酮}$ 值。

(4) 根据实验温度时纯丙酮和氯仿的蒸气压，并设为理想气体，求得丙酮-氯仿的 p-x 相图。

思考题

(1) 什么条件下才能认为色谱峰高与浓度或蒸气压成正比？

(2) 实验结果说明丙酮-氯仿溶液是否符合拉乌尔定律？它们对拉乌尔定律是发生正偏差还是负偏差？为什么？

(3) 如何检查在分析所用的浓度范围内，浓度与峰高成正比例？

(4) 本法测定活度系数有什么优点？有什么限制？应注意哪些问题才能得到较好的结果？

注意事项

为使各种样品总压皆相等，从试样瓶塞插入五号空针头，使系统和大气相通，但蒸气又很少逸出。取样前将空针头拔出，取样方法是：取 1mL 气样时，注射器也应将 1mL 空气注入，反复抽送 10 次才取出气样（注入 1mL 空气是为了维持系统总压恒定）。然后将气体注入色谱柱中，出峰后记录峰高。同法进行其余蒸气样的分析。

实验 4.5 蒸气压法测定二元体系活度系数与超额热力学函数

实验目的

(1) 掌握阿贝折射仪的使用和蒸气压的测定方法。

（2）了解从 p_i（蒸气总压）-x_i（溶液组成）数据求各组分活度系数与体系超额热力学函数的数据处理方法。

（3）测定 298.2K 下 C_6H_6-$CHCl_3$ 体系中各组分的活度系数与体系的超额热力学函数。

实验原理

根据 Redlich-Kister 展开式并取前三项，二元体系的超额 Gibbs 自由能可表示为

$$G^E/RT = x_1 x_2 [A + B(x_1 - x_2) + C(x_1 - x_2)^2] \tag{4.5.1}$$

式中，A、B、C 为仅与温度有关的待定常数，根据热力学基本关系式

$$G^E = RT(x_1 \ln\gamma_1 + x_2 \ln\gamma_2)$$

及 Gibbs-Duhem 方程

$$x_1 [d(\ln\gamma_1)/dx_1] + x_2 [d(\ln\gamma_1)/dx_1] = 0$$

得

$$\ln\gamma_1 = (A + 3B + 5C)x_2^2 - 4(B + 4C)x_2^3 + 12Cx_2^4$$
$$\ln\gamma_2 = (A - 3B + 5C)x_1^2 + 4(B - 4C)x_1^3 + 12Cx_1^4 \tag{4.5.2}$$

另一方面，根据 Baker 等人的建议，体系的总压可表示为

$$p = p_1^0 x_1 \gamma_1 \exp\{[(V_1 - B_1)(p - p_1^0) - p\delta_{12} y_2^2]/RT\} +$$
$$p_2^0 x_2 \gamma_2 \exp\{[(V_2 - B_2)(p - p_2^0) - p\delta_{12} y_1^2]/RT\} \tag{4.5.3}$$

式中，$\delta_{12} = -2(B_1 B_2)^{1/2} - B_1 - B_2$；$p_i^0$、$V_i$、$B_i$、$y_i$ 及 x_i 分别为组分 i 的纯态蒸气压、摩尔体积、第二维里系数及其在气、液相中的摩尔分数。

将式（4.5.2）代入式（4.5.3），得关系式 $p = f(A, B, C)$，即若实验测得给定温度下一系列组成溶液的饱和蒸气压值（$p_总$-x_2），则可用最小二乘法求得待定常数 A、B、C 的数值，代入式（4.5.2）、式（4.5.1）分别可求得不同组成体系中各组分的活度系数 γ_1、γ_2 及体系的超额 Gibbs 自由能 G^E。

不同温度下苯、氯仿的 $V(cm^3/mol)$、$B(cm^3/mol)$ 及 $p^0(Pa)$ 见表 4.5.1。

表 4.5.1　不同温度下苯、氯仿的 $V(cm^3/mol)$、$B(cm^3/mol)$ 及 $p^0(Pa)$

T	293.2K			298.2K			303.2K		
性质	p^0	V	B	p^0	V	B	p^0	V	B
氯仿	21265	80.2	−1225	26544	80.7	−1200	32571	81.3	−1148
苯	10039	88.9	−1477	12586	89.9	−1417	15865	90.8	−1368

仪器与试剂

（1）控温系统；真空泵；阿贝折射仪；多组分蒸气压力测定仪；滴管。

（2）苯（A.R.）；氯仿（A.R.）。

实验步骤

1. 实验装置

实验装置示意图如图 4.5.1 所示，其中 A 为样品瓶，容积为 100mL，内装 1/3～2/3 体

积苯-氯仿混合物；B 为平衡管，内置适量甲酰胺作为平衡液（甲酰胺与苯、氯仿不互溶，且在室温下其饱和蒸气压低于 13.3Pa，因而可略）；C 为冷凝管；D 为冷凝液收集瓶，最好放在水浴中；E 为精密真空表；F 为洗气瓶，内装可与苯、氯仿混溶的难挥发物质（如环己醇）以吸收苯与氯仿蒸气而减少毒害；G 为缓冲瓶；H_1 为带有磨口套的加样、取样口；H_2 为带有磨口套的平衡液注入口；I_1 为三通活塞，I_2、I_3 均为两通活塞。

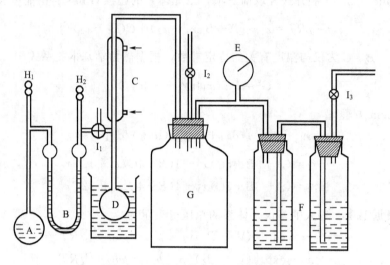

图 4.5.1 多组分蒸气压力测定仪

2. 实验步骤

(1) 调解控温装置，使其体系温度控制在 293.2K±0.1K 的范围内。

(2) 关闭 H_1、H_2、I_2，使 I_1、I_3 对体系成通路而与大气隔绝，开动真空泵抽气，直到 A 中液体沸腾。

(3) 使 A 中液体沸腾，直到其中混入的空气全部抽出（约 20～30s）后，关闭两通活塞 I_3。

(4) 打开活塞 I_2 并缓慢地放气，直到 B 中两臂的液面平衡为止。

(5) 待 B 中平衡液面稳定后，由精密真空表读取真空度 $p_真$，则此时 A 中液体的饱和蒸气压 $p_蒸 = p_空$（大气压力）$- p_真$（1mmHg=133.322Pa）。

(6) 旋转三通 I_1，使 B 通大气，打开取样口盖 H_1，用干净的滴管吸取 A 中液体 2～3 滴，在阿贝折射仪上测定其折射率 n_D，并通过式

$$x(苯，293.2K) = -26.1938 + 18.1159n_D - 19.92(n_D - 1.4459)(n_D - 1.5011)$$

$$x(苯，298.2K) = -26.1869 + 18.1488n_D - 19.95(n_D - 1.4429)(n_D - 1.4980)$$

$$x(苯，303.2K) = -26.1855 + 18.1818n_D - 19.99(n_D - 1.4402)(n_D - 1.4952)$$

求取体系的液相组成 x(苯)。

(7) 重复 (2)，(3)，(4)，(5)，(6) 各步骤 $n(n>10)$ 次，便可测得给定温度 T 下 n 组 $[p_蒸，x$（苯）$]$ 数据，并将测得的结果一同填入表 4.5.2 中 [注意：应有意识地控制体系的组成，使 n 个 x(苯) 数据在 0～1 之间尽量均匀分布]。

(8) 将体系温度改变至 298.2K±0.1K、303.2K±0.1K，分别重复上述 (2)，(3)，(4)，(5)，(6)，(7) 步骤，并将测得的结果一同填入表 4.5.2 中。

表 4.5.2　实验数据记录

（大气压力 $p_空=$　　　　Pa＝　　　　mmHg）

T/K	No	1	2	3	4	5	6	7	8	9	10	11	12
293.2	n_D												
	x(苯)												
	p/Pa												
298.2	n_D												
	x(苯)												
	p/Pa												
303.2	n_D												
	x(苯)												
	p/Pa												

数据记录及处理

（1）设蒸气压为理想气体，则其组成为 $y_1=\dfrac{1}{1+p_2^0 x_2/p_1^0 x_1}$，并将其代入式(4.5.3)。

（2）在温度 T 下，对关系式 $p=f(A,B,C)$ 采用最小二乘法，即求一组常数 A、B、C，使 $\varphi=\sum[p(实测)-f(A,B,C)]^2$ 取极小值（在计算机上完成）。

（3）将 A、B、C 值代入式(4.5.1) 和式(4.5.2)，进而可求得温度 T 下不同组成时的 γ（苯）、γ（氯仿）及 G^E 之值。

（4）在实验误差范围内，G^E 与 T 有良好的线性关系，故而

$$S^E(298.2K)=[G^E(303.2K)-G^E(293.2K)]/10$$

$$H^E(298.2K)=G^E(298.2K)+298.2\times S^E(298.2K)$$

由此可求得 298.2K 下混合过程中的 G^E、S^E、H^E 及体系中各组分的活度系数 γ（苯）、γ（氯仿），将用插值法求得的结果列入表 4.5.3。

表 4.5.3　数据处理结果（$T=298.2$K）

x(苯)	0	0.1	0.2	0.3	0.4	0.5	0.6	0.7	0.8	0.9	1.0
$G^E/(kJ/mol)$	0										0
$TS^E/(kJ/mol)$	0										0
$H^E/(kJ/mol)$	0										0
γ(苯)											
γ(氯仿)											

思考题

（1）设蒸气为理想气体显然是一种近似。若欲求蒸气的实际组成，应采用怎样的数据处理方法？

（2）若苯、氯仿均微溶于甲酰胺，所成溶液中若 x(苯)＝0.001，x(氯仿)＝0.001，试估算因此而引起的对 p 的测量误差为多少？

(3) 从苯和氯仿的结构定性分析引起溶液偏离理想溶液的主要原因有哪些?

(4) 为什么在数据处理过程中可以应用等压条件下的公式 $S=-(\partial G/\partial T)_p$?

实验 4.6 分光光度法测定邻二氮菲-铁（Ⅱ）配合物的组成

实验目的

(1) 掌握吸光光度法测量铁的原理与方法。

(2) 了解分光光度计的构造及使用方法。

(3) 学会用光度法测定配合物的组成及稳定常数，掌握其原理。

实验原理

邻二氮菲（o-phen）与 Fe^{2+} 可以形成稳定的配合物。本实验是测定配合物的组成及其

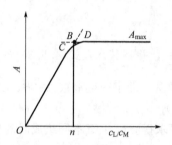

图 4.6.1　配位数 n 的确定

稳定常数。用光度法测定配离子组成，通常有摩尔比法、等物质的量连续变化法等，每种方法都有一定的适用范围。本实验采用摩尔比法进行测定，即配制一系列溶液，各溶液的金属离子浓度、酸度、温度等条件恒定，只改变配位体的浓度，在络合物的最大吸收波长处测定各溶液的吸光度，以吸光度对 c_L/c_M 作图，将曲线的线性部分延长交于一点，该点对应的横坐标值即为配位数 n，见图 4.6.1。

摩尔比法适用于稳定性较高的络合物组成的测定。最大吸光度 A_{max} 可被认为是 M 与 L 全部形成配合物时的吸光度。但由于配离子处于平衡时有部分离解，其浓度要稍小一些，因此，实验测得的最大吸光度值为 A。配离子离解度 $\alpha=(A_{max}-A)/A_{max}$。配离子的条件稳定常数 K' 可由以下平衡关系导出：

$$M \quad + \quad nL \rightleftharpoons ML_n$$

平衡浓度 $\quad\quad\quad\quad\quad\quad\quad \alpha c \quad\quad\quad n\alpha c \quad\quad\quad c(1-\alpha)$

$$K'=[ML_n]/[M][L]^n=c(1-\alpha)/[c\alpha(nc\alpha)^n]=(1-\alpha)/(n^n c^n \alpha^{n+1})$$

式中，c 为 B 点时 M 的总浓度。

仪器与试剂

(1) 723 型（或其他型号）分光光度计；洗瓶；容量瓶；吸耳球；烧杯。

(2) 10^{-3} mol/L 铁标准溶液；硫酸（3mol/L）；盐酸羟胺（100g/L）；NaAc（1.0 mol/L）；邻二氮菲（10^{-3} mol/L）；1.0mol/L 乙酸钠溶液。

实验步骤

在 9 只 50mL 容量瓶中，各加 1.0mL 10^{-3} mol/L 的铁标准溶液和 1.0mL 100g/L 的盐酸羟胺，摇匀后放置 2min，依次加入 0.5mL、1.0mL、1.5mL、2.0mL、2.5mL、3.0mL、3.5mL、4.0mL、4.5mL、5.0mL 10^{-3} mol/L 邻二氮菲溶液，5.0mL 1.0mol/L NaAc 溶液，每加入一种试剂都应初步混匀。用去离子水定容至刻度，充分摇匀，放置 10min。以水

为参比，用 510nm 的波长测量各溶液的吸光度，以吸光度对 c_L/c_M 作图，将曲线的线性部分延长交于一点，根据交点确定络合物的配位数 n，计算络合物的解离度 α，并计算络合物的稳定常数 K。

数据记录与处理

（1）列表记录系列溶液的吸光度，以吸光度对 c_L/c_M 作图，将曲线的线性部分延长交于一点，该点对应的横坐标值即为配位数 n。

（2）数据以表格的形式清晰列出，图形应在坐标纸上用铅笔绘制，横坐标、纵坐标的比例应合适，数据点最好不要用实心点标（否则连线后不能清晰看出），连成曲线时应能正确反映实验规律，而并不是一定要过每一个实验点（尽可能接近即可）。另外还应结合图形通过计算给出络合物的配位数 n、解离度 α 和稳定常数 K。

思考题

（1）在此实验中为什么可以用水为参比，而不必用空白试剂溶液为参比？

（2）在什么条件下可以使用摩尔比法测定络合物的组成？

注意事项

（1）仪器需预热 15min，波长的选择不能超出 330～800nm 以外。

（2）仪器上各按键应细心操作，若发现仪器工作异常，应及时报告指导教师，不得自行处理。

实验 4.7 配合物组成和稳定常数的测定

实验目的

（1）用光度法测定三价铁和铁钛试剂形成配合物的组成和稳定常数。

（2）了解 722 型分光光度计的构造、原理及其使用。

实验原理

Fe^{3+} 与铁钛试剂 $[C_6H_2(OH)_2(SO_3Na)_2]$ 在不同 pH 的溶液中形成不同配位数、不同颜色的配合物。本实验用缓冲溶液保持溶液 pH 值不变的前提下，用连续递变法测定配合物的组成。

连续递变法原理是：在保持反应物总摩尔数不变的前提下，依次改变体系中两组分摩尔分数的比值，并测定不同摩尔分数比值时溶液的某一物理量。

本实验中，先配好浓度相同的 Fe^{3+} 与铁钛试剂溶液，然后在保持总体积不变（即总摩尔数不变）的前提下，用这两种溶液配成一系列不同体积比（即不同分子比、摩尔数比、摩尔分数比）的混合液。分别测量这一系列溶液的光密度数值。

根据比耳定律，一定波长的入射光强 I_0 与透射光强 I 之间有下列关系：

$$I = I_0 e^{-kcd} \tag{4.7.1}$$

k 为吸收系数。对于一定的溶质、溶剂及一定波长的入射光 k 为常数。c 为溶液的浓度，

d 为盛放溶液的液槽的厚度。

由式（4.7.1）可得：
$$\ln \frac{I_0}{I} = kcd$$

令 $D = 2.303\lg \frac{I_0}{I}$，则得

$$D = kcd \qquad (4.7.2)$$

式中，D 为吸光度。当 d 为定值时，D 与 c 成正比。

当溶液中的二组分之比相当于配合物组成时，则溶液中配合物的浓度最高。由（4.7.2）式可知吸光度 D 的数值必为最大。

由于不同波长的入射光对被测物质的灵敏度不同，溶液中其他物质对不同波长的吸收干扰也不同，所在测定吸光度之前，必须通过作吸光度-波长曲线来选择最佳波长（见图4.7.1）。

用所选择的最佳波长来测定上述所配的一系列溶液的吸光度值，并用它对溶液的组成做图（图4.7.2），其中横坐标所示为 Fe^{3+} 的摩尔分数，1减去此值即为铁钛试剂的摩尔分数。可从曲线最高点相应的两物质的摩尔分数之比求得配合物的组成（即求得下述的 n 值）。

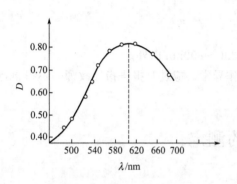
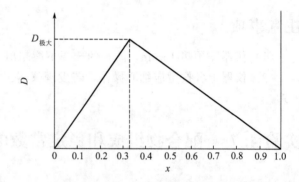

图 4.7.1　吸光度波长曲线　　　　　图 4.7.2　吸光度-组成（摩尔分数）图

当 Fe^{3+}（用 M 表示）与铁钛试剂（用 L 表示）在溶液中达到平衡，必存在下列关系式

$$M + nL \rightleftharpoons ML_n$$

其中：n 称为配合物的配位数。此反应的平衡常数（对该配合物而言即为稳定常数）为

$$K = \frac{[ML_n]}{[M][L]^n}$$

设：M 和 L 的初始浓度分别为 a 和 b，达平衡时配合物浓度为 x，则

$$K = \frac{x}{(a-x)(b-nx)^n}$$

若配制两组总摩尔数不同的溶液，其中 M、L 的浓度分别为 a_1、b_1、a_2、b_2。则可得到两组吸光度-组成数据。在同一坐标系作两组曲线，见图4.7.3。在这两条曲线上找出吸光度相同的二点（作横坐标的平行线，求交点），则在此二点上对应的配合物浓度应相等，即 x 相等。则有：

$$K = \frac{x}{(a_1-x)(b_1-nx)^n} = \frac{x}{(a_2-x)(b_2-nx)^n} \qquad (4.7.3)$$

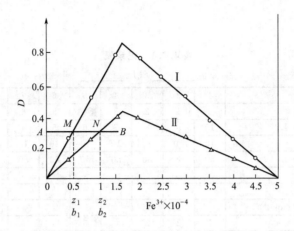

图 4.7.3　吸光度-组成（体积摩尔浓度）图

当 $n=2$ 时，上述方程可化简为

$$Ax^2 + Bx + C = 0 \tag{4.7.4}$$

其中：$A = 4[(a_1 + b_1) - (a_2 + b_2)]$

$B = (b_2{}^2 - b_1{}^2) + 4(a_2 b_2 - a_1 b_1)$

$C = a_1 b_1{}^2 - a_2 b_2{}^2$

解此一元二次方程可得 x 值，再代入式（4.7.3）即可得 K 值。

仪器与试剂

722 型分光光度计 1 台；50mL 容量瓶 11 个；10mL 刻度移液管 2 支；5mL 移液管 2 支；洗耳球 1 个，滴管 2 支；大小烧杯 3 只；擦镜纸、滤纸若干（指一组用量）。

Fe^{3+} 与铁钛标准溶液（0.0025mol/L）；pH＝4.6 的醋酸-醋酸铵缓冲溶液。

试剂配制

（1）缓冲溶液：取 25g 醋酸铵加 25mL 冰醋酸，稀释至 250mL。

（2）0.0025mol/L Fe^{3+} 标准溶液：准确称取 1.2055g 硫酸高铁铵，溶解后加 1mL 浓 H_2SO_4，稀释至 1000mL。

（3）0.0025mol/L 铁钛标准溶液：准确称取铁钛试剂 0.8306g，溶解后稀释至 1000mL。

实验步骤

（1）按记录表（表 4.7.1）中规定数量配出第一组各种体积比的混合液各 50mL。

（2）在上述 11 组溶液中选出颜色最深的一种（若肉眼分辨不清，可借助光度计。在某一波长测得光密度值最大者即为颜色最深的），用 722 型分光光度计在 560～700nm 波长范围内每隔 20nm 测一次吸光度值，作出该溶液的吸光度-波长曲线，选最高吸收峰对应的波长作为测量用的最佳波长。

（3）将波长调节器调至上述最佳波长位置，并测量第一组溶液各吸光度值。

（4）按表 4.7.1 配制第二组溶液。

（5）仍用上述最佳波长测第二组溶液的吸光度值。

记录

表 4.7.1　记录表

室温＿＿＿＿＿气压＿＿＿＿＿＿

	溶液编号	1	2	3	4	5	6	7	8	9	10	11
第一组	Fe^{3+}溶液/mL	0	1	2	3	4	5	6	7	8	9	10
	铁钛试剂溶液/mL	10	9	8	7	6	5	4	3	2	1	0
	缓冲溶液/mL	10	10	10	10	10	10	10	10	10	10	10
	加水后总体积/mL	50	50	50	50	50	50	50	50	50	50	50
	吸光度											
	Fe^{3+}浓度/(mol/L)											
	铁钛试剂浓度/(mol/L)											
第二组	溶液编号	1	2	3	4	5	6	7	8	9	10	11
	Fe^{3+}溶液/mL	0	0.5	1	1.5	2	2.5	3	3.5	4	4.5	5
	铁钛试剂溶液/mL	5	4.5	4	3.5	3	2.5	2	1.5	1	0.5	0
	缓冲溶液/mL	10	10	10	10	10	10	10	10	10	10	10
	加水后总体积/mL	50	50	50	50	50	50	50	50	50	50	50
	吸光度											
	Fe^{3+}浓度/(mol/L)											
	铁钛试剂浓度/(mol/L)											

数据处理

（1）作吸光度-波长曲线，选出最佳波长。

（2）以吸光度为纵坐标，溶液组成为横坐标，把两组溶液的数据绘在同一坐标系中，从最大吸光度（交点）对应的摩尔分数之比求得 n（四舍五入取整数）。

（3）从图上 $D=0.25$ 处作横坐标的平行线，与两组溶液的吸光度线段相交，从二交点分别找出相应的溶液组成 a_1、b_1、a_2、b_2 代入式（4.7.4）计算 x 值及稳定常数 K 值。

思考题

（1）在什么条件下才能用本实验的方法测定配合物的组成和稳定常数？

（2）为何要选择最佳波长？如何选择？为何每变一次波长都要调整一次零点？

（3）为何每测一组溶液都要校正一次零点？怎样校正？

（4）为何要用缓冲溶液？第二组溶液缓冲溶液量是否要减半？为什么？

（5）你认为本实验主要误差来源于哪几个方面？

第 5 章　动力学参数的测定

化学反应的过程是一个十分复杂的过程，化学反应的速率参数严重依赖于反应的条件。因此通过选用不同的实验条件，可使复杂问题简单化。

本章共选列了 7 个实验，有一级反应、二级反应和复杂反应；有静态反应体系也有流动体系；有均相反应也有复相反应；有动力学参数的测定也有热力学性质的研究。通过本章实验的训练，不但可熟悉多种动力学测定方法和数据处理方法，还可加深对反应动力学理论的理解。

实验 5.1　蔗糖水解反应速率常数的测定

实验目的

(1) 了解蔗糖转化反应体系中各物质浓度与旋光度之间的关系。

(2) 了解旋光仪的基本原理，掌握其使用方法。

(3) 了解一级反应动力学参数的测定和数据处理方法。

实验原理

蔗糖转化反应方程式为

$$C_{12}H_{22}O_{11}(蔗糖) + H_2O(水) \longrightarrow C_6H_{12}O_6(葡萄糖) + C_6H_{12}O_6(果糖)$$

为使水解反应加速，常以酸作为催化剂，故反应在酸性介质中进行。由于反应中水是大量的，可以认为整个溶液中水的浓度基本是恒定的。而 H^+ 是催化剂，其浓度也是固定的。所以，此反应可视为假一级反应。其动力学方程为 $-dc/dt = kc$。式中，k 为反应速率常数；c 为时间 t 时的反应物浓度。将该式积分得 $\ln c = -kt + \ln c_0$。式中，c_0 为反应物的初始浓度。当 $c = (1/2)c_0$ 时，t 可用 $t_{1/2}$ 表示，即为反应的半衰期。最后由积分式得 $t_{1/2} = \ln 2/k = 0.693/k$。

蔗糖及水解产物均为旋光性物质。但它们的旋光能力不同，故可以利用体系在反应过程中旋光度的变化来衡量反应的进程。溶液的旋光度与溶液中所含旋光物质的种类、浓度、溶剂的性质、液层厚度、光源波长及温度等因素有关。

为了比较各种物质的旋光能力，引入比旋光度的概念。比旋光度可以用式 $[\alpha]_D^t = \alpha/(Lc)$ 表示。式中，$t(℃)$ 为实验温度；D 为光源波长；α 为旋光度；$L(m)$ 为液层厚度；$c(mol/L)$ 为浓度。由上式可知，当其他条件不变时，旋光度 α 和浓度 c 成正比，即 $\alpha = Kc$。式中，K 是一个与物质旋光能力、液层厚度、溶剂性质、光源波长、温度等因素有关的常数。

在蔗糖的水解反应中，反应物蔗糖是右旋性物质，比旋光度 $[\alpha]_D^{20} = +66.6°$。产物中葡萄糖也是右旋性物质，其比旋光度 $[\alpha]_D^{20} = +52.5°$；而产物中的果糖是左旋性物质，其比旋光度 $[\alpha]_D^{20} = -91.9°$。因此，随着水解反应的进行，右旋角不断减小，最后经过零点变成左旋。旋光度与浓度成正比，并且溶液的旋光度为各组分的旋光度之和。若反应时间为 0，t，∞ 时，溶液的旋光度分别用 α_0，α_t，α_∞ 表示。则

$$\alpha_0 = K_R c_0 \,（表示蔗糖未转化）$$

$$\alpha_\infty = K_P c_0 \,（表示蔗糖已完全转化）$$

$$\alpha_t = K_R c + K_P(c_0 - c) \quad （反应进程中）$$

式中的 K_R 和 K_P 分别为对应反应物和产物的比例常数。

三式联立可以解得

$$c_0 = (\alpha_0 - \alpha_\infty)/(K_R - K_P) = K'(\alpha_0 - \alpha_\infty)$$

$$c = (\alpha_t - \alpha_\infty)/(K_R - K_P) = K'(\alpha_t - \alpha_\infty)$$

将该两式代入一级反应积分方程式，即得

$$\ln(\alpha_t - \alpha_\infty) = -kt + \ln(\alpha_0 - \alpha_\infty)$$

可见，以 $\ln(\alpha_t - \alpha_\infty)$ 对 t 作图为一直线，由该直线的斜率即可求得反应速率常数 k。进而可求得半衰期 $t_{1/2}$。

仪器与试剂

（1）旋光仪；恒温旋光管 1 支；恒温槽 1 套；台秤 1 台；洗耳球 1 只；漏斗架 1 只；停表 1 块；50mL 烧杯，25mL 移液管，100mL 带塞三角瓶各 2 只；50mL 容量瓶，玻璃漏斗各 1 只。

（2）4mol/L HCl 溶液（A.R.）；蔗糖（A.R.）。

实验步骤

（1）开启仪器。打开自动旋光仪的电源（AC）开关，待 5min 后再将直流开关（DC）打开，同时迅速检查钠灯管是否正常发光，若钠灯熄灭，则将直流开关关闭，此时钠灯又重新点亮，稍等 1min 后，再次打开直流开关，直到正常发光为止，此过程为旋光仪的开机操作程序。

接着打开超级恒温水浴电源开关，设置水浴的温度为 25℃，检查旋光管内循环水流动情况确定是正常。

（2）旋光仪零点和校正。洗涤恒温旋光管，将管子一端的盖子旋紧，向管内注入蒸馏水，把玻璃片盖好，使管内无气泡存在。再旋紧套盖，勿使漏水。用吸水纸擦净旋光管，再用擦镜纸将管两端的玻璃片擦干净。放入旋光仪中盖上槽盖，记下检偏镜的旋转角 α，重复操作三次，取其平均值，即为旋光仪的零点。按下置零键，则显示值为 0，零点校正完毕。

（3）糖水解过程 α_t 的测定。将恒温槽调节到（25.0±0.1）℃恒温。用台秤称取 10g 蔗糖，放入 50mL 烧杯中，加入 40mL 蒸馏水配成溶液（若溶液浑浊则需过滤）。用移液管取 25mL 蔗糖溶液置于 100mL 带塞三角瓶中。移取 25mL HCl 溶液于另一 100mL 带塞三角瓶

中。一起放入恒温槽内,恒温 10min。取出两只三角瓶,将 HCl 迅速倒入蔗糖中,来回倒三次,使之充分混合。并且在加入 HCl 时开始计时,将混合液装满旋光管(操作同装蒸馏水相同)。装好擦净立即置于旋光仪中,盖上槽盖。测量不同时间 t 时溶液的旋光度 α_t。测量时要迅速准确,先记下时间,再读旋光度。每隔一定时间读取一次旋光度,开始时,可每 2min 读一次,10 次后,每 5min 读一次,同样读取 10 次。

(4)α_∞ 的测定。将步骤(3)剩余的混合液放入近 55℃的水浴或烘箱中,恒温 40min 以加速反应,然后冷却至实验温度,按上述操作。测定其旋光度,此值即可认为是 α_∞。

数据记录及处理

(1)将实验数据记录于表 5.1.1。

(2)以 $\ln(\alpha_t - \alpha_\infty)$ 对 t 作图,由所得直线求出反应速率常数 k。

(3)计算蔗糖转化反应的半衰期 $t_{1/2}$。

(4)通过直线的截距计算 α_0。

表 5.1.1 蔗糖转化反应实验数据表

反应时间/min	α_t	$\alpha_t - \alpha_\infty$	$\ln(\alpha_t - \alpha_\infty)$

温度_____;盐酸浓度_____;α_∞_____。

思考题

(1)实验中,为什么用蒸馏水来校正旋光仪的零点?在蔗糖转化反应过程中,所测的旋光度 α_t 是否需要零点校正?为什么?

(2)蔗糖溶液为什么可粗略配制?

(3)蔗糖的转化速度和哪些因素有关?

(4)分析本实验误差来源,怎样减少实验误差?

注意事项

(1)装药品时,旋光管盖旋至不漏液体即可,不要用力过猛,以免压碎玻璃片。

(2)在测定 α_∞ 时,通过加热使反应速度加快至转化完全。但加热温度不能超过 60℃。

(3)由于酸对仪器有腐蚀,操作时应特别注意,避免酸液滴漏到仪器上。实验结束后必须将旋光管洗净。

(4)旋光仪中的钠光灯不宜长时间开启,测量时间较长时应熄灭,以免损坏。

实验 5.2　乙酸乙酯皂化反应 k 和 E 的测定

实验目的

（1）用电导法测定乙酸乙酯皂化反应的速度常数及活化能。

（2）熟悉电导仪的使用方法。

实验原理

乙酸乙酯皂化的反应是二级反应。其反应式为：

$$CH_3COOC_2H_5 + OH^- \longrightarrow CH_3COO^- + C_2H_5OH$$

$$t=0 \quad a \qquad b \qquad\qquad 0 \qquad 0$$

$$t=t \quad a-x \quad b-x \qquad x \qquad x$$

其速度方程可用下式表示：

$$\frac{dx}{dt} = k(a-x)(b-x) \qquad\qquad (5.2.1)$$

将式（5.2.1）积分得：

$$k = \frac{2.303}{t(a-b)} \lg \frac{b(a-x)}{a(b-x)}$$

现使初始浓度相等，即 $a=b$，将式（5.2.1）积分则得：

$$k = \frac{1}{at} \cdot \frac{x}{(a-x)} \qquad\qquad (5.2.2)$$

由实验测得不同 t 时的 x 值，用式（5.2.2）可算出不同 t 时的 k 值，若 k 为常数，则证明反应是二级的。

测定不同 t 时的 x 值，可用化学方法（如中和滴定，分析 OH^- 的浓度）；也可用物理方法（如测电位，或测电导）。本实验用测电导的方法（即电导法）来测定。

用电导法测定 x 的原理如下。

（1）在稀溶液中，用一定的电极测电导，每种强电解质的电导与其浓度成正比。并且溶液的总电导等于溶液中各电解质电导之和。

（2）在本实验中，反应物只有 NaOH 是强电解质，生成物只有 CH_3COONa 是强电解质，而且 OH^- 的导电能力比 CH_3COO^- 大得多。在反应过程中，Na^+ 浓度不变，而 OH^- 则逐渐被 CH_3COO^- 所取代，故随着反应的进行，溶液的电导逐渐下降。

因此，当溶液足够稀的时候（太稀则电导变化太小，影响测量精度，以 $a=0.03$mol/L 为宜），则

$$L_0 = A_1 a$$

$$L_\infty = A_2 a$$

$$L_t = A_1(a-x) + A_2 x$$

式中，L_0、L_t、L_∞ 分别表示反应时间为 0，t，∞（反应完毕）时的电导。A_1，A_2 为常数。其值与温度及电解质的性质有关，由以上三式可得：

$$x = a \cdot \frac{L_0 - L_t}{L_0 - L_\infty} \qquad\qquad (5.2.3)$$

将式(5.2.3) 代入式(5.2.2) 则得

$$k=\frac{1}{at} \cdot \frac{L_0-L_t}{L_t-L_\infty}$$

两边同乘 (L_t-L_∞) 并移项，即得：

$$L_t=\frac{1}{ak} \cdot \frac{L_0-L_t}{t}+L_\infty$$

以 L_t 对 $\frac{L_0-L_t}{t}$ 作图，可得一直线，其斜率$=\frac{1}{ak}$

由此可求得速度常数

$$k=\frac{1}{a \cdot 斜率} \qquad [单位为 L/(mol \cdot min)]$$

测出两个不同温度下的反应速度常数 k_1 和 k_2，根据阿累尼乌斯公式可算出反应的活化能。

$$E=\frac{2.303R(\lg k_2-\lg k_1)}{\frac{1}{T_1}-\frac{1}{T_2}}$$

仪器、 药品

(1) 恒温水槽 1 套，电导仪 1 台，电导池 3 个，铁架台（带 1 个铁夹）2 个，25mL 移液管 3 支，洗耳球 1 个，秒表 1 个。

(2) 0.06mol/L NaOH 溶液，0.06mol/L $CH_3COOC_2H_5$ 溶液，去离子水各 1 瓶。

实验步骤

(1) 调节恒温水槽的温度为 25℃，熟悉电导仪的使用方法（见 9.4），将电导仪的范围选择调节到所需要的测量范围（0～15mΩ^{-1}）。

(2) L_0 的测定。反应刚开始时，反应液的电导 L_0，直接测量是很难测准的。为此可用下述近似的方法：因为乙酸乙酯的电导很小，可忽略不计，故反应刚开始时，反应液的电导可认为全部是 NaOH 的贡献；因此，可将 0.06mol/L 的 NaOH 稀释 1 倍，测其电导，其值则与反应刚开始时的电导近似相等。

方法：取一干净的电导池（见图 5.2.1），用铁夹置于恒温槽中，在 a 池中用移液管加入 25mL 0.06mol/L 的 NaOH，再塞上带软胶管的橡皮塞；在 b 池中加入 25mL 去离子水，并在其中插入铂黑电极（注意：每次使用电极时，先用蒸馏水冲洗，再用滤纸吸干；插入电极时，要把电极放在 b 池正中，不要碰到器壁）。恒温 10min，用无针头的 100mL 注射器通过软胶管鼓空气入 a 池，把 NaOH 溶液从 a 池排入 b 池，与去离子水混合；再回抽注射器活塞，把 b 池的溶液抽到 a 池，最后把溶液全部排入 b 池，即可用电导仪测出 L_0。（测完后，取出电极和橡皮塞，用塞子把 a、b 塞好，待测 35℃ 的 L_0 时用）。

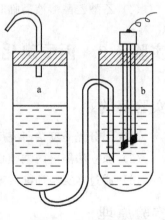

图 5.2.1 电导池

(3) L_t 的测量。取另一干净电导池，于 a 池中加入 25mL 0.06mol/L 的 NaOH，于 b 池中加入 25mL 0.06mol/L 的乙酸乙酯，于恒温槽中恒温 10min 后，把 NaOH 溶液排入 b 池，当排入一半时，开动秒表，记录反应时间。再迅速抽、排各一次，使之混合均匀，当反应时间 $t=2\text{min}$ 时，用校正好的电导仪测出反应后的第一个电导值。每隔 1min 记录一次，记 8 次后，再每隔 3min 记录一次，记 6 次，即可停止。

（4）将恒温槽温度调到 35°，再按（1）～（3）的方法，重作一次。

数据记录与处理

实验温度＿＿＿＿＿ $a=b=\dfrac{1}{2}\text{mol/L}=$＿＿＿＿＿ $L_0=$＿＿＿＿＿ $K_{25℃}$＿＿＿＿＿

反应时间 t/min	2	3	4	5	6	7	8	9	12	15	18	21	24	27
L_t														
L_0-L_t														
$(L_0-L_t)/t$														

（1）以 L_0 对 $(L_0-L_t)/t$ 作图，由此得直线的斜率求 k，并计算相对误差。

（2）同法求出 35℃时的 k 值和相对误差，并计算活化能 E。

思考题

（1）为什么要使两种反应物浓度相等？如果 NaOH 和 $CH_3COOC_2H_5$ 溶液起始浓度不相等，应如何计算 k 值？

（2）如果 NaOH 和 $CH_3COOC_2H_5$ 溶液为浓溶液时，能否用此法求 k 值，为什么？

（3）乙酸乙酯皂化反应为吸热反应，试问在实验过程中如何处理这些影响而使实验得到较好的结果？

注意事项

（1）本实验需用电导水，并避免接触空气及灰尘杂质落入。

（2）配好的 NaOH 溶液要防止空气中的 CO_2 气体进入。

（3）乙酸乙酯溶液和 NaOH 溶液浓度必须相同。

（4）乙酸乙酯溶液需临时配制，配制时动作要迅速，以减少挥发损失。

实验 5.3　丙酮碘化反应动力学参数的测定

实验目的

（1）用分光光度法研究反应的动力学规律。

（2）孤立法测定丙酮碘化反应的级数，测定该反应的速率常数。

（3）通过本实验加深对复杂反应特征的理解。

实验原理

大多数化学反应是由几个基元反应组成的复杂反应。多数复杂反应的速度方程不能由质量作用定律预示。由实验测得复杂反应的速度方程及动力学方程，是推测反应的可能机理的依据之一。

实验测定表明，丙酮和碘在稀薄的中性水溶液中反应是很慢的。在强酸条件下（如 HCl），该反应进行得相当快。酸性溶液中，丙酮碘化反应是一个复杂反应，其反应式为

$$CH_3-\overset{\overset{O}{\|}}{C}-CH_3 +I_2 \xrightarrow{H^+} CH_3-\overset{\overset{O}{\|}}{C}-CH_2I +I^- +H^+$$

该反应由 H^+ 催化，而本身又能生成 H^+，所以这是一个 H^+ 的自催化反应。其速度方程为

$$r=k[Me_2CO]^\alpha[I_2]^\beta[H^+]^\gamma$$

反应速率常数 k 和反应级数 α、β、γ 均可由实验测定。

为了加大 I_2 在水中的溶解度，常在 I_2 水溶液中加入大量的 KI 使 I_2 成为 I_3^-，I_2 和 I_3^- 在可见光区均有吸收。丙酮碘化反应的所有产物和反应物中，只有 I_2 和 I_3^- 在可见光区有吸收，所以可用分光光度法直接测定反应体系的光密度变化（也就是 I_3^- 浓度的变化）来跟踪反应进程。

为测定对丙酮的反应级数 α，至少在同温度下需做两次实验。两次实验 H^+ 和 I_2 的初始浓度相同，而丙酮初始浓度不同。若第一次实验所用初始浓度为 $[Me_2CO]_0$、$[I_2]_0$、$[H^+]_0$，则第二次采用 $\mu[Me_2CO]_0$、$[I_2]_0$、$[H^+]_0$。两次实验初始速率分别为 $r_{1,0}$ 和 $r_{2,0}$ 表示，则

$$r_{1,0}=k[Me_2CO]_0^\alpha[I_2]_0^\beta[H^+]_0^\gamma$$
$$r_{2,0}=k\mu^\alpha[Me_2CO]_0^\alpha[I_2]_0^\beta[H^+]_0^\gamma$$

得

$$\lg(r_{2,0}/r_{1,0})=\alpha\lg\mu$$
$$\alpha=\lg(r_{2,0}/r_{1,0})/\lg\mu$$

已知 μ 且测得 $r_{1,0}$ 和 $r_{2,0}$ 则可求得 α。

根据朗伯-比耳定律，波长一定时，有

$$D=K'Lc$$

式中，D 为光密度；L 为比色皿厚度；c 为测定溶液的浓度；K' 为吸光系数。把上式代入速度表示式，有

$$r=-d[I_2]/dt=-d(D/K'L)/dt=-(1/K'L)(dD/dt)$$

在定温定波长下测定已知浓度碘溶液的吸光度 D 则可计算出 $K'L$ 值。在同温、同波长同比色皿中进行丙酮碘化反应，测定不同反应时间的吸光度。用 D-t 数据作 D-t 曲线，曲线的斜率即为初始反应的 dD/dt，由它及 $K'L$ 值计算反应初始速率 r_0 进而计算反应级数 α。

同理，改变 H^+ 的浓度或 I_2 的浓度，而其他两种反应物的浓度不变，同样的方法可求得反应级数 β 和 γ。

仪器与试剂

(1) 分光光度计 1 套；超级恒温槽 1 套；50mL 容量瓶 2 个；10mL 移液管 3 支。

(2) 0.0100mol/L I_3^- 溶液；2.5000mol/L 丙酮溶液；1.000mol/L 盐酸溶液。

实验步骤

(1) 开启超级恒温槽。将已标定好的丙酮、盐酸、碘备用液及蒸馏水置于 250mL 磨口瓶中放入恒温槽恒温。恒温槽控制在 25℃，约 10min 待温度恒定后方可开始测量。

(2) 将分光光度计波长调至 565nm 处，开启稳压电源开关和单色光器电源开关，并将

光路闸门拨到"红点"位置，使光线进入比色室，约 10min 使光电池稳定。

（3）取一个 2cm 比色皿洗净，注入 25℃去离子水，放入比色室。将光路闸门拨到"黑点"位置，校正微电计的"0"位。调节光亮调节器光点正好停在微电计的 100% 透光率（即光密度为 0）处。

（4）测定 $K'L$ 值。在洗净的 50mL 容量瓶中，移入 5mL 0.01mol/L 的碘备用液，用蒸馏水冲稀至刻度，混合均匀后，用此溶液荡洗另一干净的 2cm 比色皿 3 次，然后测定此碘溶液的光密度 D。测三次，取平均值。

（5）测定四种不同配比的溶液的反应速度，将已恒温好的碘、丙酮、盐酸备用液和蒸馏水按表 5.3.1 在 50mL 容量瓶中依次配制不同配比的溶液。

表 5.3.1　不同配比溶液的配制

序　号	碘备用液 V/mL	丙酮备用液 V/mL	盐酸备用液 V/mL
I	10	10	10
II	10	5	10
III	10	10	5
IV	15	10	10

用移液管先取丙酮和盐酸放入 50mL 容量瓶中，再取 I_3^- 备用液放入，然后用恒温水稀释至刻度（在此配制过程中动作要迅速！）。将瓶中反应液摇匀后迅速倒入已恒温好的 2cm 比色皿中（需用待测溶液荡洗三次）。开动停表作为反应的起始时间，以后每隔 1min 记录一次光密度读数。每组测量前均需用蒸馏水校正光密度的"0"点，并注意检查微电计的"0"位，测定 10~15 个数据止。

数据记录及处理

（1）由 $D=K'LC$ 计算 $K'L$ 值。作 D-t 图，求 dD/dt。由 $r=-(1/K'L)(dD/dt)$ 计算反应速度 r_0。

（2）根据 $\alpha=\lg(r_{2,0}/r_{1,0})/\lg\mu$ 分别计算对丙酮、盐酸和碘的反应级数 α、β、γ。

（3）根据 $r=k[Me_2CO]^\alpha[I_2]^\beta[H^+]^\gamma$ 计算 25℃时丙酮碘化反应的速率常数，求出 k 的平均值。

思考题

（1）在动力学实验中，正确计算时间是很重要的。本实验从反应开始到起算反应时间，中间有一段不算很短的操作时间。这对实验结果有无影响？为什么？

（2）影响本实验的结果的主要因素是什么？

（3）如何求算丙酮碘化反应的表观活化能 E_a？

（4）根据速率方程，提出一种丙酮碘化反应的可能的机理。

注意事项

（1）测定波长必须为 565nm，否则将影响结果的准确性。

（2）反应物混合顺序：先加丙酮、盐酸溶液，然后加碘溶液。丙酮和盐酸溶液混合后不应放置过久，应立即加入碘溶液。

实验 5.4　硫氰化铁快速配位反应速率常数的测定

实验目的

（1）采用连续流动法来研究硫氰化铁（$FeSCN^{2+}$）配合物形成的动力学。

（2）了解连续流动法对快速反应动力学进行研究的基本原理和实验技术。

实验原理

经典的动力学方法只能对慢的速度控制步骤机理进行研究，对于反应半衰期短于几秒的快速反应机理的研究，则需要一些特殊的方法。流动法是研究溶液中快速反应的动力学的方法之一。这种流动法可以用来研究半衰期为 $1 \sim 10^{-3} s$ 的一些快速反应。

在 pH 值恒定的酸性溶液中，Fe^{3+} 与 SCN^- 间的快速反应如下：

$$Fe^{3+} + SCN^- \Longleftrightarrow FeSCN^{2+} \tag{5.4.1}$$

记正向反应速率常数为 k_f，逆向反应速率常数为 k_r。由此得到速率方程为

$$d[FeSCN^{2+}]/dt = k_f[Fe^{3+}][SCN^-] - k_r[FeSCN^{2+}] \tag{5.4.2}$$

平衡常数 K 与速率常数关系为

$$K = k_f/k_r = [FeSCN^{2+}]_\infty/([Fe^{3+}]_\infty[SCN^-]_\infty) \tag{5.4.3}$$

下标 ∞ 表示平衡值（$t = \infty$），对于反应的任意瞬时有

$$[FeSCN^{2+}] + [SCN^-] = [FeSCN^{2+}]_\infty + [SCN^-]_\infty \tag{5.4.4}$$

利用以上关系，动力学微分方程可改写为

$$d[FeSCN^{2+}]/dt = k_f[Fe^{3+}]([FeSCN^{2+}]_\infty + [SCN^-]_\infty) - k_f[FeSCN^{2+}]([Fe^{3+}] + K^{-1}) \tag{5.4.5}$$

为了简化方程的积分，可选择实验条件为 $[Fe^{3+}] \gg [SCN^-]$，这样可以认为在反应过程中，$[Fe^{3+}]$ 基本不变。在 $t = 0$ 时，$[FeSCN^{2+}] = 0$。这时对上式积分，得到

$$\ln\{([FeSCN^{2+}]_\infty - [FeSCN^{2+}])/[FeSCN^{2+}]_\infty\} = -k_f t([Fe^{3+}] + K^{-1}) \tag{5.4.6}$$

或　$\lg([FeSCN^{2+}]_\infty - [FeSCN^{2+}]) = -(k_f t/2.303)([Fe^{3+}] + K^{-1}) + \lg[FeSCN^{2+}]_\infty$

$$\tag{5.4.7}$$

其中 $[FeSCN^{2+}]$ 可由分光光度计测量。光密度 D 与浓度的关系为

$$D = \varepsilon d[FeSCN^{2+}]$$

式中，ε 为吸收系数；d 为溶液的厚度，它们均为常数。则前式可改写为

$$\lg(D_\infty - D) = -([Fe^{3+}] + K^{-1})k_f t/2.303 + 常数 \tag{5.4.8}$$

若以 $\lg(D_\infty - D)$ 对时间 t 作图，可得到一直线，则证明对于 SCN^- 和 $FeSCN^{2+}$ 是一级反应，同时由斜率可求 k_f。

反应时间 t 与从混合器到玻璃毛细管某点距离 x 之间的定量关系，可以通过测量时间间隔 $\Delta\tau$，与在此时间内流过毛细管的溶液体积 ΔV 来确定，即：

$$t = (S \cdot \Delta\tau/\Delta V)x \qquad (5.4.9)$$

式中，$\Delta\tau$ 为时间间隔；ΔV 为 $\Delta\tau$ 内流过毛细管的溶液体积；S 为毛细管横截面积；x 为混合器到测定点的距离。

仪器及试剂

(1) 721 型分光光度计；水泵；U 形水银压力计；秒表；玻璃毛细管（外径 4.0mm，内径 2.0mm）；T 形液体混合器；移动滑轨。

(2) a 液：0.0200mol/L $Fe(NO_3)_3$，0.20mol/L $HClO_4$，0.14mol/L $NaClO_4$。

(3) b 液：0.00200mol/L $NaSCN$，0.20mol/L $HClO_4$，0.14mol/L $NaClO_4$。

实验步骤

(1) 仪器装置。快速反应仪器装置如图 5.4.1 所示。4 为改装后的 721 型分光光度计。光度计在滑轨 7 上可平行移动。3 为 250mL 带刻度的分液漏斗。2 为 20L 的缓冲瓶，其作用是使体系压力稳定。a，b 分别为 5L 试剂瓶，内装被测溶液，用橡皮管与 T 形混合器 5 相连接。光度计的透光窗 6 中，装有毛细管固定式透光槽。T 形液体混合器和透光槽分别见图 5.4.2 和图 5.4.3 所示。溶液和光度计部分最好在空气恒温箱中，进行恒温操作。

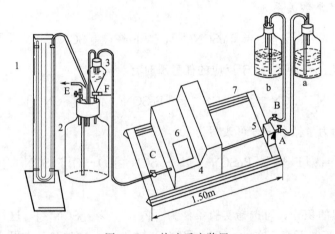

图 5.4.1　快速反应装置

1—U 形水银压力计；2—缓冲瓶（20L）；3—液体流量测定瓶；4—721 型分光光度计；

5—T 形液体混合器；6—透光窗；7—滑轨（带标尺）

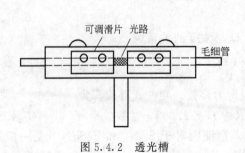

图 5.4.2　透光槽

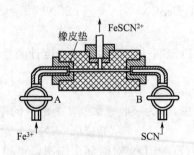

图 5.4.3　T 形液体混合器

（2）调节光度计的零点。打开光度计电源开关，预热 30min。波长选在 450nm 处。关闭活塞 A、B、C、E，打开水泵。由活塞 E 调节缓冲瓶的真空度约为 80kPa（600mm Hg）。打开活塞 C，然后交替打开活塞 A 和 B 数次，赶净毛细管内的气泡。再打开活塞 A（或 B），30s 后，调节光密度零点。

（3）测定毛细管中液体的流速。零点调好后，打开活塞 B（或 A）。此时 A，B，C 三个活塞均已打开。关闭活塞 F，并同时打开秒表计时，测量 $\Delta\tau$ 与 ΔV。应使流过 250mL 溶液的时间约为 30s。测定 $\Delta\tau$ 之后打开活塞 F。

（4）液体光密度的测定。为节约溶液，在测 $\Delta\tau$ 的同时就可进行光密度 D 的测量。当光密度指针稳定后，就可读取 D 值。

（5）测完 D 值后，先关闭活塞 C，并尽快地关闭活塞 A 和 B。2min 后再读取 D_∞ 值。在玻璃毛细管上选取 6～7 个不同的 x 值点，并重复上述（4）的操作。玻璃毛细管的横截面积 S 可由汞重量法测定。记录反应温度及体系的真空度。

数据处理

（1）利用式（5.4.9）求算各点的时间 t。

（2）由式（5.4.1）和平衡常数 K 求 Fe^{3+} 的平衡浓度 $[Fe^{3+}]_\infty$，而 $[Fe^{3+}]=1/2$ $([Fe^{3+}]_0+[Fe^{3+}]_\infty)$。

（3）作 $\lg(D_\infty-D)$-t 图，由直线斜直率求 k_f。

（4）利用式（5.4.3）求 k_r。

思考题

（1）本实验的主要误差来源是什么？

（2）用这套仪器可以测量反应的最小半衰期是多少？

注意事项

25℃时，反应的平衡常数 $K=(146\pm5)$ L/mol。由汞重量法测得毛细管横截面 $S=0.03701cm^2$。

实验 5.5　稳定流动法测定乙醇脱水反应的动力学参数

实验目的

（1）熟悉气相色谱仪的结构、工作原理和使用方法。

（2）了解稳定流动法的测量原理和技术。

（3）采用稳定流动法测定乙醇脱水反应级数、反应速率常数和活化能。

实验原理

在化学工业生产及研究多相催化反应中，经常采用稳定流动法。稳定流动体系反应中的动力学公式与静止体系的动力学公式有所不同。当稳定流动体系反应达到稳定状态后，反应物的浓度就不随时间变化。根据反应区域体积的大小以及流入和流出反应器的流体的流速和化学组成就可以算出反应速度。改变流体的流速或组分的浓度，就可以测定反应的级数和速率常数。

如果反应是在圆柱形反应管内进行，催化剂层的总长度是 l，反应管的横截面积是 S，

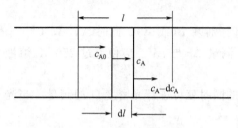

图 5.5.1 管式反应器中的浓度变化关系

只有在催化剂层中才能进行反应。假设反应 A→B 是一级反应，反应速率常数为 k_1。在反应物接触催化剂之前反应物 A 的浓度为 c_{A0}，反应物接触到催化剂之后就发生反应，随着反应物在催化剂层中通过，反应物 A 的浓度就逐渐变小。设在某一小薄层催化剂 dl 前反应物 A 的浓度为 c_A，当反应物通过 dl 之后，浓度变为 c_A-dc_A，如图 5.5.1 所示。

如果是在静止体系，则一级反应的动力学公式为

$$v_A=-dc_A/dt=k_1 c_A \tag{5.5.1}$$

但是在流动体系中应该如何来考虑时间的因素呢？反应物是按稳定的流速流过催化剂层的，流速（单位时间内流过的体积数）为 F，在一小层催化剂内，反应物与催化剂接触的时间为 dt，则

$$dt=dV/F \tag{5.5.2}$$

式中，dV 为一小薄层催化剂的体积，而

$$dV=Sdl \tag{5.5.3}$$

将式(5.5.2)，式(5.5.3) 代入式(5.5.1) 则得

$$-dc_A/c_A=k_1 Sdl/F \tag{5.5.4}$$

将式(5.5.4) 积分，c_A 的积分区间由 c_0 到 c，l 的积分区间由 0 到 l。将结果整理得

$$k_1=(F/Sl)\ln(c_0/c) \tag{5.5.5}$$

这就是稳定流动体系中一级反应的速率公式。

在 350~400℃ 区间，乙醇在 Al_2O_3 催化剂上脱水反应主要生成的产物是乙烯，这个反应是一级反应。由于反应产物之一是气体，所以可用量气法或色谱法来测得反应的速度并由式(5.5.5) 计算反应速率常数，本实验采用色谱法。为了计算方便起见可以将式(5.5.5) 稍加变换：设 A 为每分钟加入乙醇的物质的量，m 为每分钟生成乙烯的物质的量，V_0 为催化剂的体积（L）。可得

$$F=ART/P \tag{5.5.6}$$

在每一具体反应中 T，P 均为常数。

由于

$$c_0/c=A/(A-m) \tag{5.5.7}$$

$$Sl=V_0 \tag{5.5.8}$$

将式(5.5.6)~式(5.5.8) 代入式(5.5.5)，合并常数，则得

$$k_1=(RT/P)(A/V_0)\ln[A/(A-m)] \tag{5.5.9}$$

或

$$k=(A/V_0)\ln[A/(A-m)] \tag{5.5.10}$$

当 m 远比 A 小时，可以利用近似式 $\ln(a/b)\approx2(a-b)/(a+b)$，化简式(5.5.10) 得

$$k=(1/V_0)Am/(A-m/2)$$

当 $m<A/3$ 时，上式的误差不超过 1%。

仪器与试剂

（1）乙醇脱水反应装置（包括反应管，加热炉、热电偶等）如图 5.5.2 所示。恒速进样器 3 以恒定的速度（由步进电机带动）推动注射器 2，由三通活塞 1 进样。反应管 5 的中部装填催化剂。热电偶 4 插于催化剂床中部，用热电偶测温。管式炉 6 用精密温度控制器进行自动控温。液体凝聚器 7 用来凝聚没有反应的乙醇及液态产物。反应后的尾气流速由流速计 8 测定，其成分用气相色谱进行分析。

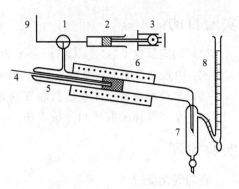

图 5.5.2　乙醇脱水反应装置示意图

（2）精密温度控制器；电位差计；停表；皂泡流速计；100 型色谱仪；氢气钢瓶。

（3）无水乙醇；Al_2O_3。

实验步骤

（1）称取 0.3g 粒度为 30～40 目的 Al_2O_3 催化剂，置于反应管的中部。催化剂前后填以玻璃毛，外部填充碎玻璃。系统经检查无漏气后，将三通活塞旋向 9，使经净化后的空气进入反应管（即空气分别通过 10%NaOH 和含 $KMnO_4$ 的硫酸溶液，再经碱石灰、变色硅胶吸湿等处理，使空气净化）。在尾气出口处用水泵抽气。用管式炉加热至 400℃，活化半小时。

（2）调节恒速进样器，使加料速度为每分钟 0.15～0.2mL。拆去水泵，把三通活塞旋至进样位置。将炉温调至 350℃。经数分钟，反应达到稳定状态后，用流速计测尾气流速。测定几次，取平均值。

（3）色谱法测定乙烯含量是采用已知样校正法。由于尾气中乙烯含量在 98% 以上，可用纯乙烯进样比较测定，即在同样的色谱条件下，用注射器或六通阀分别进样 2mL 的尾气和乙烯。它们的峰高比值即为尾气所含乙烯的百分数。色谱条件是：载体为 GDX-502，柱长 3m，柱温 100℃，载气 H_2 的流速为 60～100mL/min，桥电流为 150mA。

（4）分别在 350～380℃ 之间选取三四个温度，依上法进行实验。

（5）V_0 已事先测定。

数据记录及处理

（1）将乙醇加料速度换算为 mol/min，即求出 A。

（2）求出尾气的平均流速（mL/min）。

（3）由测量尾气的色谱峰峰高，计算尾气中含乙烯的百分数，再由流速计算出每分钟乙烯生成的物质的量 m。

（4）根据公式计算不同温度下的反应速率常数 k。

（5）作 $\ln k$-$1/T$ 图并求出反应活化能。

思考题

稳定流动体系中，其动力学公式有什么特点？

实验 5.6 碳的气化反应及温度对平衡常数的影响

实验目的

(1) 测定反应 $C(s)+CO_2(g) \rightleftharpoons 2CO(g)$ 在 1073K 和 1113K 的平衡常数 K_P，进一步了解 K_P 的意义及温度对平衡常数的影响。

(2) 学会检查封闭体系是否漏气的方法。

(3) 掌握气体的取样和分析方法。

实验原理

碳的气化反应

$$C(s)+CO_2(g) \rightleftharpoons 2CO(g)$$

在一定温度下，当反应达到平衡时，CO 和 CO_2 的分压存在下列关系：

$$K_P = p_{CO}^2/p_{CO_2} = \varphi_{CO}^2 p_总/\varphi_{CO_2}$$

式中，p_{CO} 和 p_{CO_2} 是平衡时 CO 和 CO_2 的分压；$p_总$ 是总压力，$p_总 = p_{CO}+p_{CO_2} \approx p$（外压，可由气压计读出）；$\varphi_{CO}$ 和 φ_{CO_2} 是平衡气体的体积分数；K_P 为平衡常数，K_P 的大小与温度有关，温度一定时为一常数。

实验中所用的碳是活化后的木炭，所用的 CO_2 是由 $CaCO_3$ 与 HCl 作用所生成的。实验时，控制气流缓慢地经过活化碳区，使 CO_2 与碳反应达到平衡，然后分析混合气体中 CO 和 CO_2 的体积分数，计算出 K_P。

气体分析原理：抽取一定体积的 CO 和 CO_2 的混合气体使之与 KOH 溶液接触，其中 CO_2 被 KOH 所吸收（$CO_2+2KOH \rightleftharpoons K_2CO_3+H_2O$），余下的体积为 CO，减少的体积为 CO_2，根据分体积和总体积之比，即可求出 CO 和 CO_2 在混合气体中的百分含量。

仪器与试剂

碳的气化反应仪器装置如图 5.6.1 所示。从启普发生器产生的 CO_2 气体经过二通活塞 1 进入洗气瓶 2 中，洗去由于发生器中的大理石（$CaCO_3$）不纯而产生的 H_2S 等气体，而后 CO_2 气体出入干燥塔除去水分，接着进入石英管 4 与碳接触反应，反应后的平衡气体经细石英管 17 到达三通活塞 8，旋转该三通活塞而排空。由于反应体系与大气相通，从而使反应后的平衡气体 CO 和 CO_2 的总压比外压稍大。

若直接使用来自于钢瓶的二氧化碳气体，则可直接进入干燥塔。

电炉 16 的温度由热电偶 15 测试，而在温度指示器 13 上显示，由于热电偶的误差及其他因素的影响，应对仪表指示的温度进行校正。电炉的温度由手动调压变压器控制，根据仪表指示的温度与本实验所要求的温度值之间的差别，把调压变压器旋到适当的电压位置（这个电压数值由实验者自己摸索），直到控制器上温度指示恒定在本实验所要求的温度为止。

由于气体吸收器只吸收 CO_2 一种气体，而将剩余部分当作 CO 来处理，反应体系中不得有其他气体存在。

在实验开始时除检查体系不漏气之外，还要用纯 CO_2 气体赶尽体系内原有的空气和其他气体。

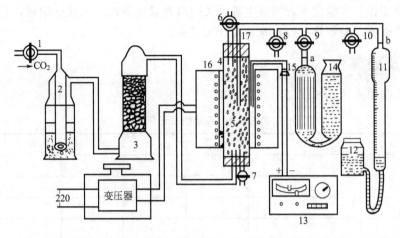

图 5.6.1　碳的气化反应仪器装置

1,9,10—二通活塞；2—洗气瓶；3—干燥塔；4—石英管；5—炭粒；6,7—放气、放水
螺旋夹；8—三通活塞；11—量气管；12—水准瓶；13—温度指示器；14—CO₂
吸收器（内装 KOH 溶液）；15—热电偶；16—电炉；17—细石英管

实验步骤

（1）检查体系是否漏气。关闭进气二通活塞 1，夹紧放气、放水螺旋夹 6、7，旋转三通活塞 8，使细石英管 17 与量气管 11 相通，而与大气不通，利用气体分析器检查体系是否漏气，如果发现漏气，停止检查进行适当的处理，直到不漏气为止。

（2）通入 CO₂ 进行赶气：转动二通活塞 1，通入 CO₂，夹死放水管，打开放气螺旋夹 6 并旋转三通活塞 8 使体系与大气相通而与量气管不通，CO₂ 气流速度为每秒 4～5 个气泡（由洗气瓶计）为宜，如此赶气 5min 左右，而后夹紧放气螺旋夹 6，用气体分析器检查空气是否被赶尽，待赶尽体系空气后，再调节进气二通活塞 1，使气流速度为每秒 1～2 个气泡。

（3）升温并使温度恒定在本实验所要求的温度上。插上调压变压器插头，旋转调压器手柄，开始使调压变压器的数值为 220V，待温度接近所要求的温度时，旋转调压器手柄，使指针落在适当的位置上以使电阻炉温度恒定在要求的温度上。

（4）气体分析方法。在温度恒定和通入 CO₂ 气体流速保持每秒 1～2 个气泡的情况下进行气体成分分析。①准备：检查 CO₂ 吸收器 14 中的左面的液面是否在 a 线上和量气管 11 中的液面是否在 b 线上，如不在，应设法调好。②取气：旋转三通活塞 8 使 17 和 11 相通而与大气断开，关闭二通活塞 10，提升水准瓶 12 与 11 中液面相平，并随着 11 中液面一起下降，当气体取到一定的毫升数时，旋转三通活塞 8，使 17 与大气相通而与 11 断开，让水准瓶的液面与量气管的液面相平（为什么？）读出体积数 $V_{总}$。③分析：打开二通活塞 9，提升水准瓶 12，使气体在 14 中与 KOH 溶液接触，这时可反复提高和降低水准瓶，使气体和 KOH 溶液进行充分接触（注意：水准瓶上升时，量气管的液面不得超 b 线，下降时吸收器中的 KOH 液面不得超过 a 线，否则将发生事故）。一般在 5 次以后，可认为 CO₂ 与 KOH 溶液反应完全，这时使 14 中的液面回到 a 线处，同样方法量取吸收 CO₂ 后剩余的 CO 的体积，打开二通活塞 10 放去 11 中的 CO 使其液面恢复到 b 线，再次取气分析，重复以上步骤，每个温度做 3 次取其平均值。

（5）升高温度，在另一个恒定温度下进行和上述步骤同样的分析。

（6）整理工作：实验完毕，切断电源，关闭启普发生器或二氧化碳钢瓶，实验仪器要清理干净，位置整齐，经指导老师检查后离开实验室。

数据记录及处理

将实验数据填入表 5.6.1。

表 5.6.1 实验数据记录表

温度	次序	$V_总$	V_{CO}	V_{CO_2}	$\varphi_{CO}/\%$	$\varphi_{CO_2}/\%$	K_P	$K_{P,平均}$

室温_____ 大气压_____

思考题

（1）怎样检查体系是否漏气？

（2）怎样检查空气是否被赶尽？

（3）怎样调节液面在 a 线与 b 线上？

（4）为什么读取体积 $V_总$ 时要让水准瓶的液量与量气管的液面相平？

（5）外压改变时，平衡常数是否会改变？平衡气相组成是否会改变？

（6）温度改变时，平衡气相组成如何改变？K_P 如何改变？能否根据 K_P 的变化说明此反应是吸热反应还是放热反应？

实验 5.7 化学振荡反应

实验目的

（1）了解、熟悉化学振荡反应的机理。

（2）通过测定电位-时间曲线求得化学振荡反应的表观活化能。

实验原理

人们通常所研究的化学反应，其反应物和产物的浓度呈单调变化，最终达到不随时间变化的平衡状态。而某些化学反应体系中，会出现非平衡非线性现象，即某些组分的浓度会呈现周期性的变化，该现象称为化学振荡。为了纪念最先发现、研究这类反应的两位科学家（Belousov 和 Zhabotinskii），人们将可呈现化学振荡现象的含溴酸盐的反应系统笼统地称为 BZ 振荡反应（BZ oscillating reaction）。

大量的实验研究表明，化学振荡现象的发生必须满足 3 个条件：①必须是远离平衡的敞开反应；②反应历程中应含有自催化步骤；③体系必须具有双稳态性（bistability），即可在两个稳态间来回振荡。

有关 BZ 振荡反应的机理，目前为人们所普遍接受的是 FKN 机理，即由 Field、Körös 和 Noyes 三位学者提出的机理。对于下列著名的化学振荡反应

$$2BrO_3^- + 3CH_2(COOH)_2 + 2H^+ \xrightarrow{Ce^{3+},Br^-} 2BrCH(COOH)_2 + 3CO_2 + 4H_2O \tag{5.7.1}$$

FKN 机理认为，在硫酸介质中以铈离子作催化剂的条件下，丙二酸被溴酸盐氧化的过程至少涉及 9 个反应。

① 当上述反应中 $[Br^-]$ 较大时，BrO_3^- 是通过下面系列反应被还原为 Br_2 的

$$Br^- + BrO_3^- + 2H^+ \longrightarrow HBrO_2 + HOBr \qquad k_B = 2.1\ L^3/(mol^3 \cdot s), 25℃ \tag{5.7.2}$$

$$HBrO_2 + Br^- + H^+ \longrightarrow 2HOBr \qquad k_C = 2 \times 10^9\ L^2/(mol^2 \cdot s), 25℃ \tag{5.7.3}$$

$$HOBr + Br^- + H^+ \longrightarrow Br_2 + H_2O \qquad k_D = 8 \times 10^9\ L^2/(mol^2 \cdot s), 25℃ \tag{5.7.4}$$

其中反应式(5.7.2)是控制步骤。上述反应产生的 Br_2 使丙二酸溴化

$$Br_2 + CH_2(COOH)_2 \longrightarrow BrCH(COOH)_2 + Br^- + H^+ \quad k_E = 1.3 \times 10^{-2}\ mol/(L \cdot s), 25℃ \tag{5.7.5}$$

因此，导致丙二酸溴化的总反应为上述 4 个反应之和而形成一条反应链：

$$BrO_3^- + 2Br^- + 3CH_2(COOH)_2 + 3H^+ \longrightarrow 3BrCH(COOH)_2 + 3H_2O \tag{5.7.6}$$

② 当 $[Br^-]$ 较小时，溶液中的下列反应导致了铈离子的氧化

$$2HBrO_2 \longrightarrow BrO_3^- + HOBr + H^+ \qquad k_G = 4 \times 10^7\ L/(mol \cdot s), 25℃ \tag{5.7.7}$$

$$H^+ + BrO_3^- + HBrO_2 \longrightarrow 2BrO_2 + H_2O \qquad k_H = 1 \times 10^4\ L^2/(mol^2 \cdot s), 25℃ \tag{5.7.8}$$

$$H^+ + BrO_2 + Ce^{3+} \longrightarrow HBrO_2 + Ce^{4+} \qquad k_I = 快速 \tag{5.7.9}$$

上面 3 个反应的总和组成了下列反应链，

$$BrO_3^- + 4Ce^{3+} + 5H^+ \longrightarrow HOBr + 4Ce^{4+} + 2H_2O \tag{5.7.10}$$

该反应链是振荡反应发生所必需的自催化反应，其中反应式(5.7.8)是速率控制步骤。最后，Br^- 可通过下列两步反应而得到再生

$$BrCH(COOH)_2 + 4Ce^{4+} + 2H_2O \longrightarrow Br^- + HCOOH + 2CO_2 + 4Ce^{3+} + 5H^+ \tag{5.7.11}$$

$$k_K = \{1.7 \times 10^{-2}\ s^{-1}[Ce^{4+}][BrCH(COOH)_2]\}/\{0.20mol/L + [BrCH(COOH)_2]\}, 25℃$$

$$HOBr + HCOOH \longrightarrow Br^- + CO_2 + H^+ + H_2O \qquad k_L = 快速 \tag{5.7.12}$$

上述两式偶合给出的净反应为

$$BrCH(COOH)_2 + 4Ce^{4+} + HOBr + H_2O \longrightarrow 2Br^- + 3CO_2 + 4Ce^{3+} + 6H^+ \tag{5.7.13}$$

如将反应式(5.7.6)、式(5.7.10) 和式(5.7.13)相加就组成了反应系统中的一个振荡周期，即得到总反应式(5.7.1)。必须指出，在总反应中铈离子和溴离子已对消，起到了真正的催化作用。

综上所述，BZ 振荡反应体系中存在着两个受溴离子浓度控制的过程式(5.7.6) 和过程式(5.7.8)，即 $[Br^-]$ 起着转向开关的作用，当 $[Br^-] > [Br^-]_{临界}$ 时发生过程式(5.7.6)；而当 $[Br^-] < [Br^-]_{临界}$ 时发生过程式(5.7.8)。该反应溴离子的临界浓度为

$$[Br^-]_{临界} = k_H/k_C[BrO_3^-] = 5 \times 10^{-6}[BrO_3^-]$$

若已知实验的初始 $[BrO_3^-]$，由上式可估算出 $[Br^-]_{临界}$。

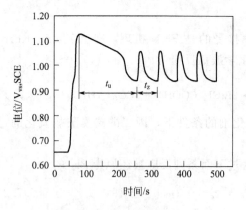

图 5.7.1 化学振荡反应的
电位-时间曲线

测定、研究 BZ 化学振荡反应可采用离子选择性电极法、分光光度法和电化学等方法。本实验采用电化学法，即在不同的温度下通过测定因 $[Ce^{4+}]$ 和 $[Ce^{3+}]$ 之比产生的电位随时间变化曲线，分别从曲线中（图 5.7.1）得到诱导时间（t_u）和振荡周期（t_z），并根据阿伦尼乌斯方程，

$$\ln(1/t_u) = -(E/RT) + \ln A$$

或

$$\ln(1/t_z) = -(E/RT) + \ln A$$

式中，E 为表观活化能；R 是摩尔气体常数，8.314J/(mol·K)；T 是热力学温度；A 是经验常数。分别作 $\ln 1/t_u$-$1/T$ 和 $\ln 1/t_z$-$1/T$ 图，最后从图中的曲线斜率分别求得表观活化能（E_u 和 E_z）。

仪器与试剂

（1）CHI 电化学分析仪（包括计算机，其测量线路图如图 5.7.2 所示）；电磁搅拌器；超级恒温槽；饱和甘汞电极（带 1mol/L H_2SO_4）；100mL 电解池（带夹套）；铂丝电极；100mL 容量瓶；10mL，50mL 量筒；50mL，250mL 烧杯；洗瓶；搅棒；滴管；2mL 移液管；天平。

（2）硫酸铈铵（A.R.）；硫酸（A.R.）；丙二酸（A.R.）；溴酸钾（A.R.）。

实验步骤

（1）配制溶液。分别用蒸馏水配制 0.005mol/L 硫酸铈铵（必须在 0.2mol/L 硫酸介质中配制）、0.4mol/L 丙二酸、0.2mol/L 溴酸钾、3mol/L 硫酸各 100mL。

（2）准备工作

① 测量线路如图 5.7.2 所示。打开仪器电源预热 10min；同时开启恒温槽电源（包括加热器的电源），并调节温度为 30℃（或比当时的室温高 3～5℃）。

② 将配好的硫酸铈铵、丙二酸和硫酸溶液各 10mL 放入已洗干净的电解池中，同时也将 10mL 溴酸钾溶液在恒温槽中恒温。开启电磁搅拌器的电源使溶液在设定的温度下恒温至少 10min。在以下系列实验过程中尽量使搅拌子的位置和转速保持一致。

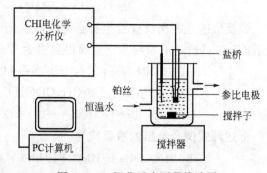

图 5.7.2 振荡反应测量线路图

③ 通过计算机使电化学分析仪进入 Windows 工作界面，在工具栏里通过鼠标点击 "T"（实验技术），此时屏幕上显示一系列实验技术的菜单；点击 "Open Circuit Potential-Time"（即应用 "开路电位-时间" 技术），点击 "OK"；再点击工具栏里的参数设置键，在对话框中填入适当的 "数值"：

　　* Run Time(sec)＝"700"（在实验过程中根据需要可随时终止实验）

　　* High E Limit(V)＝"1.2"

　　* Low E Limit(V)＝"0.6"

再点击"OK"键，至此参数已设置完毕。上述高和低两项极限值也可根据需要而设定。有关 CHI 电化学分析仪的工作原理和详细使用方法可参见相关参考书。

　　(3) 测量

　　① 被测溶液在指定的温度下恒温足够长的时间（至少 10min）后，点击工具栏里的运行键，实验即刻开始，屏幕上会显示电位-时间曲线（同时也分别显示电位和时间的数值），此时的曲线应该为一水平线。60s（或基线平坦）后将预先已恒温的 10mL 溴酸钾溶液倒入电解池中。此时曲线（电位）会发生突跃，同时注意溶液颜色的变化。经过一段时间的"诱导"，开始振荡反应，此后的曲线呈现有规律的周期变化（如图 5.7.1 所示），实验结束后给实验结果取个文件名存盘。

　　② 将恒温槽温度调至 32℃，取出电极，洗净电解池和所用过的电极，然后重复上述步骤进行测量。分别每间隔 2℃测定一条曲线，至少测量六个温度下的曲线。

　　③ 如有兴趣，在测量最后一条曲线前将参数改成 Run Time(sec)＝"3000"或更长一些，则可从实验结果中看到化学振荡反应的"兴衰"。

数据处理

　　(1) 分别从各条曲线中找出诱导时间（t_u）和振荡周期（t_z），并列表（参考表 5.7.1）。

表 5.7.1　实验记录表格示意

温度/K	$1/T$/K$\times 10^{-3}$	t_u	$\ln(1/t_u)$	t_z	$\ln(1/t_z)$

　　(2) 根据计算结果分别作 $\ln 1/t_u$-$1/T$ 和 $\ln 1/t_z$-$1/T$ 图。

　　(3) 根据图中直线的斜率分别求出诱导表观活化能（E_u）和振荡表观活化能（E_z）。

思考题

　　(1) 影响诱导期、周期及振荡寿命的主要因素有哪些?

　　(2) 为什么在实验过程中应尽量使搅拌子的位置和转速保持一致?

注意事项

　　(1) 为了防止参比电极中离子对实验的干扰，以及溶液对参比电极的干扰，所用的饱和甘汞电极与溶液之间必须用 1mol/L H_2SO_4 盐桥隔离。

　　(2) 所使用的电解池、电极和一切与溶液相接触的器皿是否干净是本实验成败的关键，故每次实验完毕后必须将所有用具冲洗干净。

　　(3) 大多数的反应在所研究的一定温度范围内是符合阿伦尼乌斯公式的，包括基元反应和一些复杂反应。只是复杂反应的活化能较复杂些，通常被称为表观活化能。

第6章 电化学性能的测定

到目前为止，电化学方法仍然是测量物质浓度和体系参数的最经典、最简便、最可靠、应用领域最广的方法之一。通过对反应体系电化学性质的测量，可以获得多种有关热力学性质和动力学参数。

本章收集了9个实验项目。通过这些实验项目的练习，可以了解电化学方法的应用领域和通过电化学测定结果求取体系相关热力学性质的数据处理方法。

实验 6.1 原电池电动势及其与温度关系的测定

实验目的

(1) 学会氯化银电极的制备与处理。
(2) 掌握电位差计的测量原理及用补偿法测定电动势的方法。
(3) 了解可逆电池、可逆电极、盐桥等概念。

实验原理

1. 对消法测定原电池电动势的原理

原电池的电动势不能直接用伏特计来测量，因为电池与伏特计联结后有电流通过，就会在电极上发生电极极化，结果使电极偏离平衡状态。另外电池本身有内阻，所以伏特计测量的只是不可逆电池的端电压。测量电池的电动势只能在无电流通过的情况下进行。因此需要用对消法（又称补偿法）来测定电动势。对消法的原理是在待测电池上并联一个大小相等方向相反的外加电位差，这样待测电池中没有电流通过，外加电位差的大小就等于电池的电动势。

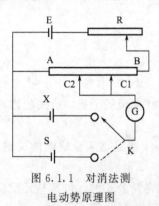

图 6.1.1 对消法测电动势原理图

对消法测电动势常用的仪器及简单原理如图 6.1.1 所示。电位差计由三个回路构成：工作电流回路、标准回路、测量回路。

(1) 工作电流回路。AB 为均匀滑线电阻，通过可变电阻 R 与工作电源构成回路，其作用是调节可变电阻 R，使流过回路的电流为某一定值，这样 AB 上就有一定的电位降产生。工作电源 E 可用蓄电池或稳压电源，其输出电压必须大于待测电池的电动势。

(2) 标准回路。S 为电动势精确已知的标准电池，C 是可以在 AB 上移动的接触点，K 是双向开关，KG 间有一灵敏度很高的检流计 G。当双向开关扳向 S 一方时，AC_1GS 回路的作用是校准工作电池以标定 AB 上的电压降，如标准电池的电动势是 1.0865V，则先将 C 点 AB 上标记 1.0865V 的 C_1 处，迅速调节 R 值使 G 中无电流通过，此时 S 的电动势与 AC_1

间的电位大小相等、方向相反而对消。

（3）测量回路。当双向开关换向 X 一方时，用 AC_2GX 回路根据校正好的 AB 上的电位降来测量未知电池的电动势。在保持校正后工作电流不变（即固定 R）的条件下，在 AB 上迅速移动 C_2 点，使检流计中无电流通过，此时 X 的电动势与 G_2 的电位降相反而对消，于是 C_2 点所标的电位降数值即为 X 的电动势。

2. 电极电位测量的原理

电池是由两个电极组成，电池电动势是两电极电位的代数和，当电极电位以还原电位表示时 $E=\varphi_+ -\varphi_-$。以丹尼尔电池 $Zn\,|\,Zn^{2+}(a_1)\,\|\,Cu^{2+}(a_2)\,|\,Cu$ 为例：

负极反应　　$Zn \longrightarrow Zn^{2+}+2e$；　　　$\varphi_-=\varphi^{\ominus}_{Zn^{2+}/Zn}-(RT/2F)\ln(1/a_{Zn^{2+}})$

正极反应　　$Cu^{2+}+2e \longrightarrow Cu$；　　　$\varphi_+=\varphi^{\ominus}_{Cu^{2+}/Cu}-(RT/2F)\ln(1/a_{Cu^{2+}})$

电池反应　　$Zn+Cu^{2+} \longrightarrow Cu+Zn^{2+}$；　$E=E^{\ominus}-(RT/2F)\ln(a_{Zn^{2+}}/a_{Cu^{2+}})$

式中，φ_-、φ_+ 分别为锌电极和铜电极的电极电位；$E^{\ominus}$ 为溶液中锌离子的活度（$a_{Zn^{2+}}$）和铜离子的活度（$a_{Cu^{2+}}$）均为 1 时的电池电动势。

在电化学中，电极电位的绝对值至今还无法测定，而是以某一电极的电极电位作为零，然后将其他的电极与它组成电池，规定该电池的电动势为该被测电极的电极电位。通常将标准氢电极的电极电位规定为零。由于氢电极的制备及使用不方便等缺点，一般用另外一些易于制备，电位稳定的电极作为参比电极。常用的有甘汞电极和氯化银电极，而这些电极电位已精确测定。

本实验待测定的三种电池为

① $Hg(l)\,|\,Hg_2Cl_2(s)\,|\,KCl(饱和)\,\|\,AgNO_3(0.01mol/L)\,|\,Ag(s)$

② $Ag(s)\,|\,AgCl(s)\,|\,KCl(0.1mol/L)\,\|\,AgNO_3(0.01mol/L)\,|\,Ag(s)$

③ $Hg(l)\,|\,Hg_2Cl_2(s)\,|\,KCl(0.1mol/L)\,\|\,KCl(饱和)\,|\,AgCl(s)\,|\,Ag(s)$

仪器与试剂

（1）电子电位差计 1 台；精密稳压电源 1 台；磁力搅拌器 1 台；玻璃恒温槽 1 套；饱和 KNO_3 盐桥 1 支；0~50℃（1/10℃）温度计 1 支；银电极 2 支；甘汞电极 1 支。

（2）0.1mol/L HCl 溶液；0.01mol/L $AgNO_3$ 溶液；0.1mol/L KCl 溶液。

实验步骤

（1）实验装置的安装

① 按室温计算三种未知电池的电动势。

② 按图 6.1.1 所示的原理装配好实验仪器。

（2）氯化银电极的制备。将表面经金相砂纸打磨光洁的银电极用蒸馏水仔细冲洗，然后以此电极为阳极，以铂电极为阴极，在 0.1mol/L 的 HCl 溶液中进行电解，电流控制在 5mA，电解 20min，可在银电极表面形成一层紫褐色的氯化银镀层（此电极不用时应置于含有少量氯化银沉淀的稀盐酸中，并存放于暗处）。

（3）不同温度下未知电池的测定。调节恒温槽温度，将甘汞电极放入装有饱和 KCl 溶液的试管中，另取一支试管洗净后用数毫升 0.01mol/L $AgNO_3$ 溶液同银电极一起淌洗，然后装入 0.01mol/L $AgNO_3$ 约 2/3，放入银电极，用硝酸钾盐桥与甘汞电极连成电池，电池与电位差计连接时应注意电极极性，盐桥两端做好标记，让负号的一端始终与含氯离子一端相连。

然后将电位差计的电动势读数调节到电动势的计算值附近后，再进行精密测量。

用浸在 0.1mol/L KNO$_3$ 溶液中的氯化银电极代替甘汞电极，然后与银电极连接成（2）号电池，再按上述方法测定其电动势。

将氯化银电极和甘汞电极组成（3）号电池测定其电动势。

改变实验温度，测定不同温度下电池的电动势。

测定完毕后，洗净电极，盐桥两端淋洗后，浸入饱和 KNO$_3$ 溶液中保护。

数据记录及处理

（1）气压与室温记录

项 目	实验前	实验后	平均值
大气压/kPa			
室温/℃			

（2）数据处理

① 填写表 6.1.1。

② 利用电池（2）测得的结果计算氯化银的溶度积。

③ 计算各电池电位的温度系数。

表 6.1.1 各电池电动势的理论值和测定值

电 池	电池反应	E（计算）	E（测定）
电池（1）			
电池（2）			
电池（3）			

思考题

（1）如果待测电池的极性接反会出现什么现象？线路未接通又会出现什么现象？

（2）补偿法测定电池电动势的原理是什么？为什么伏特表不能准确测定电池的电动势？

（3）参比电极应具备什么条件？

（4）盐桥有什么作用？应选择什么样的电解质作为盐桥？

注意事项

（1）实验中使用的试管及盐桥要冲洗干净。

（2）AgNO$_3$ 溶液不得随意乱倒，必须倒入回收瓶中。

（3）电位差计上的所有电极不能接反。

（4）0.01mol/L AgNO$_3$ 中电解质的平均活度系数 $\gamma_\pm = 0.90$；0.1mol/L KCl 中电解质的平均活度系数 $\gamma_\pm = 0.77$。

（5）电极电位与温度的关系：当饱和甘汞电极作为氧化电极时，电极反应为 Hg(l)＋

$Cl^- \longrightarrow \frac{1}{2}Hg_2Cl_2(s)+e$；Nernst 方程为 $\varphi_{甘汞}=\varphi_{甘汞}^{\ominus}-(RT/F)\ln(a_{Cl^-})$。氯离子浓度在一定温度下为定值，故其电极电位只与温度有关，其关系式为 $\varphi_{甘汞}=0.2415-0.00065(t/℃-25)$。当氯化银电极作为氧化电极时，电极反应为 $Ag(s)+Cl^- \longrightarrow AgCl(s)+e$；Nernst 方程为 $\varphi_{AgCl}=\varphi_{AgCl}^{\ominus}-(RT/F)\ln(a_{Cl^-})$。对于非饱和型氯化银电极来说，其电极电位与氯离子浓度和温度均有关系。但 $\varphi_{AgCl}^{\ominus}$ 只与温度有关：$\varphi_{AgCl}^{\ominus}=0.2224-0.000645(t/℃-25)$。当银电极作为还原电极时，电极反应为 $Ag^++e \longrightarrow Ag$；Nernst 方程为 $\varphi_{Ag^+/Ag}=\varphi_{Ag^+/Ag}^{\ominus}-(RT/F)\ln(1/a_{Ag^+})$；而 $\varphi_{Ag^+/Ag}^{\ominus}=0.799-0.00097(t/℃-25)$。

实验 6.2 HCl 活度系数与 HAc 离解常数的测定

实验目的

(1) 掌握数字式离子计和离子选择性电极的正确使用方法。

(2) 了解离子选择性电极的电化学研究方法及其数据处理。

(3) 测定 HCl 的平均活度系数 $\gamma_{\pm}$ 和 HAc 的离解平衡常数 $K_a^{\ominus}$。

实验原理

(1) 对于电池 Cl^- 电极 $|$ HCl(m) $|$ H^+ 电极，考虑到：

对于 H^+（玻璃电极） $\varphi_{H^+}=\varphi_{玻}^{\ominus}+(RT/F)\ln a_{H^+}$

对于 Cl^-（选择性电极） $\varphi_{Cl^-}=\varphi_{膜}^{\ominus}-(RT/F)\ln a_{Cl^-}$

则上述电池的电动势：$E_1=(\varphi_{玻}^{\ominus}-\varphi_{膜}^{\ominus})+(RT/F)\ln(a_{H^+}a_{Cl^-})=E_1^{\ominus}+2k\lg m+2k\lg\gamma_{\pm}$

式中，$k=2.303RT/F=0.05916$（298.2K 时），其中电解质活度系数可用扩展了的 Debye-Hückel 公式计算

$$\lg\gamma_{\pm}=-Am^{1/2}/(1+aBm^{1/2})-\lg(1+0.002mM_水)+bm$$

式中，A、B 为 D-H 常数，对于 298.2K 下的水溶液，其值分别为 0.5115 及 0.3291×10^8；a 为正、负离子间的最近距离，对于 HCl 水溶液，其值为 4.5×10^{-8} cm；$M_水$ 为水的相对分子质量；m 为电解质（HCl）的质量摩尔浓度；b 为待定参数。

综上，有

$$E_1=E^{\ominus}+2k\lg m-2k[Am^{1/2}/(1+aBm^{1/2})+\lg(1+0.002mM_水)]+2kbm$$

令 $E'=E_1-2k[\lg m-Am^{1/2}/(1+aBm^{1/2})-\lg(1+0.002mM_水)]=E_1-f(m)$

得 $E'=E^{\ominus}+2kbm$

作 $E'-m$ 直线（或用最小二乘法），得直线的截距 $E^{\ominus}$，由斜率得待定参数 b，将 b 值代入扩展了的 D-H 公式可求得不同 m 下 HCl 的平均活度系数 $\gamma_{\pm}$。

(2) 对于电池 Cl^- 电极 $|$ HAc(m_1)，NaAc(m_2)，NaCl(m_3) $|$ H^+ 电极，其电动势为

$$E_2=E^{\ominus}+(RT/F)\ln(a_{H^+}a_{Cl^-})$$

考虑到 HAc 的离解过程 $HAc \rightleftharpoons H^++Ac^-$，有 $K_a=a_{H^+}a_{Ac^-}/a_{HAc}$，进而 $a_{H^+}=K_a a_{HAc}/$

a_{Ac^-}，于是

$$E_2 = E^{\ominus} + k\lg(K_a a_{HAc} a_{Cl^-}/a_{Ac^-}) = E^{\ominus} + k\lg K_a + k\lg(m_1 m_3/m_2) + k\lg(\gamma_1 \gamma_3/\gamma_2)$$

令 $pK'_a = (E_2 - E^{\ominus})/k - \lg(m_1 m_3/m_2)$，且考虑到 $\lg(\gamma_1 \gamma_3/\gamma_2) = g(I)$，有

$$pK'_a = -pK_a + g(I)$$

作 pK'_a-I 曲线，外推至 $I=0$，得 HAc 的离解离常数 pK_a。

仪器与试剂

(1) 数字式离子计 1 台；氯离子电极 1 支；氢离子电极 1 支；磁力搅拌器 1 台；10mL 移液管 4 支；酸式滴定管（50mL）1 支；烧杯（50mL）10 只。

(2) 0.500mol/L HCl 溶液；0.100mol/L HAc 溶液；0.500mol/L NaAc 溶液；0.100mol/L NaCl 溶液。

实验步骤

(1) 打开离子计预热，将 Cl^- 电极和 H^+ 电极一同插入去离子水中，在磁力搅拌下进行漂洗。预热、漂洗时间不少于 1h。

(2) 配制溶液：按表 6.2.1 所示的数据配制溶液

表 6.2.1 溶液配制体积 单位：mL

	溶 液 编 号	1	2	3	4	5
A 组	0.500mol/L HCl	2	4	6	8	10
	水	48	46	44	42	40
B 组	0.500mol/L NaAc	2	4	6	8	10
	0.100mol/L NaCl	10	10	10	10	10
	0.100mol/L HAc	10	10	10	10	10
	水	28	26	24	22	20

(3) 由低浓度到高浓度逐个测定上述 A 组溶液的平衡电位值，数据记录于表 6.2.2 中。

(4) 由低浓度到高浓度逐个测定上述 B 组溶液的平衡电位值，数据记录于表 6.2.3 中。

(5) 测定结束后，将电极重新插入去离子水中漂洗。

表 6.2.2 A 组实验数据记录表

编 号	A1	A2	A3	A4	A5
$m(HCl)$	0.02	0.04	0.06	0.08	0.10
$f(m)$	−0.2081	−0.1748	−0.1556	−0.1420	−0.1316
E_1/V					
E'/V					
$\gamma_{\pm}(HCl)$					
$E^{\ominus} =$ (V)；$b=$ ；R（相关系数）$=$					

表 6.2.3 B 组实验数据记录表

编 号	B1	B2	B3	B4	B5
m_1(HAc)	0.02	0.02	0.02	0.02	0.02
m_2(NaAc)	0.02	0.04	0.06	0.08	0.10
m_3(NaCl)	0.02	0.02	0.02	0.02	0.02
I	0.04	0.06	0.08	0.10	0.12
E_2/V					
pK_a'					
pK_a					

数据记录及处理

(1) 对 A 组数据，作 E'-m 直线 (或用最小二乘法，但此时必须报告相关系数 R)，由直线的截距得该电池的标准电位 $E^{\ominus}$，由直线的斜率得待定参数 b。

(2) 将待定参数 b 的数值代入扩展了的 Debye-Hückel 公式，求不同浓度 HCl 的平均活度系数 $\gamma_{\pm}$。

(3) 对 B 组数据，作 pK_a-I (离子强度) 曲线，并外推至 $I = 0$，得醋酸的离解平衡常数 pK_a。

思考题

(1) 能否用本实验的装置测定苯甲酸的离解常数？所需的药品有无变化？

(2) 25℃时，HAc 的 pK_a 文献值为 4.76，你认为是哪些原因引起你的实验值与文献值的差别？

注意事项

(1) 某一溶液测试完毕后，两电极及磁力搅拌棒都必须经去离子水冲洗后再用滤纸轻轻拭干。

(2) 2min 以上示值不变方可读数。

实验 6.3 电位法测量水溶液的 pH

实验目的

(1) 学习用直接电位法测定溶液的 pH 的方法和实验操作。
(2) 学习酸度计的使用方法。

实验原理

在生产和科研中常会接触到有关 pH 的问题，粗略的 pH 测量可用 pH 试纸，而比较精确的 pH 测量都需要用电位法，这就是根据能斯特公式，用酸度计测量电池电动势来确定 pH。这种方法常用 pH 玻璃电极为指示电极 (接酸度计的负极)，饱和甘汞电极为参比电极 (接酸度计的正极) 与被测溶液组成电池，则 25℃时

$$E_{\text{电池}} = K' + 0.0592\text{pH}$$

式中，K' 在一定条件下虽有定值，但不能准确测定或通过计算得到，在实际测量中要按 pH 实用定义用标准缓冲溶液来校正酸度计（即进行"定位"）后，才可在相同条件下测量溶液 pH。酸度计上的 pH 示值按 pH 实用定义中（$\Delta E/0.0592$）分度，此分度值只适用于温度为 25℃时。为适应不同温度下的测量，在用标准缓冲溶液"定位"前先要进行温度补偿（将"温度补偿"旋钮调至溶液的温度处）。在进行"温度补偿"和校正后将电极插入待测试液中，仪器就可以直接显示被测溶液 pH。

pH 测量结果的准确度决定于标准缓冲溶液 pH_s 的准确度，两电极的性能及酸度计的精度和质量。

仪器与试剂

(1) pHS-3C 型酸度计或其他类型的酸度计；pH 复合电极；温度计；广泛 pH 试纸。

(2) pH＝4.00 的标准缓冲液：称取在 110℃下干燥 1h 的苯二甲酸氢钾 5.11g，用无 CO_2 的水溶解并稀释至 500mL。贮于用所配溶液淌洗过的聚乙烯试剂瓶中，贴上标签。

(3) pH＝6.86 的标准缓冲液：称取已于 (120±10)℃下干燥过 2h 的磷酸二氢钾 1.70g 和磷酸氢二钠 1.78g，用无 CO_2 的水溶解并稀释至 500mL。贮于用所配溶液淌洗过的聚乙烯试剂瓶中，贴上标签。

(4) pH＝9.18 的标准缓冲液：称取 1.91g 四硼酸钠，用无 CO_2 的水溶解并稀释至 500mL。贮于用所配溶液淌洗过的聚乙烯试剂瓶中，贴上标签。

(5) 两种不同 pH 的未知液 A 和 B。

实验步骤

(1) 配制 pH 标准缓冲溶液。分别配制 pH 为 4.00，6.86 和 9.18 的（可用袋装商品"成套 pH 缓冲剂"配制）标准溶液各 250mL。

(2) 酸度计使用前准备

① 处理和安装 pH 复合电极。检查复合电极中参比溶液（饱和 KCl 溶液）的量，若饱和 KCl 溶液量太少，可从上部的小口加入适量。检查复合电极电极头保护套内的保护液（饱和 KCl 溶液）是否浸没电极头，若浸没电极头，则 pH 复合电极可直接使用，若没有浸没电极头，则电极应在保护液中浸没 24h 后使用。

将检查好后的电极导线接在 pHS-3C 型仪器后的接线柱上。

② 接通电源，预热 20min。

(3) 校正酸度计（二点校正法）

① 将选择按键开关置"pH"位置。按"pH/mV"按钮，使仪器进入 pH 测量状态。

② 温度校正。取一洁净塑料试杯（或 100mL 烧杯）用 pH＝6.86（25℃）的标准缓冲溶液洗涤三次，倒入 50mL 左右该标准缓冲溶液。用温度计测量标准缓冲溶液温度，按"温度"键使显示为溶液温度值（此时温度指示灯亮），然后按"确认"键，仪器确定溶液温度后回到 pH 测量状态。

③ 酸度计"定位"。将用蒸馏水清洗过、并用滤纸吸干的电极插入 pH＝6.86 的标准溶

液中，待读数稳定后按"定位"键（此时 pH 指示灯慢闪烁，表明仪器在定位标定状态）使读数为该溶液当前温度下的 pH 值，然后按"确认"键，取出电极。

④ 酸度计"定斜率"。将用蒸馏水清洗过、并用滤纸吸干的电极插入 pH＝4.00（或 pH＝9.18）的标准溶液中（如果被测溶液为酸性时，缓冲液应选 pH＝4.00；如被测溶液为碱性则选 pH＝9.18 的缓冲液），待读数稳定后按"斜率"键（此时 pH 值指示灯快闪烁，表明仪器在斜率标定状态）使读数为该溶液当时的 pH 值，然后按"确认"键，仪器进入 pH 测量状态，pH 指示灯停止闪烁，标定完成。

⑤ pH 计标定错误后补救措施。

a. 如果标定过程中操作失败或按键错误而使仪器测量不正常，可关闭电源，然后按住"确认"键再开启电源，使仪器恢复初始状态。然后重新标定。

b. 标定后，"定位"键及"斜率"键不能再按，如果触动此键，此时仪器 pH 指示灯闪烁，请不要按"确认"键，而是按"pH/mV"键，使仪器重新进入 pH 测量即可，而无须再进行标定。

（4）测量待测试液的 pH

① 移去标准缓冲溶液，清洗电极，并用滤纸吸干电极外壁水。取一洁净试杯（或 100mL 烧杯），用待测试液 A 淌洗三次后倒入 50mL 左右试液。用温度计测量试液的温度，并将温度调节器置此温度位置上。

② 将电极插入被测试液中，轻摇试杯以促使电极平衡。待数字显示稳定后读取并记录被测试液的 pH。平行测定三次，并记录。

③ 按步骤（4），（5）测量另一未知液 B 的 pH（若 B 与 A 的 pH 相差大于 3 个 pH 单位，则必须重新定位、定斜率，若相差小于 3 个 pH 单位，一般可以不需要重新定位）。

（5）实验结束工作。关闭酸度计的电源开关，拔出电源插头。取出复合电极用蒸馏水清洗干净后再用滤纸吸干外壁水分，套上装有饱和 KCl 的保护套。清洗试杯，晾干后妥善保存。用干净抹布擦净工作台，罩上仪器防尘罩，填写仪器使用记录。

数据记录及处理

分别计算各试样 pH 的平均值。

项　　目	Ⅰ	Ⅱ	Ⅲ	平均
试液 A				
试液 B				

思考题

（1）pH 玻璃电极对溶液中氢离子活度的响应，在酸度计上显示的 pH 与 mV 数之间有何定量关系？

（2）在测量溶液的 pH 时，既然有用标准缓冲溶液"定位"这一操作步骤，为什么在酸度计上还要有温度补偿装置？

（3）测量过程中，读数前轻摇试杯起什么作用？读数时是否还要继续晃动溶液？为什么？

注意事项

（1）注意！玻璃电极球泡易碎，操作要仔细。电极引线插头要干燥、清洁，不能有油污。读数时电极引入导线和溶液应保持静止，否则会引起仪器读数不稳定。

（2）电极不要触及杯底，插入深度以溶液浸没玻璃球泡为限。

（3）校正后的仪器即可用于测量待测溶液的 pH，但测量过程中不应再动"定位"调节器，若不小心碰动"定位"或"斜率"调节器，应重新校正。

（4）待测试液温度应与标准缓冲溶液温度相同或接近。若温度差别大，则应待温度相近时再测量。

实验 6.4　乙酸的电位滴定分析及其解离常数的测定

实验目的

（1）学习电位滴定的基本原理和操作技术。

（2）学习应用 pH-V 曲线和（ΔpH/ΔV)-V 曲线与二级微商法确定滴定终点的方法。

（3）掌握弱酸解离常数的测定方法。

实验原理

乙酸 CH_3COOH（简写作 HOAc）为一弱酸，其 $pK_a = 4.76$，当以标准碱溶液滴定乙酸试液时，在化学计量点附近可以观察到 pH 的突跃。

以玻璃电极与饱和甘汞电极插入试液即组成如下的工作电池：

Ag，AgCl|HCl(0.1mol/L)|玻璃膜|HOAc 试液‖KCl(饱和)|Hg$_2$Cl$_2$，Hg

该工作电池的电动势在酸度计上反映出来，并表示为滴定过程中的 pH，记录加入标准碱溶液的体积 V 和相应的被滴定溶液的 pH，然后由 pH-V 曲线或（ΔpH/ΔV)-V 曲线求得终点时消耗的标准碱溶液的体积。也可以用二级微商法，于 Δ^2pH/$\Delta V^2 = 0$ 处确定终点。根据标准碱溶液浓度、消耗的体积和试液的体积，即可求得试液中乙酸的浓度或含量。

根据乙酸的解离平衡 HOAc $\Longrightarrow$ H$^+$ + OAc$^-$，其解离常数

$$K_a = [H^+][OAc^-]/[HOAc]$$

当滴定分数为 50% 时，[OAc$^-$]=[HOAc]，此时 $K_a = [H^+]$，即 $pK_a = pH$。因此在滴定分数为 50% 处的 pH，即为乙酸的 pK_a。

仪器与试剂

（1）pHS-3C 型酸度计或其他类型的酸度计；复合电极；100mL 容量瓶；5mL，10mL 吸量管；10mL 微量滴定管；电磁搅拌器。

（2）0.500mol/L 草酸标准溶液；0.1mol/L NaOH 标准溶液（浓度待标定）；乙酸试液（浓度约 1mol/L）。

实验步骤

（1）准备工作

在 pHS-3C 型酸度计上安装好复合电极，注意检查复合电极中参比溶液（饱和 KCl 溶液）的量，若饱和 KCl 溶液量太少，可从上部的小口加入适量，然后拿掉电极头套，打开酸度计后面的开关，选择 pH 测定档。测试时注意待测液应浸没电极的玻璃泡。

（2）碱溶液的标定

① 准确吸取草酸标准溶液 10.00mL 于 100mL 容量瓶中，并用蒸馏水稀释至刻度，混匀。

② 准确吸取稀释后的草酸标准溶液 5.00mL 于 100mL 烧杯中，加蒸馏水至约 30mL，放入搅拌子。

③ 将待标定的 NaOH 溶液装入微量滴定管中，使液面在 0.00 刻线处。

④ 开动搅拌器，调节至适当的搅拌速度，进行粗测，即测量在加入 NaOH 溶液 0mL，1mL，2mL，…，8mL，9mL，10mL 时各点的 pH。初步判断发生 pH 突跃时所需的 NaOH 体积范围（ΔV_{ex}）。

⑤ 重复②、③操作，然后进行细测，即在化学计量点附近取较小的等体积增量，以增加测量点的密度，并在读取滴定管读数时，读准至小数点后第二位。如在粗测时 ΔV_{ex} 为 8～9mL，则在细测时，在加入 8.00mL NaOH 后，以 0.10mL 为体积增量，测量加入 NaOH 溶液 8.00mL，8.10mL，8.20mL，…，8.90mL 和 9.00mL 时各点的 pH。

（3）乙酸试液的测定

① 吸取乙酸试液 10.00mL，置于 100mL 容量瓶中，稀释至刻度，摇匀。吸取稀释后的乙酸溶液 10.00mL，置于 100mL 烧杯中，加水至约 30mL。

② 仿照标定 NaOH 时的粗测和细测步骤，对乙酸进行测定。在细测时于 $(1/2)\Delta V_{ex}$ 处，也应适当增加测量点的密度，如 ΔV_{ex} 为 4～5mL，可测量加入 2.00mL，2.10mL，…，2.40mL 和 2.50mL NaOH 溶液时各点的 pH。

数据记录及处理

（1）NaOH 溶液浓度的标定

① 实验数据记录：根据实验数据，计算 $\Delta pH/\Delta V$ 和化学计量点附近的 $\Delta^2 pH/\Delta V^2$，填入表中。

② 于方格纸上作 pH-V 曲线和（$\Delta pH/\Delta V$）-V 曲线，找到终点体积 V_{ep}。

③ 用内插法求出 $\Delta^2 pH/\Delta V^2 = 0$ 处的 NaOH 溶液的体积 V_{ep}。

④ 根据②、③所得的 V_{ep}，计算 NaOH 标准溶液的浓度。

	V/mL	0	1	2	3	4	5	6	7	8	9	10
粗测	pH											
	ΔV_{ex}/mL											
细测	V/mL											
	pH											
	$\Delta pH/\Delta V$											
	$\Delta^2 pH/\Delta V^2$											

（2）乙酸浓度及解离常数 K_a 的测定

① 实验数据及计算：仿照上述 NaOH 溶液浓度标定的数据处理方法，画出曲线，求出终点 V_{ep}。

② 计算原始试液中乙酸的含量，以 g/L 表示。

③ 在 pH-V 曲线上，查出体积相当于 $(1/2)V_{ep}$ 时的 pH，即为乙酸的 pK_a。

	V/mL	0	1	2	3	4	5	6	7	8	9	10
粗测	pH											
	$\Delta V_{ex}/mL$											
细测	V/mL											
	pH											
	$\Delta pH/\Delta V$											
	$\Delta^2 pH/\Delta V^2$											

思考题

(1) 如果本次实验只要求测定 HOAc 含量，不要求测定 pK_a，实验中哪些步骤可以省略？

(2) 在标定 NaOH 溶液浓度和测定乙酸含量时，为什么都采用粗测和细测两个步骤？

(3) 细测 K_a 时，为什么在 $(1/2)\Delta V_{ex}$ 处增加测量密度？

注意事项

(1) 玻璃电极使用时必须小心，以防损坏。

(2) 新的或长期未用的玻璃电极使用前应在蒸馏水或稀 HCl 中浸泡 24h。

实验 6.5　重铬酸钾法电位滴定硫酸亚铁铵溶液

实验目的

(1) 学习氧化还原电位滴定法的原理与实验方法。

(2) 学习组装电位滴定装置。

(3) 了解电位突跃与氧化还原指示剂变色的关系。

实验原理

电位滴定法是氧化还原滴定法中最理想的方法。用 $K_2Cr_2O_7$ 滴定 Fe^{2+}，反应方程式为

$$Cr_2O_7^{2-} + 6Fe^{2+} + 14H^+ \longrightarrow 2Cr^{3+} + 6Fe^{3+} + 7H_2O$$

本实验利用铂电极作指示电极，饱和甘汞电极作参比电极，与被测溶液组成工作电池。电池电动势 $E_{MF} = E_+ - E_- = E_{Pt} - E_{SCE}$。对 Fe^{3+}/Fe^{2+} 来说，25℃时有以下关系成立：

$$E_{Pt} = E_{Fe^{3+}/Fe^{2+}} = E^{\ominus}_{Fe^{3+}/Fe^{2+}} + 0.0592 \lg(c_{Fe^{3+}}/c_{Fe^{2+}})$$

在滴定过程中，由于滴定剂（$Cr_2O_7^{2-}$）加入，待测离子氧化态（Fe^{3+}）与还原态（Fe^{2+}）的活度比值发生变化，因此铂电极的电位也发生变化，在化学计量点附近发生电位突跃，可用作图法或二阶微商法确定滴定终点。

仪器与试剂

（1）pHS-3C 型酸度计或其他类型的酸度计；铂电极；双液接甘汞电极；1000mL 容量瓶；20mL 吸量管；10mL 量筒；50mL 酸式滴定管；电磁搅拌器。

（2）$c(1/6 K_2Cr_2O_7) = 0.1000 mol/L$ 重铬酸钾标准溶液：准确称取在 120℃ 干燥过的基准试剂重铬酸钾 4.9033g，溶于水中后，定量移入 1000mL 容量瓶中，稀释至刻线。

（3）硫酸亚铁铵试液；苯基邻氨基苯甲酸指示液 2g/L；H_2SO_4-H_3PO_4 混合酸（1+1）；$w(HNO_3) = 10\%$ 硝酸溶液。

实验步骤

（1）准备工作

① 铂电极的预处理。将铂电极浸入 $w(HNO_3) = 10\%$ 硝酸溶液中数分钟，取出用水冲洗干净，再用蒸馏水冲洗，置电极夹上。

② 饱和甘汞电极的准备。检查饱和甘汞电极内液位、晶体、气泡及微孔砂芯渗漏情况并做适当处理后，用蒸馏水清洗外壁，并吸干外壁水珠，套上充满饱和氯化钾溶液的盐桥套管，用橡皮圈扣紧，置电极夹上。

③ 在洗净的滴定管中加入重铬酸钾标准滴定溶液，并将液面调至 0.00 刻线上。

④ 开启仪器电源开关，预热 20min。

（2）试液中 Fe^{2+} 含量的测定

① 移取 20.00mL 试液于 250mL 的锥形瓶中，加入硫酸和磷酸混合酸 10mL，稀释至约 50mL 左右。加一滴苯基邻氨基苯甲酸指示液，放入洗净的搅拌子，将烧杯放在搅拌器盘上，插入两电极，电极对正确连接于测量仪器上。

② 开启搅拌器，将选择开关置 "mV" 位置上记录溶液的起始电位，然后滴加 $K_2Cr_2O_7$ 溶液，待电位稳定后读取电位值及滴定剂加入体积。在滴定开始时，每加 5mL 标准滴定溶液记一次数，然后依次减少体积加入量为 1.0mL、0.5mL 后记录。在化学计量点附近（电位突跃前后 1mL 左右）每加 0.1mL 记一次，过化学计量点后再每加 0.5mL 或 1mL 记录一次，直至电位变化不大为止。观察并记录溶液颜色变化和对应的电位值及滴定体积。平行测定三次。

（3）结束工作

① 关闭仪器和搅拌电源开关。

② 清洗滴定管、电极、烧杯并放回原处。

③ 清理工作台，罩上仪器防尘罩，填写仪器使用记录。

数据记录及处理

（1）计算试液中 Fe^{2+} 的质量浓度（g/L），求出三次平行测定的平均值和标准偏差。

（2）报告测定结果平均值和标准偏差。

V/mL											
平行滴定/mV	I										
	II										
	III										

思考题

（1）氧化还原滴定为什么可以采用铂电极作指示电极？滴定前为什么也能测得一定的电位值？

（2）实验中采用了两种滴定终点指示方法，哪一种指示更灵敏、准确且不受试液底色的影响？

注意事项

（1）滴定速度不宜过快，尤其是接近化学计量点处，否则体积不准。

（2）滴入滴定剂后，继续搅拌至仪器显示的电位值基本稳定，然后停止搅拌，放置至电位值稳定后，再读数。

实验 6.6　玻璃电极响应斜率和溶液 pH 的测定

实验目的

（1）掌握用玻璃电极测量溶液 pH 值的基本原理和测量技术。

（2）学会怎样测定玻璃电极的响应斜率，进一步加深对玻璃电极响应特性的了解。

实验原理

以玻璃电极作指示电极，饱和甘汞电极作参比电极，用电位法测量溶液的 pH 值，组成测量电池的图解表示式为

$$AgCl, Ag \mid 内参比溶液 \mid 玻璃膜 \mid 试液 \parallel 饱和 KCl \mid Hg_2Cl_2, Hg$$

$$E_{电池} = E_{SCE} - E_{玻} + E_{液接}$$

$$E_{玻} = k - 0.059pH$$

在一定条件下，$E_{液接}$ 和 E_{SCE} 为一常数，因此，电动势可写为

$$E_{电池} = K + 0.059pH (25℃)$$

其中 0.059 为玻璃电极在 25℃ 的理论响应斜率。

若上式中 K 值已知，则由测得的 $E_{电池}$ 就能计算出被测溶液的 pH，但实际上由于 K 值不易求得，因此，在实际工作中，用已知的标准缓冲溶液作为基准，比较待测溶液和标准溶液两个电池的电动势来确定待测溶液的 pH。所以在测定 pH 时，先用标准缓冲溶液校正酸度计（亦称定位），以消除 K 值的影响。

仪器与试剂

（1）pH 计或酸度计；玻璃电极（2 支，其电极响应斜率需有一定差别）；饱和甘汞电极。

（2）邻苯二甲酸氢钾标准 pH 缓冲溶液；磷酸氢二钠与磷酸二氢钾标准 pH 缓冲溶液；硼砂标准 pH 缓冲溶液；未知 pH 试样溶液（至少 3 个，选 pH 值分别在 3、6、9 左右为好）。

实验步骤

1. 玻璃电极响应斜率的测定

一支功能良好的玻璃电极，应该有理论上的 Nernst 响应，即在不同 pH 的缓冲溶液中测得的电极电位与 pH 呈直线关系，在 25℃其斜率为 59mV/pH。测定方法如下。

（1）接通仪器电源，按使用说明调零、校正，安装好玻璃电极和甘汞电极。在 50mL 烧杯中盛 20mL 左右的邻苯二甲酸氢钾缓冲溶液，将电极浸入其中，按下－mV 挡。不时摇动烧杯，使指针稳定后读数，记下数据 E（单位为 mV）。

（2）用蒸馏水轻轻冲洗电极，用滤纸吸干。在 50mL 烧杯中盛 20mL 左右的硼砂溶液，按下"＋mV"挡，按上述方法操作。

（3）同（2）的操作，更换 pH=6.86 的缓冲溶液，测其 E 值。

2. 试液的 pH 测定

（1）将电极用水冲洗干净，用滤纸吸干。

（2）先用广泛 pH 试纸初测试液的 pH，再用与试液 pH 相近的标准缓冲溶液校正仪器（例如：若测 pH 为 9.0 左右的试液，应选用 pH=9.18 的标准缓冲溶液定位）。

（3）用其中一个对仪器定位，再将电极置于另一个标准缓冲溶液中，调节斜率旋钮（如果没设斜率旋钮，可使用温度补偿旋钮调节），使仪器显示的 pH 读数为该标准缓冲溶液的 pH 值。

（4）松开测量按钮，取出电极，冲洗，滤纸沾干后，再放入第一次测量的标准缓冲溶液中，按下测量按钮，其读数与该试液的 pH 值相差至多不超过 0.05pH 单位，表明仪器和玻璃电极的响应特性均良好。往往要反复测量、反复调节几次，才能使测量系统达到最佳状态。

（5）校正完毕后，不得再转动定位调节旋钮，否则应重新进行校正工作。用蒸馏水冲洗电极，用滤纸吸干后，将电极插入试液中，摇动烧杯，使指针稳定后由仪器刻度表读出 pH。

（6）取下电极，用水冲洗干净，妥善保存，实验完毕。

数据记录及处理

（1）将实验测得的标准缓冲溶液的电位值填入表 6.6.1；

表 6.6.1　标准缓冲溶液电位测量记录表

标准缓冲溶液 pH	电位计读数/mV	
	1# 电极	2# 电极
4.00		
6.86		
9.18		

（2）以上表中的标准缓冲溶液的 pH 值为横坐标，测得电位计的电位读数（mV）为纵坐标作图，从直线斜率计算出玻璃电极的响应斜率，并比较两支电极的性能。

（3）列表记录两种方法测量的试样溶液 pH 值结果。

思考题

（1）在测量溶液 pH 值时，为什么 pH 计要用标准 pH 缓冲溶液进行定位？

（2）使用玻璃电极测量溶液 pH 值时，应匹配何种类型的电位计？

（3）为什么用单标准 pH 缓冲溶液方法测量 pH 时，应尽量选用 pH 与它相近的标准缓冲溶液来校正 pH 计？

注意事项

（1）玻璃电极的敏感膜非常薄，易于破碎损坏，因此，使用时应该注意勿与硬物碰撞，电极上所沾附的水分，只能用滤纸轻轻吸干，不得擦拭。

（2）不能用于含有氟离子的溶液，也不能用浓硫酸洗液、浓酒精来洗涤电极，否则会使电极表面脱水，而失去功能。

（3）测量极稀的酸或碱溶液（小于 $0.01mol/L$）的 pH 值时，为了保证电位计稳定工作，需要加入惰性电解质（如 KCl），提供足够的导电能力。

（4）如果需要测量精确度高的 pH 值，为避免空气中 CO_2 的影响，尤其测量碱性溶液 pH，要使暴露于空气中的时间尽量短，读数要尽可能的快。

（5）玻璃电极经长期使用后，会逐渐降低及失去氢电极的功能，称为"老化"。当电极响应斜率低于 $52mV/pH$ 时，就不宜再使用。

实验 6.7 H_2SO_4 和 H_3PO_4 混合酸的电位滴定

实验目的

（1）学习电位滴定的基本原理和操作技术。

（2）运用 pH-V 曲线和（$\Delta pH/\Delta V$）-V 曲线与二级微商法确定滴定终点。

实验原理

H_2SO_4 和 H_3PO_4 都为强酸，H_2SO_4 的 $pK_{a2}=1.99$，H_3PO_4 的 $pK_{a1}=2.12$，$pK_{a2}=7.20$，$pK_{a3}=12.36$，由 pK_a 可知，当用标准碱溶液滴定时，H_2SO_4 可全部被中和，且产生 pH 的突跃，而在 H_3PO_4 的第二化学计量点时，仍有 pH 的突跃出现，因此根据滴定过程中 pH 的变化情况，可以确定滴定终点，进而求得各组分的含量。

确定混合酸的滴定终点可用指示剂法（最好是采用混合指示剂），也可以用玻璃电极作指示电极，饱和甘汞电极作参比电极，同试液组成工作电池：

$$Ag,AgCl\,|\,HCl(0.1mol/L)\,|\,玻璃膜\,|\,混合酸试液\,\|\,KCl(饱和)\,|\,Hg_2Cl_2,Hg$$

在滴定过程中，通过测量工作电池的电动势，了解溶液 pH 随加入标准碱溶液体积 V 的变化情况，然后由 pH-V 曲线和（$\Delta pH/\Delta V$）-V 曲线求得终点时耗去 NaOH 标准溶液的体积，也可用二级微商法求出 $\Delta^2 pH/\Delta V^2 = 0$ 时，相应的 NaOH 标准溶液体积，即得出滴定终点。

根据标准碱溶液的浓度、用去的体积和试液的用量，即可求出试液中各组分的含量。

仪器与试剂

（1）pHS-3C 型酸度计或其他类型的酸度计；复合电极；100mL 容量瓶；5mL，10mL 吸量管；10mL 微量滴定管；电磁搅拌器。

（2）0.500mol/L 草酸标准溶液；0.1mol/L NaOH 标准溶液（浓度待标定）；H_2SO_4 和 H_3PO_4 混合酸试液（两种酸浓度之和低于 0.5mol/L）。

实验步骤

1. 准备工作

在 pHS-3C 型酸度计上安装好复合电极，注意检查复合电极中参比溶液（饱和 KCl 溶液）的量，若饱和 KCl 溶液量太少，可从上部的小口加入适量，然后拿掉电极头套，打开酸度计后面的开关，选择 pH 测定挡。测试时注意待测液应浸没电极的玻璃泡。

2. 碱溶液的标定

（1）准确吸取草酸标准溶液 10.00mL 于 100mL 容量瓶中，并用蒸馏水稀释至刻度，混合均匀。

（2）准确吸取稀释后的草酸标准溶液 5.00mL 于 100mL 烧杯中，加水至约 30mL，放入搅拌子。

（3）将待标定的 NaOH 溶液装入微量滴定管中，使液面在 0.00 处。

（4）开动搅拌器，调节至适当的搅拌速度，进行粗测，即测量在加入 NaOH 溶液 0、1mL、2mL、…、8mL、9mL、10mL 时各点的 pH。初步判断发生 pH 突跃时所需的 NaOH 体积范围（ΔV_{ex}）。

（5）重复（2）、（3）操作，然后进行细测，即在测定的化学计量点附近取较小的等体积增量，增加测量点的密度，并在读取滴定管读数时，读准至小数点后第二位。如在粗测时 ΔV_{ex} 为 8～9mL，则细测时，在加入 8.00mL NaOH 后，以 0.10mL 为体积增量，测量加入 NaOH 溶液 8.00mL，8.10mL，8.20mL，…，8.90mL 和 9.00mL 时各点的 pH。

3. 混合酸的测定

（1）吸取混合酸试液 5.00mL，置于 100mL 容量瓶中，用水稀释至刻度，摇匀。

（2）吸取稀释后的试液 10.00mL，置于 100mL 烧杯中，加水至约 30mL。仿照标定 NaOH 时的粗测和细测步骤，对混合酸进行测定，注意混合酸有两个 pH 突跃。

数据记录及处理

1. NaOH 溶液浓度的标定

（1）实验数据及计算：根据实验数据，计算 $\Delta pH/\Delta V$ 和化学计量点附近的 $\Delta^2 pH/\Delta V^2$，填入表中。

（2）于方格纸上作 pH-V 曲线和（$\Delta pH/\Delta V$）-V 曲线，找到终点体积 V_{ep}。

（3）用内插法求出 $\Delta^2 pH/\Delta V^2 = 0$ 处的 NaOH 溶液的体积 V_{ep}。

（4）根据（2）、（3）所得的 V_{ep}，计算 NaOH 标准溶液的浓度。

粗测	V/mL	0	1	2	3	4	5	6	7	8	9	10
	pH											
	ΔV_{ex}/mL											
细测	V/mL											
	pH											
	$\Delta \mathrm{pH}/\Delta V$											
	$\Delta^2 \mathrm{pH}/\Delta V^2$											

2. 混合酸的测定

(1) 实验数据及计算。

(2) 仿照上述 NaOH 溶液浓度标定的数据处理方法，求出终点体积 V_{ep1} 和 V_{ep2}。

(3) 计算原始试液中 SO_3 和 P_2O_5 的含量，以 g/L 表示。

粗测	V/mL	0	1	2	3	4	5	6	7	8	9	10
	pH											
				$\Delta V_{ex1}=$		mL；$\Delta V_{ex2}=$		mL				
细测	V/mL											
	pH											
	$\Delta \mathrm{pH}/\Delta V$											
	$\Delta^2 \mathrm{pH}/\Delta V^2$											

思考题

(1) 本实验所用的酸度计，读数是否应事先进行校正，为什么？

(2) 在标定 NaOH 溶液浓度和测定混合酸各组分含量时，为什么都采用粗测和细测两个步骤？

(3) 草酸是一个二元酸，在用它作基准物标定 NaOH 溶液浓度时，为什么只出现一个突跃？

(4) 测定混合酸时出现两个突跃，各说明何种物质与 NaOH 发生了反应？生成物是什么？

注意事项

(1) 玻璃电极使用时必须小心，以防损坏。

(2) H_2SO_4 和 H_3PO_4 混合酸试液中，两种酸浓度之和低于 0.5mol/L。

实验 6.8　电位-pH 曲线的测定

实验目的

(1) 掌握电极电位、电池电动势和 pH 的测量原理和方法。

(2) 了解电位-pH 曲线的意义及应用。

（3）测定 Fe^{3+}/Fe^{2+}-EDTA 体系在不同 pH 条件下的电极电位，绘制电位-pH 曲线。

实验原理

许多氧化还原反应的发生都与溶液的 pH 有关，此时电极电位不仅随溶液的浓度和离子强度变化，还随溶液的 pH 不同而改变。如果指定溶液的浓度，改变其酸碱度，同时测定相应的电极电位与溶液的 pH，然后以电极电位对 pH 作图，可得电位-pH 图。图 6.8.1 为 Fe^{3+}/Fe^{2+}-EDTA 和 S/H_2S 体系的电位与 pH 关系示意图。

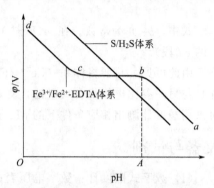

图 6.8.1　电位与 pH 关系示意图

对于 Fe^{3+}/Fe^{2+}-EDTA 体系，在不同 pH 值时，其配合产物有所差异。假定 EDTA 的酸根离子为 Y^{4-}，则可将 pH 分为三个区间来讨论其电极电位的变化。

（1）在高 pH（图 6.8.1 中的 ab 区间）时，溶液的配合物为 $Fe(OH)Y^{2-}$ 和 FeY^{2-}，其电极反应为

$$Fe(OH)Y^{2-}+e^- \Longrightarrow FeY^{2-}+OH^-$$

根据能斯特方程，其电极电位为

$$\varphi=\varphi^{\ominus}-\frac{RT}{F}\ln\frac{a(FeY^{2-})a(OH^-)}{a[Fe(OH)Y^{2-}]}$$

式中，$\varphi^{\ominus}$ 为标准电极电位；a 为活度。a 与活度系数 γ 和质量摩尔浓度 m 的关系为 $a=\gamma m/m^{\ominus}$，同时考虑到稀溶液中水的活度积 K_W 可以看作为水的离子积，又按照 pH 定义，则上式可改写为

$$\varphi=\varphi^{\ominus}-\frac{RT}{F}\ln\frac{\gamma(FeY^{2-})K_W}{\gamma[Fe(OH)Y^{2-}]}-\frac{RT}{F}\ln\frac{m(FeY^{2-})}{m[Fe(OH)Y^{2-}]}-\frac{2.303RT}{F}pH$$

令 $b_1=(RT/F)\ln\{[K_W\gamma(FeY^{2-})]/\gamma[Fe(OH)Y^{2-}]\}$，在溶液离子强度和温度一定时，$b_1$ 为常数，则

$$\varphi=(\varphi^{\ominus}-b_1)-\frac{RT}{F}\ln\frac{m(FeY^{2-})}{m[Fe(OH)Y^{2-}]}-\frac{2.303RT}{F}pH$$

当 EDTA 过量时，生成的配合物的浓度可近似地视为配制溶液时铁离子的浓度，即 $m(FeY^{2-})\approx m(Fe^{2+})$，$m[Fe(OH)Y^{2-}]\approx m(Fe^{3+})$。当 $m(Fe^{3+})$ 与 $m(Fe^{2+})$ 比例一定时，φ 与 pH 呈线性关系，即图 6.8.1 中 ab 段。

（2）在特定的 pH 范围内，Fe^{2+} 和 Fe^{3+} 分别与 EDTA 生成稳定的配合物 FeY^{2-} 和 FeY^-，其电极反应为

$$FeY^-+e^- \Longrightarrow FeY^{2-}$$

电极电位表达式为

$$\varphi=\varphi^{\ominus}-\frac{RT}{F}\ln\frac{\alpha(FeY^{2-})}{\alpha(FeY^-)}=\varphi^{\ominus}-\frac{RT}{F}\ln\frac{\gamma(FeY^{2-})}{\gamma(FeY^-)}-\frac{RT}{F}\ln\frac{m(FeY^{2-})}{m(FeY^-)}$$

$$=(\varphi^{\ominus}-b_2)-\frac{RT}{F}\ln\frac{m(FeY^{2-})}{m(FeY^-)}$$

式中，$b_2=(RT/F)\ln[\gamma(FeY^{2-})/\gamma(FeY^-)]$，当温度一定时，$b_2$ 为常数。在此 pH 范

围内，该体系的电极电位只与 $m(\text{FeY}^{2-})/m(\text{FeY}^-)$ 的比值有关，或者说只与配制溶液时的 $m(\text{Fe}^{2+})/m(\text{Fe}^{3+})$ 的比值有关。曲线中出现平台区（如图 6.8.1 中的 bc 段）。

（3）在低 pH 时，体系的电极反应为 $\text{FeY}^- + \text{H}^+ + e^- \Longrightarrow \text{FeHY}^-$。同理可求得

$$\varphi = (\varphi^{\ominus} - b_3) - \frac{RT}{F}\ln\frac{m(\text{FeHY}^-)}{m(\text{FeY}^-)} - \frac{2.303RT}{F}\text{pH}$$

式中，b_3 亦为常数。在 $m(\text{Fe}^{2+})/m(\text{Fe}^{3+})$ 不变时，φ 与 pH 呈线性关系（即图 6.8.1 中的 cd 段）。

由此可见，只要将体系（$\text{Fe}^{3+}/\text{Fe}^{2+}$-EDTA）用惰性金属（Pt 丝）作导体组成一电极，并且与另一参比电极组合成电池，测定该电池的电动势，即可求得体系的电极电位。与此同时采用酸度计测出相应条件下的 pH 值，从而可绘制出电位-pH 曲线。

仪器与试剂

（1）数字式酸度计；数字电压表；复合电极（玻璃电极和 Ag/AgCl 参比电极）；电磁搅拌器；100g 药物天平；电炉；温度计；50mL 容量瓶；500mL 五颈瓶（带恒温套）；滴管；铂丝（电极）。

（2）$(\text{NH}_4)_2\text{Fe}(\text{SO}_4)_2 \cdot 6\text{H}_2\text{O}$(C. P.)；$\text{NH}_4\text{Fe}(\text{SO}_4)_2 \cdot 12\text{H}_2\text{O}$(C. P.)；HCl(C. P.)；NaOH(C. P.)；EDTA(二钠盐)；氮气（钢瓶）。

实验步骤

（1）测量装置。按测量装置图（图 6.8.2）接好测量线路。

（2）溶液配制。预先分别配制 0.1mol/L $\text{NH}_4\text{Fe}(\text{SO}_4)_2$，0.1mol/L $(\text{NH}_4)_2\text{Fe}(\text{SO}_4)_2$（配制前须加两滴 4mol/L HCl），0.5mol/L EDTA（配制时需加 1.5g NaOH），4mol/L HCl，2mol/L NaOH 各 50mL。然后按下列次序将试剂加入五颈瓶中：30mL 0.1mol/L $\text{NH}_4\text{Fe}(\text{SO}_4)_2$；30mL 0.1mol/L $(\text{NH}_4)_2\text{Fe}(\text{SO}_4)_2$；40mL 0.5mol/L EDTA；50mL 蒸馏水，并迅速通入氮气。

（3）复合电极的校正。采用两点法校正。

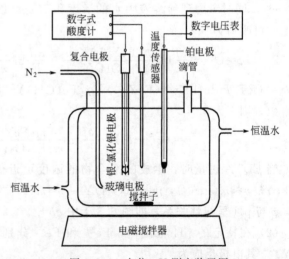

图 6.8.2 电位-pH 测定装置图

（4）电极电位和 pH 的测定。打开电磁搅拌器，待搅拌子旋转稳定后，再插入玻璃电极，然后用 2mol/L NaOH 调节溶液的 pH 至 7.5～8.0 之间。分别从数字电压表和酸度计直接读取并记录电动势与相应的 pH。随后用滴管滴加 4mol/L HCl 溶液调节 pH，每次改变值约为 0.2，待数值稳定后记录相应的数值，逐一进行测定，直到溶液的 pH 为 3 左右。然后，按上述方法用 2mol/L NaOH 调节溶液的 pH 值至 8 左右，并记录有关数据。实验结束后及时取出复合电极，用水冲洗干净后装入保护套中，并使仪器复原。

数据记录及处理

以表格的形式正确记录数据，并将测定的电极电位换算成相对标准氢电极的电位，然后绘制电位-pH 曲线，由曲线确定 FeY^{2-} 和 FeY^- 稳定存在的 pH 范围。

思考题

(1) 写出 Fe^{3+}/Fe^{2+}-EDTA 体系在电位平台区、低 pH 和高 pH 时，体系的基本电极反应及其所对应的电极电位公式的具体表达式，并指出各项的物理意义。

(2) 脱硫液的 $m(Fe^{3+})/m(Fe^{2+})$ 比值不同，测得的电位-pH 曲线有什么差异？

注意事项

(1) 电位-pH 曲线在电化学分析工作中具有广泛的实际应用价值。本实验讨论的 Fe^{3+}/Fe^{2+}-EDTA 体系可用于天然气脱硫。在天然气中含有 H_2S，它是一种有害物质。利用 Fe^{3+}-EDTA 溶液可将 H_2S 氧化为元素 S 而过滤除去，溶液中的 Fe^{3+}-EDTA 配合物还原为 Fe^{2+}-EDTA 配合物，通过通入空气使溶液中的 Fe^{2+}-EDTA 迅速氧化为 Fe^{3+}-EDTA，从而使溶液得到再生，循环利用。其反应如下

$$2FeY^- + H_2S \xrightarrow{\text{脱硫}} 2FeY^{2-} + 2H^+ + S\downarrow$$

$$2FeY^{2-} + \frac{1}{2}O_2 + H_2O \xrightarrow{\text{再生}} 2FeY^- + 2OH^-$$

可利用测定 Fe^{3+}/Fe^{2+}-EDTA 体系配合体系的电位-pH 曲线选择较合适的脱硫条件。例如，低含硫天然气中 H_2S 含量约为 $0.1 \sim 0.6 g/m$，在 25℃时相应的 H_2S 的分压为 $7.29 \sim 43.56 Pa$。

根据电极反应

$$S + 2H^+ + 2e^- \rightleftharpoons H_2S(g)$$

在 25℃时，其电极电位

$$\varphi = -0.072 - 0.0296 \lg[p(H_2S)] - 0.0591 pH$$

将 φ/V、$p(H_2S)/Pa$ 和 pH 三者关系在电位-pH 图中画出，如图 6.8.1 曲线所示。

从图 6.8.1 中不难看出，对任何具有一定 $m(Fe^{3+})/m(Fe^{2+})$ 比值的脱硫液而言，其电极电位与反应 $S + 2H^+ \rightleftharpoons H_2S(g)$ 的电极电位之差值在电位平台区的 pH 范围内随着 pH 的增大而增大，到平台区的 pH 上限时，两电极电位的差值最大，超过此 pH 值，两电极电位差值不再增大而为定值。这一事实表明，任何具有一定 $m(Fe^{3+})/m(Fe^{2+})$ 比值的脱硫液在它的电位平台区的 pH 上限时，脱硫的热力学趋势达最大，超过此 pH 后，脱硫趋势不再随 pH 增大而增加。可见图 6.8.1 中 A 点的 pH 和大于 A 点的 pH 是该体系脱硫的合适条件。

还应指出，脱硫液的 pH 值不宜过大，实验表明，如果 pH 大于 12，会有 $Fe(OH)_3$ 沉淀出来。

(2) 本实验所用的 EDTA 可采用乙二胺四乙酸四钠，也可用乙二胺四乙酸二钠，它是一种白色固体粉末，在使用二钠盐时，配制溶液需要在碱性水溶液中加热溶解。

实验 6.9　溶液电导的测定及其应用

实验目的

(1) 掌握电导法测定难溶盐溶解度及醋酸解离平衡常数的原理和电导率仪的使用方法。

(2) 通过实验验证电解质溶液电导与浓度之间的关系。

实验原理

电解质溶液导电能力的大小常用电导表示，即：$G = 1/R = \kappa(A/l)$。式中，G 称为电导，单位为西门子（S），κ 称为电导率或比电导率，单位为 S/m。

对于电解质溶液，若浓度不同，则其电导率也不同，如取 1mol 电解质溶液来量度，则可在给定条件下就不同电解质的导电能力进行比较。在相距 1m 的两平行电极之间充入 1mol 电解质溶液时所具有的电导称为该溶液的摩尔电导率，用符号 Λ_m 表示，则 $\Lambda_m = \kappa/c$。式中 Λ_m 的单位为 $S \cdot m^2/mol$，浓度 c 的单位 mol/L，Λ_m 的数值常通过溶液的电导率 κ 计算得到。

根据以上的讨论可知，$\kappa = G(l/A)$。对于确定的电导池来说，l/A 是常数，称为电导池常数。电导池常数一般由实验厂家提供，如果时间太长则需要进行校正，即通过测定已知电导率的电解质溶液的电导（或电阻）来确定。

对于强电解质稀溶液，摩尔电导率 Λ_m 与浓度的关系遵循科尔劳斯公式

$$\Lambda_m = \Lambda_m^\infty - Ac^{1/2}$$

实验通过测定不同浓度强电解质稀溶液的电导率，然后以 Λ_m 对 $c^{1/2}$ 作图，通过外推求得 Λ_m^∞。

对于弱电解质则不能通过外推求得 Λ_m^∞。

1. 碳酸钙溶解度的测定

本实验测定碳酸钙的溶解度。直接用电导率仪测定碳酸钙饱和溶液的电导率 κ（溶液）和配制该溶液所用水的电导率 κ（水）。因为碳酸钙为难溶盐，在水中的溶解度很小，所以溶液极稀，碳酸钙的电导率为溶液的电导率 κ（溶液）减去水的电导率 κ（水），即为

$$\kappa(CaCO_3) = \kappa(溶液) - \kappa(水)$$

由于溶液极稀，Λ_m 可用 Λ_m^∞ 代替。因此

$$c = \kappa(难溶盐)/\Lambda_m(难溶盐) \approx [\kappa(溶液) - \kappa(水)]/\Lambda_m^\infty(难溶盐)$$

碳酸钙的极限摩尔电导 Λ_m^∞ 可以根据离子独立运动定律来求得。

2. 醋酸解离平衡常数的测定

在一定温度下，醋酸在水中达到解离平衡时，$K_c = c\alpha^2/(1-\alpha)$，考虑到 $\alpha = \Lambda_m/\Lambda_m^\infty$，则

$$K_c = c\Lambda_m^2/[\Lambda_m^\infty(\Lambda_m^\infty - \Lambda_m)]$$

或　　　　　　　　　　　$$1/\Lambda_m = 1/\Lambda_m^\infty + c\Lambda_m/[K_c(\Lambda_m^\infty)^2]$$

$$c\lambda_m = (\lambda_m^{\infty})^2 K_c/\lambda_m - \lambda_m^{\infty} K_c$$

由上式可见：以 $c\Lambda_m$ 对 $1/\Lambda_m$ 作图可得一直线，直线的斜率为 $K_c(\Lambda_m^{\infty})^2$，由此可求出 K_c。

因温度对溶液的电导有影响，本实验在恒温下测定。

仪器与试剂

（1）DDS-11C 型或其他型号电导率仪 1 套；电磁搅拌器 1 台；玻璃恒温槽 1 套；25mL，50mL 移液管各 2 支；0～50℃（1/10℃）温度计 1 支。

（2）碳酸钙（A.R.）；乙酸（A.R.）。

实验步骤

1. 碳酸钙溶解度的测定

（1）调节恒温槽温度至（25±0.1）℃。

（2）测定碳酸钙溶液的电导率。将约 1g 固体碳酸钙放入 200mL 锥形瓶中，加入约 100mL 二次蒸馏水，摇动并加热至沸腾，倒掉清液，以除去可溶性杂质。按同法重复两次，再加入约 100mL 重蒸馏水，加热至沸腾使之充分溶解。然后放在恒温槽中，恒温 30min 使固体沉淀，将上层溶液倒入一个干燥的试管中，恒温后测其电导率，然后换溶液再测定两次，求其平均值。

（3）测定重蒸馏水的电导率。将配制溶液用二次蒸馏水约 100mL 放入 200mL 锥形瓶中，摇动并加热至沸腾，赶出 CO_2 后，取约 10mL 蒸馏水放入一个干燥的试管中，待恒温后，测定其电导率三次，求其平均值。

2. 醋酸解离平衡常数的测定

（1）用 50mL 的移液管取 50mL 已经恒温的 0.1000mol/L 的醋酸溶液于恒温槽中恒温 5min，测定其电导率。

（2）加入 50mL 已经恒温的重蒸馏水，恒温并搅拌 5min 后测定其电导率。

（3）吸出 25mL 溶液后，再加 25mL 的重蒸馏水，同上法测定。

（4）同法再稀释 5 次后，分别测定其电导率。

（5）测定重蒸馏水的电导率。

数据记录及处理

1. 气压与室温记录

项　目	实验前	实验后	平均值
大气压/kPa			
室温/℃			

2. 乙酸解离平衡常数的测定

（1）将相关数据填入表 6.9.1 中。

（2）根据 $c\lambda_m = (\lambda_m^{\infty})^2 K_c/\lambda_m - \lambda_m^{\infty} K_c$，以 $c\lambda_m$ 对 $1/\lambda_m$ 作图，计算乙酸的解离平衡常数。

表 6.9.1 不同浓度乙酸溶液电导率数据表

No	$\kappa/(S/m)$	$\Lambda_m/(S \cdot m^2/mol)$	$\Lambda_m c$	$(1/\Lambda_m)/[mol/(S \cdot m^2)]$
1				
2				
3				
4				
5				
6				
7				
8				

3. 碳酸钙溶度积的测定

(1) 根据：$\lambda_m \approx \lambda_m^\infty = \lambda_m^\infty(Ca^{2+}) + \lambda_m^\infty(CO_3^{2-})$。

(2) $c = \kappa($难溶盐$)/\Lambda_m($难溶盐$) \approx [\kappa($溶液$) - \kappa($水$)]/\Lambda_m^\infty($难溶盐$)$。

(3) 碳酸钙饱和溶液电导率测定数值记录在表 6.9.2 中。

(4) 重蒸馏水电导率测定数值记录在表 6.9.2 中。

(5) 计算碳酸钙的溶解度，并与文献值比较，分析原因。

表 6.9.2 重蒸馏水和碳酸钙饱和溶液电导率的测定记录表

碳酸钙饱和溶液			重蒸馏水		
次数	电导率	平均值	次数	电导率	平均值
1			1		
2			2		
3			3		

问题讨论

(1) 为什么要测定电导池常数？

(2) 本实验是否可以用直流电桥？为什么？

(3) 实验为何要测定蒸馏水的电导率？

(4) 实验为何要用铂黑电极？使用时要注意哪几点？

注意事项

(1) 实验中温度要恒定，测量必须在同一温度下进行。

(2) 每次测定前，都必须将电导电极及电导池洗涤干净，以免影响测定结果。

(3) 蒸馏水电导率应 $\ll 1 \times 10^{-4} S/m$。

(4) 测定碳酸钙溶液时，一定要沸水洗涤多次，以除去可溶性杂质离子，以减少试验误差。

第7章　界面性质的测定

由于表面层的分子与本体中的分子所处的环境不同，因而处于界面上的分子具有许多特殊的性质。研究和了解物质的界面特性具有重要的理论意义和实用价值。

在本章，我们选列了5个与大学化学课程内容相关的实验，通过这些实验的训练，可加深对表面性质、吸附特性及理论的理解。

实验7.1　最大气泡法测定液体的表面张力

实验目的

(1) 掌握测定液体表面张力的原理与技术。

(2) 了解表面张力、表面自由能的意义及表面张力和吸附的关系。

(3) 测定不同浓度的乙醇水溶液的表面张力；根据吉布斯吸附公式计算溶液表面的吸附量。

实验原理

从热力学观点来看，液体表面缩小是一个自发过程，这是使体系总自由能减小的过程，欲使液体产生新的表面 ΔA，就需对其做功，其大小应与 ΔA 成正比：

$$-W' = \gamma \Delta A \tag{7.1.1}$$

如果 ΔA 为 $1m^2$，则 $-W' = \gamma$，即在恒温恒压下形成 $1m^2$ 新表面所需的可逆功，所以 γ 称为比表面吉布斯自由能，其单位为 J/m^2。也可将 γ 看作为作用在界面上每单位长度边缘上的力，称为表面张力，其单位是 N/m。在定温下纯液体的表面张力为定值，当加入溶质形成溶液时，表面张力发生变化，其变化的大小决定于溶质的性质和加入量的多少。根据能量最低原理，溶质能降低溶剂的表面张力时，表面层中溶质的浓度比溶液内部大；反之，溶质使溶剂的表面张力升高时，它在表面层中的浓度比在内部的浓度低，这种表面浓度与内部浓度不同的现象叫做溶液的表面吸附。在指定的温度和压力下，溶质的吸附量与溶液的表面张力及溶液的浓度之间的关系遵守吉布斯（Gibbs）吸附方程：

$$\Gamma = -(c/RT)(d\gamma/dc)_T \tag{7.1.2}$$

式中，Γ 为溶质在表层的吸附量；γ 为表面张力；c 为吸附达到平衡时溶质在介质中的浓度。当 $(d\gamma/dc)_T < 0$ 时，$\Gamma > 0$ 称为正吸附；当 $(d\gamma/dc)_T > 0$ 时，$\Gamma < 0$ 称为负吸附。吉布斯吸附等温式应用范围很广，但上述形式仅适用于稀溶液。

引起溶剂表面张力显著降低的物质叫表面活性物质，被吸附的表面活性物质分子在界面层中的排列，决定于它在液层中的浓度，这可由图7.1.1看出。图7.1.1中（a）和（b）是不饱和层中分子的排列，（c）是饱和层分子的排列。

当界面上被吸附分子的浓度增大时，它的排列方式在改变着，最后，当浓度足够大时，

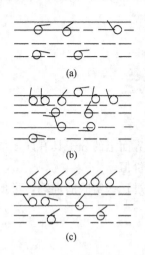

图 7.1.1　分子在界面的吸附

被吸附分子盖住了，形成饱和吸附层，分子排列方式如图 7.1.1 (c) 所示。这样的吸附层是单分子层，随着表面活性物质的分子在界面上愈益紧密排列，则此界面的表面张力也就逐渐减小。如果在恒温下绘成曲线 $\gamma = f(c)$（表面张力等温线），当 c 增加时，γ 在开始时显著下降，而后下降逐渐缓慢下来，以至 γ 的变化很小，这时 γ 的数值恒定为某一常数（见图 7.1.2）。利用图解法进行计算十分方便，如图 7.1.2 所示，经过切点 a 作平行于横坐标的直线，交纵坐标于 b' 点。以 Z 表示切线和平行线在纵坐标上截距间的距离。

$$\Gamma = -(c/RT)(\mathrm{d}\gamma/\mathrm{d}c)_T = Z/(RT) \tag{7.1.3}$$

以不同的浓度对其相应的 Γ 可作出曲线，$\Gamma = f(c)$ 称为吸附等温线。

根据朗谬尔（Langmuir）公式：

$$\Gamma = \Gamma_\infty [kc/(1+kc)] \tag{7.1.4}$$

Γ_∞ 为饱和吸附量，即表面被吸附物铺满一层分子时的 Γ，进一步有

$$c/\Gamma = (kc+1)/(k\Gamma_\infty) = c/\Gamma_\infty + 1/(k\Gamma_\infty) \tag{7.1.5}$$

以 c/Γ 对 c 作图，得一直线，该直线的斜率为 $1/\Gamma_\infty$。

工业和日常生活中被广泛使用的去污剂、乳化剂、润湿剂以及起泡剂等都是表面活性物质。它们的主要作用发生在界面上，所以研究这些物质的表面效应是有现实意义的。

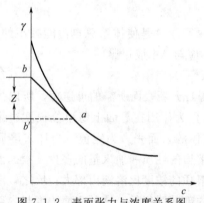

图 7.1.2　表面张力与浓度关系图

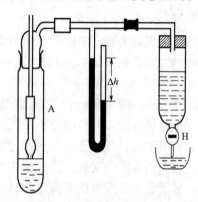

图 7.1.3　表面张力测定装置

最大气泡法测定乙醇水溶液的表面吸附，仪器装置如图 7.1.3 所示。

将待测表面张力的液体装于表面张力仪中，使毛细管的端面与液面相切，液面即沿毛细管上升，打开抽气瓶的活塞 H 缓缓抽气，毛细管内液面上受到一个比 A 瓶中液面上大的压力，当此压力差——附加压力（$\Delta p = p_{大气} - p_{系统}$），在毛细管端面上产生的作用力稍大于毛细管口液体的表面张力时，气泡就从毛细管口脱出，此附加压力与表面张力成正比，与气泡的曲率半径成反比，其关系式为

$$\Delta p = 2\gamma/R \tag{7.1.6}$$

式中，Δp 为附加压力；γ 为表面张力；R 为气泡的曲率半径。

如果毛细管半径很小，则形成的气泡基本上是球形的。当气泡开始形成时，表面几乎是

平的，这时曲率半径最大；随着气泡的形成，曲率半径逐渐变小，直到形成半球形，这时曲率半径 R 和毛细管半径 r 相等，曲率半径达最小值，根据上式这时附加压力达最大值。气泡进一步长大，R 变大，附加压力则变小，直到气泡逸出。

根据上式，$R=r$ 时的最大附加压力为

$$\Delta p_{最大}=2\gamma/r \quad 或 \quad \gamma=(r/2)\Delta p_{最大} \tag{7.1.7}$$

实际测量时，使毛细管端刚与液面接触，则可忽略气泡鼓泡所需克服的静压力，这样就可直接用上式进行计算。

当将 $(r/2)\rho g$ 合并为常数 K 时，则上式变为

$$\gamma=K\Delta h_{最大} \tag{7.1.8}$$

若用同一支毛细管，同一压力计，对两种具有不同表面张力 γ_1，γ_2 的液体而言，如 γ_2 为已知，则

$$\gamma_1/\gamma_2=\Delta h_1/\Delta h_2 \quad 或 \quad \gamma_1=\gamma_2\Delta h_1/\Delta h_2 \tag{7.1.9}$$

式中的 K 值对同支毛细管来说是常数，称作仪器常数，用已知表面张力 γ_2 的液体作为标准，用上式即可求得其他液体的表面张力。

溶液浓度的测定是应用折射率与组成的对应关系，首先测定一系列已知浓度溶液的折射率，做出折射率和浓度的工作曲线，然后测定待测溶液的折射率，即可在工作曲线上求出其浓度。

仪器与试剂

(1) 表面张力仪 1 套；阿贝折射仪 1 套；超级恒温槽 1 套；温度计 $0\sim50℃$（$1/10℃$）1 支；小烧杯 1 只；10mL、20mL 移液管各 1 支。

(2) 水-乙醇溶液 1 组；乙醇（A.R.）。

实验步骤

(1) 仪器准备

① 将表面张力仪和毛细管先用洗液洗净，再顺次用自来水和蒸馏水漂洗，按图 7.1.3 装好。

② 配置 0.5mol/L 乙醇-水溶液 250mL，然后再用这一浓度的溶液配置下列浓度的稀溶液各 50mL：0.02mol/L、0.04mol/L、0.06mol/L、0.08mol/L、0.10mol/L、0.12mol/L、0.14mol/L、0.16mol/L、0.18mol/L、0.20mol/L、0.24mol/L。测定各不同浓度溶液的折射率，然后绘制标准曲线。

(2) 仪器常数的测量。在抽气瓶中加入水至与侧面支管相齐，在试管 A 中注入蒸馏水，并使液面正好与毛细管相切，放入恒温槽中恒温，调节恒温槽中试管 A 的位置，使试管 A 垂直放置；然后打开抽气瓶活塞，调节抽气速度，使气泡由毛细管尖端成单泡逸出，且每个气泡形成的时间为 $10\sim20s$。若形成时间太短，则吸附平衡就来不及在气泡表面建立起来，测得的表面张力也不能反映该浓度真正的表面张力值。当气泡刚脱离管端的一瞬间，压力计中液面差达到最大值，记录压力计两边最高和最低读数，连续读取三次，取其平均值。再由手册中，查出实验温度时水的表面张力 γ，则仪器常数 $K=\gamma_{H_2O}/\Delta p_{max}$。

（3）表面张力 γ 随溶液浓度变化的测定。以同样方法将试管 A 中换成不同浓度的乙醇溶液，从稀到浓测出不同的最大压力差；再用式（7.1.9）求出表面张力，每次更换溶液不必烘干试管和毛细管，只需用待测液体淋洗三次即可。

数据记录及处理

（1）气压与室温记录。

项　　目	实验前	实验后	平均值
大气压/kPa			
室温/℃			

（2）数据处理

① 用表格列出各溶液的压力差与折射率的数值，并求表面张力和浓度的数值。

② 在方格坐标纸上做 $\gamma\text{-}c$ 曲线。

③ 在 $\gamma\text{-}c$ 曲线上任取 15～20 个点，分别做切线，求得其斜率 $m=(\mathrm{d}\gamma/\mathrm{d}c)_T$。

④ 根据吉布斯方程式 $\Gamma=-(c/RT)(\mathrm{d}\gamma/\mathrm{d}c)_T$ 求算各浓度的吸附量，并画出吸附量与浓度的关系图。

思考题

（1）为什么毛细管端应与液面相切？

（2）毛细管洁净与否对所测数据有何影响？

（3）为什么压力计中盛水或乙醇而不放汞？

（4）滴液速度过快或过慢对实验有何影响？为什么？

（5）最大气泡法测定表面张力时为什么要读最大压力差？

注意事项

（1）毛细管必须干净、干燥，应保持垂直，其管口刚好与液面相切。

（2）仪器系统不能漏气。

（3）读取压力计的压差时，应取气泡单个逸出时的最大压力差。

（4）使用阿贝折射仪时，棱镜上下不能触及硬物（特别是滴管）。

（5）本实验数据的处理与作图要使用曲线板画曲线；再用镜像法技术做切线。

实验 7.2　泡沫稳定性的研究

实验目的

（1）研究消泡过程的动力学方程。

（2）了解消泡剂对泡沫稳定性的影响。

实验原理

　　泡沫是以气体为分散相的分散系统，分散介质可以是固相或液相，最常见的是液体泡沫。泡沫里被分散的气泡具有肉眼可见的大小，是粗分散系统，在热力学上是不稳定的。由于分散相（气相）与分散介质（液体）的密度相差很大，因此泡沫中的气泡总是很快上升到液面，形成被一层液膜隔开的气泡聚集体。纯液体不能形成稳定的泡沫，只有加入表面活性剂后，才能形成比较稳定的泡沫。泡沫技术的应用很广，如泡沫浮选、泡沫灭火、泡沫杀虫、泡沫除尘等，以及泡沫陶瓷、泡沫塑料、泡沫玻璃等方面都用到泡沫技术。但在发酵、精馏、造纸、印染及污水处理等工艺过程中，泡沫的出现会给操作带来诸多不便，必须设法破坏泡沫的存在。起泡与消泡都

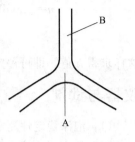

图 7.2.1　三个气泡的交界

与泡沫稳定性紧密相关，掌握泡沫稳定性及其动力学机制才能合理地运用起泡与消泡技术。

　　泡沫是热力学不稳定系统，其破坏主要起因于液膜变薄和液膜内气体的扩散。由于气液两相密度相差很大，液膜在重力作用下必定发生排液作用，变得越来越薄，最后破裂导致气泡聚并。除了重力排液外，表面张力的作用也能促进排液。由于泡沫是密堆积的，相互挤压极易变形。如图 7.2.1 所示，A 为三个气泡的交界处，界面是弯曲的，B 为两个气泡的交界处，界面是平坦的。根据弯曲液面附加压力公式

$$\Delta p = \gamma(1/r_1 + 1/r_2)$$

　　式中，γ 是液体的表面张力；r_1 和 r_2 分别是曲面的两个主曲率半径。

　　B 处液体压力大于 A 处，使液体由 B 流向 A，结果使液膜变薄，这是由液膜界面曲率不同、表面张力的存在所引起，重力作用也使液膜变薄。当液膜较厚时，排液主要通过重力作用进行，但当液膜已较薄时，表面张力的排液作用就变得突出了。

　　此外，气泡内的气体透过液膜扩散也是泡沫破坏的一个原因。泡沫里的气泡总是大小不一，小气泡内的气体压力大于大气泡且都高于平液面上的气体压力，于是气体将从小气泡透过液膜扩散入大气泡中，造成小气泡变小直至消失，而大气泡却长大的现象，对于浮在液面上的气泡，气体透过液膜直接向气相扩散，最后泡沫破坏。

　　泡沫稳定性就是指泡沫存在的"寿命"长短。实验证明，决定泡沫稳定性的并不是液体的表面张力，而是液膜的表面黏度和弹性，理想的液膜应该是高黏度而有弹性的凝聚膜。通常，泡沫稳定性以泡沫的排液速率，即消泡速率来度量。

　　设 V_0 为形成泡沫的液体体积，V_t 为 t 时由泡沫排出的液体体积，随 t 的增大而增大，则 $V_0 - V_t$ 为 t 时泡沫中未排出的液体体积，随 t 增大而减小。若排液速率可以用一般的指数形式的动力学方程来表示，即

$$-\mathrm{d}(V_0 - V_t)/\mathrm{d}t = k(V_0 - V_t)^n$$

或

$$\mathrm{d}V_t/\mathrm{d}t = k(V_0 - V_t)^n$$

　　式中，n 和 k 分别是排液级数与排液过程速率系数，k 的大小可以作为排液速率的度量，也可以作为泡沫稳定性的一种衡量。

　　事实上由于排液过程的复杂性，排液速率并不完全遵循指数形式的动力学方程，但作为近似处理是可以的。这样测定不同 t 时的 V_t，作出 V_t-t 曲线，在曲线上取 1 和 2 两点，则

$$(\mathrm{d}V_t/\mathrm{d}t)_1 = k(V_0 - V_t)_1^n$$

$$(\mathrm{d}V_t/\mathrm{d}t)_2 = k(V_0 - V_t)_2^n$$

$$n=[\ln(\mathrm{d}V_t/\mathrm{d}t)_1-\ln(\mathrm{d}V_t/\mathrm{d}t)_2]/[\ln(V_0-V_t)_1-\ln(V_0-V_t)_2]$$
$$\ln k=\ln(\mathrm{d}V_t/\mathrm{d}t)-\ln(V_0-V_t)$$

这样求得 k 值，即可评定和比较泡沫的稳定性。

仪器与试剂

(1) 泡沫稳定性测定仪；超级恒温槽；电动充气机；秒表。

(2) 发泡剂；消泡剂；蒸馏水。

实验步骤

(1) 配制发泡剂水溶液和消泡剂水溶液。

(2) 洗净泡沫稳定性测定仪的测定管（其下部如图 7.2.2 所示），并用待测液洗 2 次；通恒温水，关闭通气与加液的两个旋塞。

(3) 自加液口加入发泡剂溶液至一定高度，静止平衡后，精确读出其体积刻度（为什么?）。

(4) 调节充气机的放气口，至气体流量在适当的恒定值（由显示流速的压力差计控制），迅速全开通气旋塞（为什么?）。随着空气的鼓入而形成泡沫，待泡沫充满测定管的读数顶端时，立即关闭通气旋塞，观察泡沫管下部，一旦泡沫与发泡液的清晰分界面上升到最下端的刻度 50 处，立即按动秒表计时，并记下此时体积读数，$t=0$ 时的读数与步骤(3)中的读数之差，即为形成泡沫的液体体积 V_0。

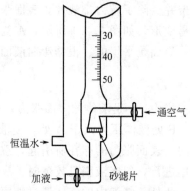

图 7.2.2　泡沫稳定性测定
管下部示意图

(5) 每隔 10s 读一次泡沫与发泡液之间的界面所示的体积读数，计 6 次。再每隔 15s 读体积数据 4 次，每隔 20s 读 3 次，每隔 30s 读 2 次，每隔 1min 读 2 次，每隔 2min 读体积 1 次，持续到 2min 内体积读数不变为止，计算出不同时间的排液体积 V_t 及 V_0-V_t。

(6) 在发泡剂溶液中加入适量的消泡剂，重复步骤(1)～(5) 实验操作。

(7) 在发泡剂溶液中加入步骤(6) 中 2 倍的消泡剂量，重复步骤(1)～(5) 实验操作。

(8) 改变恒温水的温度，重复步骤(1)～(5) 实验操作。

数据记录及处理

(1) 将恒定温度下三种溶液的 (V_0-V_t)-t 曲线作在同一张图上，定性比较讨论三曲线的含义。

(2) 用适当的方法（镜面法、玻璃棒法或计算机处理）求得排液级数 n 和排液速率系数 k，并评价泡沫的稳定性。

(3) 作温度改变时的 (V_0-V_t)-t 曲线，并讨论温度对泡沫稳定性的影响。

思考题

(1) 泡沫稳定性与哪些因素有关?

（2）泡沫是怎样一种分散系统的稳定性？为什么是热力学不稳定性系统？

（3）举例说明泡沫存在的有益与危害性。如何进行发泡和消泡？

实验 7.3　硅胶的物理吸附与比表面积测定

实验目的

（1）了解物理吸附与化学吸附的基本原理。

（2）掌握物理吸附参数的测定方法。

（3）用 BET 容量法测定活性氧化铝的比表面积。

实验原理

吸附剂和催化剂比表面积（即 1g 物质的表面积）的测定是研究其表面性质的重要手段之一，被广泛采用，在理论和实践上都经过充分研究的比表面积测定法是吸附法。

原子或分子在小于它们的饱和蒸气压的条件下附着在固体表面的现象称为吸附。通常把发生吸附的物质称为吸附剂，被吸附物质称吸附质。吸附可分为物理吸附和化学吸附两类。化学吸附时吸附质与吸附剂之间形成化学键。物理吸附时吸附质与吸附剂的相互作用则由范德瓦耳斯力产生。比表面积的测定是以物理吸附为基础的。

气体的吸附量通常用给定气体压力下被吸附气体物质的量或标准体积来表示。以吸附量对 p/p_0 作图称为吸附等温线，这里 p 是气体压力，p_0 是吸附质在吸附温度下的饱和蒸气压。吸附等温线的形状与吸附剂比表面积、温度及吸附剂的孔结构特性有关。

朗缪尔所发展的吸附等温线理论表明，随着 p/p_0 的增大，吸附量达一有限的极大值，此极大值即相当于形成完整的单分子层所需的吸附质的量。因此这一理论只适用于单分子层吸附。但对多数物理吸附来讲，完成单分子层后吸附并未中止。

Brumaner-Emmell-Teller（简称 BET）在朗缪尔吸附理论的基础上发展了多层吸附理论。BET 理论的基本假定是：在物理吸附中，吸附质与吸附剂之间的吸附是靠范德瓦耳斯力，而吸附质分子之间也有范德瓦耳斯力，所以在第一层吸附之上还可发生第二层、第三层……即多分子层吸附，气体吸附量等于各层吸附量的总和。根据这些假定导出的 BET 常数公式可写成：

$$p/[V(p_0-p)]=1/(V_m C)+(C-1)p/(V_m C p_0)$$

式中，p 为平衡压力；p_0 为吸附温度下吸附质的饱和蒸气压；V_m 为单分子层覆盖量，mL；V 为平衡吸附量，mL；C 为与吸附热有关的常数。

以 $p/[V(p_0-p)]$ 对 p/p_0 作图可得一直线，其斜率为 $(C-1)/(V_m C)$，截距为 $1/(V_m C)$。

由这两个数据可算出：　　　　　$V_m=1/(斜率+截距)$

若知道每个被吸附分子的截面积，即可求出吸附剂的比表面积（$m^2 g$）：

$$S=V_m N_A \sigma/(22400W)$$

式中，N_A 为阿伏加德罗常数；σ 为一个吸附质分子的截面积；W 为吸附剂质量，g。

BET 公式的适用范围是相对压力 p/p_0＝0.05～0.35 之间，更高的相对压力可能发生毛细管凝结。

仪器与试剂

简易 BET 装置（包括机械泵、油扩散泵、复合真空泵、量气管、U 形汞压计）；氧蒸气压温度计；小电炉；温度自动控制器；高纯氮、液氮。

实验步骤

（1）检漏。打开旋塞 A、B、D、E、F、G、H（旋塞 J、I 关死，F 套上空的吸附管），旋塞 C 与机械泵相通，开动机械真空泵，逐渐关闭旋塞 A，直至汞压计汞面不再移动，这时汞高差应与大气压接近相等（图 7.3.1），继续抽 3～5min，关闭 C，观察泵面是否变化，如发现有变化，则用高频火花检漏器检查漏气所在。若无变化则打开热偶真空规，测定真空度，如已达到 10^{-2} mmHg（即 1.3Pa）并经 5min 真空度不变，则可认为不漏气。

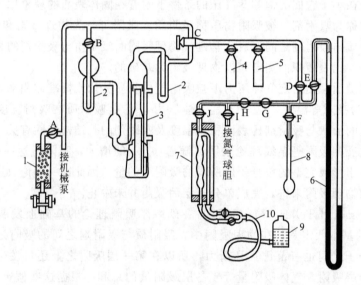

图 7.3.1　简易 BET 流程图

1—分子筛干燥管；2—冷阱；3—三级油扩散泵；4—热偶真空规；
5—电离真空规；6—汞压计；7—量气管；8—吸附管；9—液位瓶；10—聚乙烯管

（2）确定"死体积"。这里所指的"死体积"是旋塞 D、G 以下，泵压计左端和吸附管的全部空间中，在吸附条件下（吸附管在液氮温度，其他部分在室温和都在吸附压力下）存在的氮气，并换算成标准状态的体积。本实验采用癸二酸二丁酯作为量气管的封闭液，它在 25℃时的蒸气压只有 2×10^{-5} mmHg（比汞的 2×10^{-3} mmHg 还小），而在室温下的黏度比硅油小得多。因此液体黏壁引起的体积测量误差相应较小。但在操作量气管时，仍需注意在吸入氮气后要等待一段时间，使附壁液体流下以后才读数。在上述检漏操作完成以后，则可在旋塞 I 处接上盛有纯氮的球胆。球胆橡皮管用螺旋夹夹紧，打开 I，让其将接管处的空气抽走。关 D、G 打开 I，然后开 J，使液位瓶 9 下降而抽气约 100mL，关 I，等量气管中附壁的液体流下以后，准确读出量气管读数，然后使吸附管套上液氮保温瓶。关 H 开 G，再关

G 开 H，至汞压计压力上升约 50mmHg。达到平衡后记下量气管的读数（关 G 开 H 的状态下）及汞压计的读数。重复操作，每次汞压计压力上升约 50mmHg，共 5～6 次，最后充氮至大气压。

(3) 测吸附量。取下测完死体积的吸附管，称出空管质量，于其中装好经过烘干、并筛去细粉的吸附剂，准确称量后（吸附剂总共表面积不小于 5m²），再套在旋塞 F 上，注意装样时用特制小漏斗伸入吸附管中，不让试样黏附在磨塞的真空脂上，开 F 时应非常缓慢，以防粉末样品喷出吸附管。将所有旋塞放在检漏时相同的位置。抽真空到 10^{-2} mmHg (1.3Pa) 后即关 E，开油扩散泵冷却水，接通加热电炉。使 C 转向扩散泵，至热偶规所示真空度已超过 10^{-3} mmHg(0.13Pa)，打开电离规继续测量真空度，直至 10^{-4} mmHg (0.013Pa) 以后，使吸附管套上小加热电炉，在 250℃脱气 1h。取下电炉让其冷却至室温后，再套上液氮保温瓶（事先用氧蒸气压温度计测液氮温度，并注意使吸附管浸入液氮中的深度与测死体积相同）。按前述方法关 D、G，于量气管中装好纯氮。关 B、G，停扩散泵，开 A，停机械泵。等扩散泵冷后停冷却水。开 E，缓缓开 G，使汞压计压力上升约 50mmHg。由于吸附剂的吸附，压力又会下降，这时关 H，再开 G，使 H、G 两旋塞之间少量的氮进入真空部分。再开 G 关 H，反复进行，直至压力保持在要求值基本不变。最后关 G，开 H 读取量气管读数及汞压计读数。重复操作，每次使汞压计上升约 50mmHg，至 4～5 次为止。移走液氮保温瓶后，由于气体脱附而体积急剧膨胀，这时应立即取下吸附管，以免吸附管脱掉而损坏，也避免 U 形汞压计的汞冲出。倒出吸附管的吸附剂后，用滤纸擦净磨口上的真空脂，洗净吸附管并烘干备用。

数据记录及处理

(1) 死体积-压力曲线的测定：将死体积-压力曲线的测定实验中所测数据填入表 7.3.1。

表 7.3.1　实验数据表（A）

项　　目	1	2	3	4	5	6
大气压/mmHg						
左支汞高/mmHg						
右支汞高/mmHg						
汞高差/mmHg						
$p=$大气压$-$汞高差/mmHg						
量气管始读 V_1/mL						
量气管末读 V_2/mL						
$\Delta V=(V_1-V_2)$（累计数）/mL						
死体积(标准态)ΔV_0/mL						

量气管水浴温度＿＿＿＿＿＿℃；液氮温度＿＿＿＿＿＿℃

(2) 吸附量的测定：将吸附量的测定实验中所测数据填入表 7.3.2。

(3) 作死体积-压力工作曲线；以 p 为纵坐标，ΔV_0 为横坐标作图。

(4) 以 $p/V_吸$ (p_0-p) 为纵坐标，p/p_0 为横坐标作图，从所得直线的斜率和截距求 V_m。

(5) 求吸附剂的比表面积。

表 7.3.2　实验数据表（B）

项　　　目	1	2	3	4	5	6
大气压/mmHg						
左支汞高/mmHg						
右支汞高/mmHg						
汞高差/mmHg						
$p=$大气压$-$汞高差/mmHg						
量气管始读 V_1'/mL						
量气管末读 V_2'/mL						
$\Delta V'=(V_1-V_2')$（累计数）/mL						
$\Delta V_0'$(标准态)/mL						
ΔV_0(标准态)/mL						
v_0(标准态)/mL						
$V_吸=\Delta V_0'-(\Delta V_0-v_0)$						
p/p_0						
$p/V_吸(p_0-p)$						

　　量气管水浴温度_____℃；液氮温度_____℃；液氮蒸气压 p_0 _____；吸附剂质量_____；吸附剂真密度_____。

思考题

　　（1）物理吸附和化学吸附有何不同？为什么要用物理吸附测定固体比表面积？样品为什么要高温真空除气？

　　（2）什么是"死体积"？为何要测"死体积"？还有什么办法可以测定死体积？

　　（3）氧蒸气压温度计测温的原理是什么？还可用什么其他的方法测定液氮温度？为什么要测定液氮的温度？

　　（4）量气管的封闭液为什么要求蒸气压要低，黏度要小？

　　（5）油扩散泵为什么能产生高真空？

实验 7.4　活性炭的化学吸附特性测定

实验目的

　　（1）了解用溶液吸附法测定吸附剂比表面积的原理和方法。

　　（2）理解 Langmuir 等温式和 Freundlish 等温式。

实验原理

　　活性炭、硅胶、分子筛、硅藻土等固体吸附剂大多是高分散度、多孔的物质，具有巨大的比表面积，在溶液中有很强的吸附性，在物质纯化、食品脱色、废水处理等生产和研究中有广泛的应用。固体吸附剂在溶液中的吸附与对气体的吸附相比，吸附规律更复杂。因为在溶液中同时存在吸附剂-溶质、吸附剂-溶剂及溶质-溶剂间的作用力，固体在溶液中的吸附是溶质和溶剂争夺表面的净结果。吸附的速率相对于气体吸附也慢得多，因为吸附质分子在溶液中扩散速率慢，而且要通过表面上形成的液膜，再加上孔的因素，使达到吸附平衡的时间也较长。因此，液体中的吸附理论也不完全。然而，吸附量的实验测定方法却比较简单，只要将一定量的吸附剂放入溶液中，振荡平衡后测定吸附前、后溶液的浓度，就可求出吸附量。但吸附量与浓度的关系只能"借用"气体吸附的公式，如 Langmuir 等温式、Freundlish 等温式和 BET 公式，但公式中常数的物理意义不再明确，只能当作经验常数，而且只能在稀溶液中适用。

选择合适的吸附质，通过溶液吸附测定可计算吸附剂的比表面积。测定吸附剂比表面积的其他方法：BET 吸附法、气相色谱法、电子显微镜法等，通常要用复杂的仪器装置，而且耗时较长。溶液吸附法装置简单、操作方便，而且可同时测定多个样品，特别可作为大量样品的相对比表面积的测定，只需用其他较准确方法测定其中一个样品。但该方法的准确性不够高，测量误差可达 10% 或更大。

活性炭是常用的吸附剂，能从溶液中吸附溶质。与固体对气体的吸附相似，在一定的温度下，吸附达到平衡时，吸附量和溶液浓度的关系符合 Freundlish 等温式

$$\Gamma = kc^{1/n} \tag{7.4.1}$$

式中，Γ 为单位质量吸附剂的吸附量；c 为平衡浓度；k、n 均为经验常数。对式 (7.4.1) 取对数，得

$$\lg\Gamma = (1/n)\lg c + \lg k \tag{7.4.2}$$

测得不同浓度 c 时的吸附量 Γ，以 $\lg\Gamma$ 对 $\lg c$ 作直线，从斜率和截距可求出 k 和 n 值。

对单分子层吸附，可用 Langmuir 等温式来描述

$$\Gamma = \Gamma_{\mathrm{m}}Kc/(1+Kc) \tag{7.4.3}$$

式中，Γ_{m} 为单分子层的饱和吸附量；K 是吸附系数。

在一定温度下，对一定量的吸附剂与吸附质来说，Γ_{m} 和 K 都是常数。式 (7.4.3) 可转变为直线方程

$$c/\Gamma = c/\Gamma_{\mathrm{m}} + 1/K\Gamma_{\mathrm{m}}$$

以 c/Γ 对 c 作图，可得 Γ_{m} 和 K 值。Γ_{m} 表示单位质量的吸附剂吸附满一层溶质分子的物质的量，若每个溶质分子在吸附剂上占据的截面积为 a_{m}，则吸附剂的比表面积 S 为

$$S = N_{\mathrm{A}}\Gamma_{\mathrm{m}}a_{\mathrm{m}} \tag{7.4.4}$$

式中，N_{A} 是阿伏加德罗常数。

本实验研究颗粒活性炭吸附亚甲基蓝。在一定浓度范围内，大多数固体对亚甲基蓝的吸附是单分子层吸附，即符合 Langmuir 型。亚甲基蓝具有矩形平面结构，阳离子大小为 $(170 \times 7.6 \times 3.25 \times 10^{-30})\mathrm{m}^3$；侧面吸附投影面积为 $(75 \times 10^{-20})\mathrm{m}^2$；端基吸附投影面积为 $(39.5 \times 10^{-20})\mathrm{m}^2$。对于非石墨型的活性炭，亚甲基蓝可能不是平面吸附而是端基吸附。

吸附量可根据吸附前后溶液的浓度变化来计算。

$$\Gamma=V(c_0-c)/m$$

式中，V 为溶液体积；m 为吸附剂的质量；c_0 和 c 分别为溶液吸附剂前后的浓度。

亚甲基蓝在 665nm 波长处有最大吸收，因此溶液浓度可用可见分光光度计测量。

仪器与试剂

(1) 可见分光光度计 1 套；振荡器 1 台；0.001g 天平 1 台；100mL 容量瓶 10 只；150mL 碘量瓶 5 只；100mL 锥形瓶 5 只；滴定管 1 支；玻璃漏斗 5 只；10mL 刻度移液管 1 支；1mL 移液管 1 支；颗粒状非石墨型活性炭（500℃活化 1h，干燥器保存）。

(2) 亚甲基蓝溶液：0.2%储备液；2.67×10^{-4}mol/L(100mg/L) 标准溶液。

实验步骤

(1) 初始溶液配制。在 5 只 100mL 容量瓶中分别用滴定管加入 0.2%亚甲基储备液 10mL、20mL、30mL、40mL、60mL，定容。

(2) 在 5 只干燥的 150mL 碘量瓶中分别称 0.100g 颗粒状活性炭，再分别移入 50mL 上述 5 个初始溶液，加塞，在振荡器上振荡约 3h。

(3) 在 5 只 100mL 容量瓶中分别移取 2mL、4mL、6mL、8mL、12mL 2.67×10^{-4}mol/L 标准亚甲基蓝溶液，定容。再在剩余的 5 个初始溶液中各移取 1mL，稀释 100 倍成 100mL。用蒸馏水作空白，在分光光度计上测量这 10 个溶液的吸光度。

(4) 将振荡平衡后的溶液过滤，分别取 1mL，稀释成 100mL，测定吸光度。

数据记录及处理

(1) 用亚甲基蓝标准溶液的吸光度对浓度作工作曲线，并在工作曲线上查得各初始溶液和平衡溶液的浓度（注意稀释倍数）。

(2) 计算吸附量，并作 Γ-c 吸附等温线。

(3) 分别作 c/Γ-c 和 $\lg\Gamma$-$\lg c$ 直线，求出 Γ_m、K 和 k、n 值，并用 Γ_m 计算吸附剂的比表面积 S。

思考题

(1) 估计本实验测得的比表面积 S 比实际的大还是小，为什么？

(2) 固体在溶液中对溶质分子吸附和固体对气体分子吸附有何区别？

(3) 降低吸附温度会对吸附有什么影响？

(4) 从实验结果分析该吸附系统对 Langmuir 等温式和 Freundlish 等温式的符合情况。

(5) 在测定吸光度时，为什么要将溶液稀释后测定？

实验7.5 表面活性剂临界胶束浓度与分子截面积的测定

实验目的

(1) 测定阴离子表面活性剂十二烷基硫酸钠的 CMC 值。

（2）掌握电导测定离子型表面活性剂的 CMC 的方法。

（3）了解表面活性剂的 CMC 测定的几种方法。

实验原理

在表面活性剂溶液中，当溶液浓度增大到一定值时，表面活性剂离子或分子将发生缔合，形成胶团。对于某指定的表面活性剂来说，其溶液开始形成胶团的最小浓度称为该表面活性剂溶液的临界胶团浓度（critical micelle concentration），简称 CMC。

表面活性剂溶液的许多物理化学性质随着胶团的形成而发生突变（见图 7.5.1）。由图中可见，表面活性剂的溶液，其浓度只有在稍高于 CMC 时，才能充分发挥其作用（润湿作用、乳化作用、洗涤作用、发泡作用等），故将 CMC 看作是表面活性剂溶液的表面活性的一种量度。因此，测定 CMC，掌握影响 CMC 的因素，对于深入研究表面活性剂的物理化学性质是至关重要的。

原则上，表面活性剂溶液随浓度变化的物理化学性质皆可用来测定 CMC，常用的方法有以下几种。

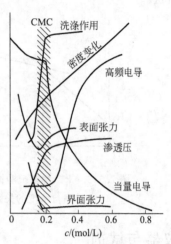

图 7.5.1　十二烷基硫酸钠水溶液的一些物理化学知识

1. 表面张力法

表面活性剂溶液的表面张力随溶液浓度的增大而降低，在 CMC 处发生转折。因此可由 σ-$\lg c$ 曲线上确定 CMC 值。此法对离子型和非离子型表面活性剂都适用。

2. 电导法

利用离子型表面活性剂水溶液电导率随浓度的变化关系。作 K-c 曲线或 Λ-$\sqrt{c}$ 曲线，由曲线上的转折点求出 CMC 值。此法仅适用于离子型的表面活性剂。

3. 染料法

利用某些染料的生色有机离子（或分子）吸附于胶团上，而使其颜色发生明显变化的现象来确定 CMC 值。只要染料合适，此法非常简便，也可借助于分光光度计测定溶液的吸收光谱来进行确定，适用于离子型、非离子型表面活性剂。

4. 增溶作用法

利用表面活性剂溶液对物质的增溶能力随其溶液浓度的变化来确定 CMC 值。

本实验采用电导法测定阴离子型表面活性剂溶液的电导率来确定 CMC 值。

对于电解质溶液，其导电能力的大小由电导 G（电阻的倒数）来衡量。

$$G = 1/R = K(A/l)$$

式中，K 为溶液电导率或比电导，S/m；l/A 为电导电极常数，m^{-1}。

在恒定的温度下，极稀的强电解质水溶液的电导率 K 与其摩尔电导 Λ_m 的关系为

$$\Lambda_m = K \cdot 10^{-3}/c$$

式中，Λ_m 为电解质溶液的摩尔电导，S·m^2/mol；c 为电解质溶液的物质的量浓度，mol/L。

电解质溶液的摩尔电导随其溶液浓度而变，若温度恒定，则在极稀的浓度范围内，强电

解质溶液的摩尔电导 Λ_m 与其溶液浓度的 $\sqrt{c}$ 成直线关系。

$$\Lambda_m = \Lambda_0 - A\sqrt{c}$$

式中，Λ_0 为无限稀释时溶液的摩尔电导；A 为常数。

对于胶体电解质，在稀溶液时的电导率、摩尔电导的变化规律也同强电解质一样。但是随着溶液中胶团的生成，电导率和摩尔电导发生明显变化。如图 7.5.2 和图 7.5.3 所示。这就是电导法确定 CMC 的理论依据。

电解质溶液的电导测量，是通过测定其溶液的电阻而得出的，测量方法可采用交流电桥法。

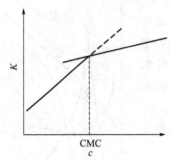

图 7.5.2　十二烷基硫酸钠水溶液
电导率与浓度的关系

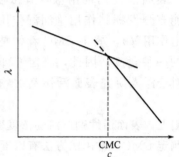

图 7.5.3　十二烷基硫酸钠水溶液
摩尔电导率与浓度的关系

仪器与试剂

(1) 任何型号的电导率仪 1 台；DJS-1 型铂黑电导电极 1 支；78-1 型磁力加热搅拌器 1 台；烧杯（100mL，干燥）2 个；移液管（50mL）1 支；滴定管（25mL，酸式）1 支。

(2) 十二烷基硫酸钠（0.0200mol/L、0.0100mol/L、0.0020mol/L）；电导水。

实验步骤

1. 电导率仪的调节

(1) 通电前，先检查表针是否指零。若不指零，调节表头调整螺丝，使表针指零。

(2) 接好电源线，经指导教师检查后，方可进行下一步，将校正、测量选择开关扳向"校正"。打开电源开关预热 3~5min，待表稳定后，旋转校正调节器，使表针指示满度。

(3) 将高低周旋转开关扳向"高周"，调节电极常数调节器在与所配套的电极常数相对应的位置上，量程选择开关放在"$\times 10^3$"黑点挡处。

2. 溶液电导率的测量

(1) 移取 0.0020mol/L 十二烷基硫酸钠溶液 50mL，放入 1 号烧杯中。

(2) 将电极用电导水淋洗，滤纸小心擦干（注意：千万不可擦掉电极上所镀的铂黑），插入仪器的电极插口内，旋紧插口螺丝，并把电极夹固好，小心地浸入烧杯的溶液中，打开搅拌器电源，选择适当速度进行搅拌（注意：不可打开加热开关），将校正、测量选择开关扳向"测量"，待表针稳定后，读取电导率值，然后依次用 0.0200mol/L 的十二烷基硫酸钠溶液滴入 1mL、4mL、5mL、5mL、5mL，并记录滴入溶液的体积数和测量的电导率值。

(3) 将校正、测量选择开关扳向"校正"，取出电极，用电导水淋洗，擦干。

(4) 另取 0.0100mol/L 的十二烷基硫酸钠溶液 50mL，放入 2 号烧杯中，插入电极进行搅拌，将校正、测量选择开关扳向"测量"，读取电导率值，然后依次用 0.0200mol/L 的十二烷基硫酸钠溶液滴入 8mL、10mL、10mL、15mL，并记录滴入溶液的体积数和测量的电导率值。

（5）实验结束后，关闭电源，取出电极，用蒸馏水淋洗干净，放入指定的容器中。

数据记录及处理

（1）计算出不同浓度的十二烷基硫酸钠溶液的物质的量浓度 c 和 $\sqrt{c}$。

（2）根据公式 $\Lambda_m = K \cdot 10^{-3}/c$ 计算出不同浓度的十二烷基硫酸钠溶液的摩尔电导 Λ_m。

（3）将计算结果列入表中，并作 K-c 曲线和 Λ_m-$\sqrt{c}$ 曲线，分别在曲线的延长线交点上确定 CMC 值。

思考题

（1）表面活性剂临界胶束浓度 CMC 的意义是什么？

（2）本实验中，电导率仪先用"高周"挡，为什么？

（3）你考虑在本实验中，采用电导法测定 CMC 可能的影响因素是哪些？

（4）如果欲测定十二烷基硫酸钠的分子截面积，应如何设计实验？

注意事项

（1）电导电极上所镀的铂黑不可擦掉，否则电极常数将发生变化。

（2）电极在冲洗后必须擦干，以保证溶液浓度的准确，电极在使用过程中，其极片必须完全浸入所测溶液中。

（3）每次测量前必须将仪器进行校正。

（4）测量过程中，搅拌速度不可太快，以免碰坏电极。

第8章 结构性质的测定

物质的宏观性质与物质的内部结构密切相关。通过对物质微观结构性质的测定可以加深对物质结构参数与宏观特性之间关系的理解。本章共收集了 6 个实验，希望通过这几个实验的实践，不但应了解相关结构参数的物理意义、掌握相关仪器的工作原理，同时应领会实验设计的思路。

实验8.1 溶液法测定极性分子的偶极矩

实验目的

（1）用电桥法测定极性物质（正丁醇）在非极性溶剂（环己烷）中的介电常数和分子的偶极矩。

（2）了解溶液法测定偶极矩的原理、方法和计算，并了解偶极矩与分子电性质的关系。

实验原理

1. 偶极矩与极化度

分子是由带正电的原子核和带负电的电子组成。在分子中正、负电荷的总值相等，但正、负电荷的中心可以重合，也可以不重合，重合者称为非极性分子，不重合者称为极性分子。

分子极性的大小，常用（永久）偶极矩 μ 来量度，两个带有电荷 $+q$ 和 $-q$ 的质点，其中心距离为 l，则其偶极矩为

$$\mu = ql$$

偶极矩是一个向量，它的方向规定为从正电荷重心到负电荷重心。因为分子中原子距离的数量级为 10^{-8} cm，电荷的数量级为 10^{-10} esu（静电单位），所以偶极矩的数量级是 10^{-18}。在 SI 制中，偶极矩的单位为库仑·米（C·m），在 cgs 制中，偶极矩的单位为德拜（Debye），以 D（$1D = 3.33564 \times 10^{-30}$ C·m）表示。例如，硝基苯的偶极矩为 3.9D，氯代苯为 1.58D，水为 1.85D 等。

当电场不存在时，对非极性分子虽然由于振动运动，正、负电荷中心可能有暂时的位移，发生瞬间变化的偶极矩，但实验上只能测量其一段时间内偶极矩的平均值，而这一平均值等于零。极性分子有永久偶极矩，但由于分子的热运动，偶极矩在空间取向的机会相同，所以总的平均偶极矩仍然等于零。

在电场中，电场可以使分子极化，分子中电子与原子核发生相对位移，原子核间也发生相对位移，即键角及键长的改变，前者称为电子极化，后者称为原子极化；两者总称为诱导（induction）极化或变形极化。诱导极化产生一诱导偶极矩，诱导偶极矩可用摩尔诱导极化

度 P_{in} 来衡量。显然，P_{in} 为电子极化度 P_E 和原子极化度 P_A 之和，即

$$P_{in} = P_E + P_A$$

极性分子在电场中有取向作用以降低其位能，由于分子有规则的排列，所以在电场方向上也表现出一定大小的偶极矩。由于分子的取向而表现出的偶极矩，称为转向偶极矩，转向偶极矩可用摩尔转向极化度 P_μ 来衡量。P_μ 与分子永久偶极矩的平方成正比，与热力学温度 T 成反比，即

$$P_\mu = \frac{1}{4\pi\varepsilon_0} \times \frac{4\pi N_A}{3} \times \frac{\mu^2}{3kT} = \frac{1}{9} \times \frac{N_A \mu^2}{\varepsilon_0 kT}$$

式中，N_A 为阿伏加德罗常数；k 为玻尔兹曼常数。物质分子的总摩尔极化度 P 为 P_E，P_A 和 P_μ 之和，即

$$P = P_E + P_A + P_\mu$$

对于非极化分子，因 $\mu = 0$，其 $P_\mu = 0$，所以 $P = P_E + P_A$。

2. 极化度与偶极矩的测定

摩尔极化度与物质的相对介电常数 ε_r 有关，它们的关系可用克劳修斯-莫索第-德拜 (Clausius-Mosotti-Debye) 方程式 $P = [(\varepsilon_r - 1)/(\varepsilon_r + 2)] \times (M/\rho)$ 表示。式中，M 为物质的摩尔质量；ρ 为密度。

一个物质在电场中会表现出偶极矩，当电场方向改变时，偶极矩的方向也要随之改变，偶极转向所需要的时间，称为松弛时间。极性分子转向极化的松弛时间约为 $10^{-11} \sim 10^{-12}$ s，原子极化的松弛时间约为 10^{-14} s，而电子极化的松弛时间却小于 10^{-15} s。

显然，在静电场或频率小于 $10^9 \sim 10^{10}$ s^{-1} 的电场中，测得总摩尔极化度应该是电子极化度、原子极化度及转向极化度之和。若在频率为 $10^{12} \sim 10^{14}$ Hz(红外区) 的电场中，因为电场的交变周期小于极性分子转向的松弛时间，极性分子来不及转向，$P_\mu = 0$；测得总摩尔极化度，应该是电子极化度与原子极化度之和，即 $P = P_E + P_A$。

对于频率为 10^{15} s^{-1} 的电场中 （可见光及紫外区），电场交变周期小于 10^{-15} s，这时极性分子的转向极化和原子极化都来不及，即 $P_\mu = 0$，$P_A = 0$，所测得的总摩尔极化度实际上只是电子极化度，即 $P = P_E$。而且，此时电子极化度可由摩尔折射率 R 代替，即 $P_E = R$。

和总摩尔极化度比较起来，原子极化度 P_A 只占极小的一部分，在做粗略测定时可以忽略不计，由此可得

$$P = P_E + P_\mu = R + P_\mu = R + [N_A/(9kT\varepsilon_0)]\mu^2$$

因此只要在频率小于 $10^9 \sim 10^{10}$ s^{-1} 或静电场中测得总摩尔极化度 P，μ 值（单位 C·m）即可按下式算出

$$\mu = (9k\varepsilon_0/N_A)^{1/2} \times [(P-R)T]^{1/2} = 0.04274 \times 10^{-30}[(P-R)T]^{1/2}$$

严格而论，上式只能用于气体状态，即分子间相互作用可忽略不计时，但一般情况，所研究的物质在普通的条件下，并不一定以气体状态存在，或者在加热气化时早已分解。因此，我们通常将极性化合物溶于非极性溶剂中配成稀溶液来代替理想的气体状态，而使上式可应用。

在稀溶液中，极性分子间若无相互作用，也不发生溶剂化现象时，则稀溶液在此实验中的各有关物理量，均可认为具有加合性。由此，Clausius-Mosotti-Debye 方程式可写成

$$P=[(\varepsilon_{r1,2}-1)/(\varepsilon_r+2)]\times[(M_1x_1+M_2x_2)/\rho_{1,2}]=x_1P_1^*+x_2P_2^*$$

式中，x_1，M_1，P_1^* 和 x_2，M_2，P_2^* 分别代表溶液中溶剂与溶质的摩尔分数，摩尔质量和摩尔极化度；$\varepsilon_{r1,2}$，$\rho_{1,2}$ 和 $P_{1,2}$ 分别代表溶液的相对介电常数、密度和摩尔极化度。对稀溶液而言，我们可以假设溶液中溶剂的性质和纯溶剂的性质相同，则

$$P_1^*=p_1^0=[(\varepsilon_{r1,2}-1)/(\varepsilon_r-2)]\times(M_1/\rho_1)$$
$$P_2^*=(p_{1,2}-x_1p_1)/x_2=(p_{1,2}-x_1p_1^0)/x_2$$

对不同成分的溶液，可得不同的 P_2^* 值，这是由于极性分子间相互作用的结果。若测得几种不同浓度的 P_2^* 值，外推得 $x_2=0$ 时的 P_2^* 值 $P_2^{*\infty}$，以 $P_2^{*\infty}$ 代替溶质的摩尔极化度。$P_2^{*\infty}$ 还可以根据 Hedestrand 提出的公式计算

$$P_2^{*\infty}=A(M_2-bB)+aC$$

式中，$A=[(\varepsilon_{r1}-1)/(\varepsilon_{r1}+2)](1/\rho_1)$，$B=M_1/\rho_1$，$C=3M_1/[\rho_1(\varepsilon_{r1}+2)^2]$，$\varepsilon_{r1,2}=\varepsilon_{r1}+ax_2$，$\rho_{1,2}=\rho_1+bx_2$。作 $\varepsilon_{r1,2}$-x_2 图，由直线斜率得 a；作 $\rho_{1,2}$-x_2 图，直线斜率为 b。求得 $P_2^{*\infty}$ 后，最终可得

$$\mu=0.04274\times10^{-30}[(p_2^{*\infty}-R)T]^{1/2}$$

本实验就是通过测定溶液的密度和溶液在无线电波电场中的相对介电常数，求得总摩尔极化度；同时测定其在光波电场中的摩尔折射率，求得电子极化度；从两者之差来求正丁醇的偶极矩。

仪器与试剂

(1) 小电容测定仪；电容池；阿贝折射仪；密度管；电吹风；25mL 容量瓶；5mL 带刻度移液管；滴管。

(2) 环己烷（A. R.）；环丁醇（A. R.）。

实验步骤

1. 配制溶液

在 25mL 容量瓶中，准确配制含正丁醇的环己烷溶液，其摩尔分数约为 0.05，0.08，0.10，0.15，0.20，0.25，0.30。配好后，在瓶上贴好标签，并注明各个样品中所加正丁醇及环己烷的数量。

2. 相对介电常数 ε_r 的测定

任何物质的相对介电常数 ε_r 可借助于一个电容器的电容值来表示，即 $\varepsilon_r=C/C_0$。式中，C 为某电容器以该物质为介质时的电容值；C_0 为同一电容器真空时的电容值，通常空气的相对介电常数接近于 1，故相对介电常数可近似地写成 $\varepsilon_r=C/C'_{空}$。$C'_{空}$ 为上述电容以空气为介质的电容值，因此相对介电常数的测定就变为测定电容的问题了。电容的测定方法很多，有电桥法、拍频法和谐振电路法等。本实验所用的是电桥法，选用的仪器为 CC-6 型小电容测定仪，其测量电容的原理如图 8.1.1 所示。

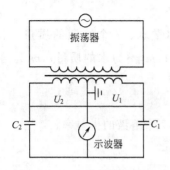

图 8.1.1　电容电桥原理图

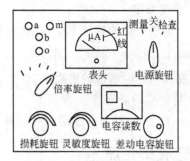

图 8.1.2　小电容测定仪面板图

电桥平衡条件是 $C_1/C_2 = U_1/U_2$。式中，C_1 为电容池二极之间的电容；C_2 为标准差动电容。调节 C_2，当 $C_2 = C_1$ 时，$U_2 = U_1$，此时指示放大器的输出趋近于零，C_2 值可由刻度盘直接读出，C_1 值即测得。

小电容测定仪面板如图 8.1.2 所示，可将欲测的样品置于电容池的样品室中测量。实际所测的电容 C_1 是包括了样品的电容 $C_{样}$ 和电容池的分布电容 $C_{分}$ 之和，即

$$C_1 = C_{样} + C_{分}$$

求算 $C_{分}$ 可采用如下方法。用已知相对介电常数 ε_r 的标准物，测其电容 $C'_{标}$，即 $C'_{标} = C_{标} + C_{分}$。再测电容池中不放样品时的电容 $C'_{空} = C_{空} + C_{分}$。由以上二式可得 $C'_{标} - C'_{空} = C_{标} - C_{空}$。又因为 $\varepsilon_{r标} = C_{标}/C_0 \approx C_{标}/C_{空}$，则：

$$C_{分} = C'_{空} - (C'_{标} - C'_{空})/(\varepsilon_{r标} - 1)$$
$$C_0 = (C'_{标} - C'_{空})/(\varepsilon_{r标} - 1)$$

3. 电容 $C_{分}$ 和 C_0 的测定

本实验用溶剂环己烷作介电常数的标准物质，$\varepsilon_{r标}$ 与摄氏温度 t 的关系为

$$\varepsilon_{r标} = 2.023 - 0.0016(t/^\circ\text{C} - 20)$$

用电吹风将电容池的样品室吹干，盖上池盖，将电容池的内电极接线插头插入小电容仪的插口 m 上，将外电极接线插头插入 a 上。小电容测定仪的面板图见图 8.1.2。

将小电容测定仪的电源旋钮转到"检查"位置，此时表头指针的偏转应大于红线，表示仪器的电源电压正常。然后把电源旋钮转到"测试"挡，倍率旋钮转到位置"1"，调节灵敏度旋钮，使表指针有一定偏转（灵敏度旋钮不可一下子开得太大，否则会使表针打出格），旋转差动电容器旋钮，寻找电桥的平衡位置（指针应向小的方向偏转），继续调节差动电容器旋钮和损耗旋钮并逐步增大灵敏度，使表头的指针趋于最小。电桥平衡后，读取电容值。重复调节三次，三次电容读数的平均值即为 $C'_{空}$。

用滴管吸取干燥过的纯环己烷，加入电容池的样品室中，使液面超过二电极，盖上池盖以防挥发。用上述步骤测定其电容值。重新装样再测它的电容值。两次读数的平均值就是 $C'_{标}$。

将 $C'_{空}$，$C'_{标}$ 值代入相关公式，计算出 $C_{分}$ 与 C_0 值。

4. 溶液电容的测定

测定方法同上。重复测定时，不但要用滴管吸尽电极间的溶液，还要用电吹风将样品室吹干，然后再测 $C'_{空}$ 值。两次测定数据差应小于 0.05pF，否则要重测。每个样品测两次，各取其平均值。

按 $C_1 = C_{样} + C_{分}$ 计算 $C_{样}$，按 $\varepsilon_r = C/C_0$ 计算样品的相对介电常数 ε_r。

5．密度测定

取一洗净干燥的密度管，先称空瓶质量，然后称量水、7 个滴瓶的质量，代入 $\rho_i^t = [(m_i - m_0)/(m_{H_2O} - m_0)]\rho_{H_2O}^t$。式中，$m_0$ 为空管质量；m_{H_2O} 为水的质量；m_i 为溶液质量；ρ_i^t 为温度 $t(\text{℃})$ 时溶液的密度。

6．折射率的测定

在 25℃±0.1℃ 条件下用阿贝折射仪测定环己烷和 7 个溶液的折射率。

数据记录及处理

(1) 由测得的电容值计算各个溶液的相对介电常数。

(2) 计算环己烷、正丁醇及各个溶液的密度。

(3) 由测得正丁醇折射率，用 $R = [(n^2 - 1)/(n^2 + 2)](M/\rho)$（式中，$n$ 为折射率；M 为摩尔质量；ρ 为密度），计算折射率 R。

(4) 按配制溶液的质量计算各溶液的摩尔分数（精确到 4 位有效数字）。

(5) 作 $\varepsilon_{r1,2}$-x_2 图，求出直线截距 ε_{r1} 和斜率 a。

(6) 作 $\rho_{1,2}$-x_2 图，求出直线截距 ρ_1 和斜率 b。

(7) 用 $P_2^{*\infty} = A(M_2 - bB) + aC$ 计算 $P_2^{*\infty}$。

(8) 用 $\mu = 0.04274 \times 10^{-30}[(p_2^{*\infty} - R)T]^{1/2}$ 计算正丁醇的偶极矩 μ，并与文献值比较。

上述实验步骤也完全适用于测定其他体系的相对介电常数和偶极矩，如硝基苯-苯、氯苯-环己烷和苯乙酮-苯体系等。测电容时如要恒温，可采用相对介电常数很小的变压器油为恒温介质，由超级恒温槽使电容池恒温。

思考题

(1) 在本实验中转向极化率是如何进行测量的？

(2) 变形极化由哪些部分组成？本实验在求偶极矩时，是如何考虑这一问题的？

(3) 若电容测定中有±0.1 的读数误差时，将对 $P_2^{*\infty}$ 的结果引起多大误差？

(4) 试分析实验中引起误差的因素，如何改进？

注意事项

(1) 正丁醇易挥发，配制溶液时动作应迅速，以免影响浓度。

(2) 本实验应防止溶液中含有水分，所配制溶液的器具需干燥，溶液应透明不发生浑浊。

(3) 测定电容时，应防止溶液的挥发及吸收空气中极性较大的水汽，影响测定值。

(4) 电容池中各部件的连接应注意绝缘。

实验 8.2　物质摩尔折射率的测定

实验目的

(1) 继续深入了解阿贝折射仪的构造和工作原理，巩固其使用方法。

（2）测定摩尔折射率，判断化合物的分子结构。

实验原理

摩尔折射率是物质结构的一个重要指标，测定物质的摩尔折射率可以鉴别化合物，确定化合物的结构，还可分析混合物的成分，测量浓度、纯度，计算分子的大小，测定相对分子质量，研究氢键和推测配合物的结构等。根据摩尔折射率与其他物理化学性质的内在联系可以建立定量结构-性质关系（Quantitative structure-property relationship, QSPR），在探讨物质的组成、结构与性能方面有较多的应用。用折射法测定化合物的摩尔折射率的优点是快速，精确度高，样品用量少且设备简单。

摩尔折射率（R）是由于在光的照射下分子中电子（主要是价电子）云相对于分子骨架的相对运动的结果。R 可作为分子中电子极化率的量度，其定义为

$$R = [(n^2-1)/(n^2+2)] \times M/\rho \tag{8.2.1}$$

式中，n 为折射率；M 为相对分子质量；ρ 为密度。

摩尔折射率与波长有关，若以钠光 D 线为光源（属于高频电场，$\lambda = 5493 \times 10^{-10}$ m），所测得的折射率以 n_D 表示，相应的摩尔折射率以 R_D 表示。根据 Maxwell 的电磁波理论，物质的介电常数 ε 和折射率 n 之间有关系

$$\varepsilon(v) = n^2(v) \tag{8.2.2}$$

ε 和 n 均与波长 v 有关。

将式(8.2.2) 代入式(8.2.1)，得

$$R = [(\varepsilon-1)/(\varepsilon+2)] \times M/\rho$$

ε 通常是在静电场或低频电场（λ 趋于 ∞）中测定的，因此折射率也应该用外推法求波长趋于 ∞ 时的 n_∞，其结果才更准确，这时摩尔折射率以 R_∞ 表示。R_D 和 R_∞ 一般较接近，相差约百分之几，只对少数物质是例外，如水的 $n_D^2 = 1.75$，而 $\varepsilon = 81$。

摩尔折射率有体积的因次，通常以 cm^3 表示。实验结果表明，摩尔折射率具有加和性，即摩尔折射率等于分子中各原子折射率及形成化学键时折射率的增量之和。利用摩尔折射率的加和性质，就可根据物质的化学式算出其各种同分异构体的摩尔折射率并与实验测定结果做比较，从而探讨原子间的键型及分子结构。表 8.2.1 和表 8.2.2 列出了常见原子的折射率和形成化学键时折射率的增量。

表 8.2.1　常见原子的折射率和形成化学键时折射率的增量

原　子	R_D	原　子	R_D
H	1.028	S(硫化物)	7.921
C	2.591	CN(腈)	5.459
O(酯类)	1.764	键的增量	
O(缩醛类)	1.607	单键	0
OH(醇)	2.546	双键	1.575
Cl	5.844	叁键	1.977
Br	8.741	三元环	0.641
I	13.954	四元环	0.317
N(脂肪族的)	2.744	五元环	-0.19
N(芳香族的)	4.243	六元环	-0.15

表 8.2.2　一些共价键的摩尔折射率

键	R_D	键	R_D	键	R_D
C—C	1.296	C—Cl	6.51	C≡N	4.82
C—C(环丙烷)	1.50	C—Br	9.39	O—H(醇)	1.66
C—C(环丁烷)	1.38	C—I	14.61	O—H(酸)	1.80
C—C(环戊烷)	1.26	C—O(醚)	1.54	S—H	4.80
C—C(环己烷)	1.27	C—O(缩醛)	1.46	S—S	8.11
C=C(苯环)	2.69	C=O	3.32	S—O	4.94
C=C	4.17	C=O(甲基酮)	3.49	N—H	1.76
C≡C(末端)	5.87	C—S	4.61	N—O	2.43
C芳香—C芳香	2694.00	C=S	11.91	N=O	4.00
C—H	1.676	C—N	1.57	N—N	1.99
C—F	1.45	C=N	3.75	N=N	4.12

仪器与试剂

(1) 阿贝折射仪 1 台；玻璃缸恒温槽 1 套；超级恒温槽 1 套；10mL 容量瓶 1 只。

(2) 四氯化碳（A.R.）；乙醇（A.R.）；乙酸甲酯（A.R.）；乙酸乙酯（A.R.）；二氯乙烷（A.R.）。

实验步骤

(1) 折射率的测定。使用阿贝折射仪测定四氯化碳、乙醇、乙酸甲酯、乙酸乙酯、二氯乙烷在实验温度（如 25℃）下的折射率。

(2) 用密度瓶法测定上述物质在相同温度下的密度。

数据记录与处理

(1) 求算所测各化合物的密度，结合所测的折射率数据由式（8.2.1）求出摩尔折射率。

(2) 根据有关化合物的摩尔折射率，求出 CH_3、Cl、C、H 等基团或原子的摩尔折射率。

(3) 按表 8.2.1 数据，计算各化合物的摩尔折射率的理论值，并与实验结果做比较。

思考题

(1) 举例说明摩尔折射率有哪些应用？

(2) 摩尔折射率实验测定的误差来源主要有哪些？试估算其相对误差。

实验 8.3　磁化率的测定

实验目的

(1) 掌握古埃（Gouy）法测定磁化率的原理和方法。

(2) 通过测定一些配合物的磁化率，求算未成对电子数和判断这些分子的配键类型。

实验原理

用测定磁矩的方法可判别化合物是共价配合物还是电价配合物。共价配合物以中心离子的空价电子轨道接受配合体的孤对电子，以形成共价配价键，为了尽可能多地成键，往往会发生电子重排，以腾出更多的空的价电子轨道来容纳配位体的电子对。有机化合物绝大多数分子都是由反平行自旋电子配对而形成的价键，因此，这些分子的总自旋矩也等于零，它们必然是反磁性的。帕斯卡分析了大量有机化合物的摩尔磁化率的数据，总结得到分子的摩尔反磁化率具有加和性。此结论可用于研究有机物分子结构。从磁性测量中还能得到一系列其他资料。例如，测定物质磁化率对温度和磁场强度的依赖性可以判断是顺磁性、反磁性或铁磁性的定性结果。对合金磁化率测定可以得到合金组成，也可研究生物系统中血液的成分等。

1. 磁化率

物质在外磁场作用下会被磁化产生一附加磁场。物质的磁感应强度等于

$$B = B_0 + B' = \mu_0 H + B'$$

式中，B_0 为外磁场的磁感应强度；B' 为附加磁感应强度；H 为外磁场强度；μ_0 为真空磁导率，其数值等于 $4\pi \times 10^{-7}\,N/A^2$。

物质的磁化可用磁化强度 M 来描述，M 也是矢量，它与磁场强度成正比。

$$M = \chi H$$

式中，χ 为物质的体积磁化率。在化学上常用质量磁化率 χ_m 或摩尔磁化率 χ_M 来表示物质的磁性质。

$$\chi_m = \chi / \rho$$

$$\chi_M = M\chi_m = \chi M / \rho$$

式中，ρ、M 分别是物质的密度和相对分子质量。

2. 分子磁矩与磁化率

物质的磁性与组成物质的原子、离子或分子的微观结构有关，当原子、离子或分子的两个自旋状态电子数不相等，即有未成对电子时，物质就具有永久磁矩。由于热运动，永久磁矩指向各个方向的机会相同，所以该磁矩的统计值等于零。在外磁场作用下，具有永久磁矩的原子、离子或分子会顺着外磁场的方向排列。除了其永久磁矩（其磁化方向与外磁场相同，磁化强度与外磁场强度成正比）表现为顺磁性外，还由于它内部的电子轨道运动有感应的磁矩，其方向与外磁场相反，表现为逆磁性，此类物质的摩尔磁化率 χ_M 是摩尔顺磁化率 $\chi_顺$ 和摩尔逆磁化率 $\chi_逆$ 之和，即

$$\chi_M = \chi_顺 + \chi_逆$$

对于顺磁性物质，$\chi_顺 \gg |\chi_逆|$，可作近似处理，$\chi_M = \chi_顺$。对于逆磁性物质，则只有 $\chi_逆$，所以它的 $\chi_M = \chi_逆$。

还有情况是物质被磁化的强度与外磁场强度不存在正比关系，而是随着外磁场强度的增加而剧烈增加，当外磁场消失后，它们的附加磁场，并不立即随之消失，这种物质称为铁磁性物质。

磁化率是物质的宏观性质，分子磁矩是物质的微观性质，用统计力学的方法可以得到摩尔顺磁化率 $\chi_顺$ 和分子永久磁矩 μ_m 之间的关系。

$$\chi_顺 = L\mu_m^2 \mu_0 / 3k_b T = C/T$$

式中，L 为阿伏加德罗常量；k_b 为玻尔兹曼常量；T 为热力学温度。

物质的摩尔顺磁化率与热力学温度成反比这一关系，称为居里定律，是居里首先在实验中发现，C 为居里常数。

物质的永久磁矩 μ_m 与它所含有的未成对电子数 n 的关系为

$$\mu_m = [n(n+2)]^{1/2}\mu_B$$

式中，μ_B 为玻尔磁子，其物理意义是单个自由电子自旋所产生的磁矩，J/T。即

$$\mu_B = eh/4\pi m_e = 9.274 \times 10^{-24}$$

式中，h 为普朗克常量；m_e 为电子质量。

因此，只要实验测得 χ_M，即可求出 μ_m，并算出未成对电子数。这对于研究某些原子或离子的电子组态，以及判断配合物分子的配键类型是很有意义的。

3. 磁化率的测定

将装有样品的圆柱形玻璃管悬挂在两磁极中间，使样品底部处于两磁极的中心，亦即磁场强度最强区域，样品的顶部则位于磁场强度最弱，甚至为零的区域。这样，样品就处于一不均匀的磁场中，设样品的横截面积为 A，样品管的长度方向为 dS，体积 AdS 内在非均匀磁场中所受到的作用力 dF 为

$$dF = \chi\mu_0 HAdS(dH/dS)$$

dH/dS 为磁场强度梯度，对于顺磁性物质的作用力，指向场强度最大的方向，反磁性物质则指向场强度弱的方向，当不考虑样品周围介质（如空气，其磁化率很小）和 H_0 的影响时，整个样品所受的力为

$$F = \int_{H=H}^{H_0=0} \chi\mu_0 HA\,dS\,\frac{dH}{dS} = \frac{1}{2}\chi\mu_0 H^2 A$$

当样品受到磁场作用力时，天平的另一臂加减砝码使之平衡，设 Δm 为施加磁场前后的质量差，则

$$F = 1/2\chi\mu_0 H^2 A = g\Delta m$$

由于 $\chi = \chi_m\rho$，$\rho = m/(hA)$ 代入上式整理，得

$$\chi_m = 2hg\Delta m M/\mu_0 m H^2$$

式中，h 为样品高度；m 为样品质量；M 为样品相对分子质量；ρ 为样品密度；$\mu_0 = 4\pi \times 10^{-7} \text{NA}^{-2}$ 为真空磁导率。

磁场强度 H 可用特斯拉计测量，或用已知磁化率的标准物质进行间接测量。例如，用莫尔盐 $[(NH_4)_2SO_4 \cdot FeSO_4 \cdot 6H_2O]$，已知莫尔盐的 $\chi_m (\text{m}^3/\text{kg})$ 与热力学温度 T 的关系式为

$$\chi_m = [9500/(T+1)] \times 4\pi \times 10^{-9}$$

仪器与试剂

(1) 古埃磁天平 1 台；特斯拉计 1 台；样品管 1 支。

(2) $(NH_4)_2SO_4 \cdot FeSO_4 \cdot 6H_2O$（A. R.）；$FeSO_4 \cdot 7H_2O$（A. R.）；$K_4Fe(CN)_6 \cdot 3H_2O$（A. R.）；$K_3Fe(CN)_6$（A. R.）。

实验步骤

(1) 将特斯拉计的探头放入磁铁的中心架中，套上保护套，调节特斯拉计的数字显

示为 "0"。

（2）除下保护套，把探头平面垂直置于磁场两极中心，打开电源，调节 "调压旋钮"，使电流增大至特斯拉计上显示约 "0.300T"，调节探头上下、左右位置，观察数字显示值，把探头位置调节至显示值为最大的位置，此乃探头最佳位置。用探头沿此位置的垂直线，测定 $H_0 = 0$ 时的位置离磁铁中心的距离，这也就是样品管内应装样品的高度。关闭电源前，应调节调压旋钮使特斯拉计数字显示为零。

（3）用莫尔盐标定磁场强度。取一支清洁、干燥的空样品管悬挂在磁天平的挂钩上，使样品管正好与磁极中心线齐平（样品管不可与磁极接触，并与探头有合适的距离）。准确称取空样品管质量（$H = 0$）时，得 $m_1(H_0)$；调节旋钮，使特斯拉计数显为 "0.300T"（H_1），迅速称量，得 $m_1(H_1)$，逐渐增大电流，使特斯拉计数显为 "0.350T"（H_2），称量得 $m_1(H_2)$，然后略微增大电流，接着退至 "0.350T" H_2，称量得 $m_2(H_2)$，将电流降至数显为 "0.300T"（H_1）时，再称量得 $m_2(H_1)$，再缓慢降至数显为 "0.000T"（H_0），又称取空管质量得 $m_2(H_0)$。这样调节电流由小到大，再由大到小的测定方法是为了抵消实验时磁场剩磁现象的影响。

$$\Delta m_{空管}(H_1) = (1/2)[\Delta m_1(H_1) + \Delta m_2(H_1)]$$
$$\Delta m_{空管}(H_2) = (1/2)[\Delta m_1(H_2) + \Delta m_2(H_2)]$$

其中

$$\Delta m_1(H_1) = m_1(H_1) - m_1(H_0); \quad \Delta m_2(H_1) = m_2(H_1) - m_2(H_0)$$
$$\Delta m_1(H_2) = m_1(H_2) - m_1(H_0); \quad \Delta m_2(H_2) = m_2(H_2) - m_2(H_0)$$

（4）取下样品管用小漏斗装入事先研细并干燥过的莫尔盐，并不断让样品管底部在软垫上轻轻碰击，使样品均匀填实，直至所要求的高度（用尺准确测量），按前述方法将装有莫尔盐的样品管置于磁天平上称量。得到：$m_{1空管+样品}(H_0)$，$m_{1空管+样品}(H_1)$，$m_{1空管+样品}(H_2)$，$m_{2空管+样品}(H_2)$，$m_{2空管+样品}(H_1)$，$m_{2空管+样品}(H_0)$。求出 $\Delta m_{空管+样品}(H_1)$ 和 $\Delta m_{空管+样品}(H_2)$。

（5）同一样品管中，同法分别测定 $FeSO_4 \cdot 7H_2O$，$K_4Fe(CN)_6 \cdot 3H_2O$ 的 $\Delta m_{空管+样品}(H_1)$ 和 $\Delta m_{空管+样品}(H_2)$。

（6）测定后的样品均要倒回试剂瓶，可重复使用。

数据记录及处理

（1）由莫尔盐的单位质量磁化率和实验数据计算磁场强度值。

（2）计算 $FeSO_4 \cdot 7H_2O$、$K_3Fe(CN)_6$ 和 $K_4Fe(CN)_6 \cdot 3H_2O$ 的 χ_M，μ_m 和未成对电子数。

（3）根据未成对电子数讨论 $FeSO_4 \cdot 7H_2O$ 和 $K_4Fe(CN)_6 \cdot 3H_2O$ 中 Fe^{2+} 的最外层电子结构以及由此构成的配键类型。

思考题

（1）不同励磁电流下测得的样品摩尔磁化率是否相同？

（2）用古埃磁天平测定磁化率的精密度与哪些因素有关？

（3）磁化率与物质结构有怎样关系？

注意事项

　　所测样品应事先研细，放在装有浓硫酸的干燥器中干燥。空样品管需干燥洁净。装样时应使样品均匀填实。称量时，样品管应正好处于两磁极之间，其底部与磁极中心线齐平。悬挂样品管的悬线勿与任何物件相接触。样品倒回试剂瓶时，注意瓶上所贴标志，切忌倒错瓶子。

实验 8.4　红外吸收光谱的测定及有机结构分析

实验目的

　　(1) 掌握红外光谱法进行物质结构分析的基本原理，能够利用红外光谱鉴别官能团，并根据官能团确定未知组分的主要结构。
　　(2) 了解红外光谱测定的样品制备方法。
　　(3) 学会红外分光光度计的使用。

实验原理

　　红外吸收光谱法是通过研究物质结构与红外吸收光谱间的关系，来对物质进行分析的，红外光谱可以用吸收峰谱带的位置和峰的强度加以表征。测定未知物结构是红外光谱定性分析的一个重要用途。根据实验所测绘的红外光谱图的吸收峰位置、强度和形状。利用基团振动频率与分子结构的关系，来确定吸收带的归属，确认分子中所含的基团或键，并推断分子的结构，鉴定的步骤如下。①对样品做初步了解，如样品的纯度、外观、来源及元素分析结果、物理性质（分子量、沸点、熔点）。②确定未知物不饱和度，以推测化合物可能的结构。③图谱解析：a. 首先在官能团区（$4000 \sim 1300 cm^{-1}$）搜寻官能团的特征伸缩振动；b. 再根据"指纹区"（$1300 \sim 600 cm^{-1}$）的吸收情况，进一步确认该基团的存在以及与其他基团的结合方式。

仪器与试剂

　　(1) 红外分光光度计（Nicolet 360 型）；手压式压片机（包括压模等）；玛瑙研钵；可拆式液体池；盐片等。
　　(2) KBr(A.R.)；无水乙醇（A.R.）；苯胺、苯甲酸等。

实验步骤

　　(1) 打开仪器，熟悉仪器操作方法和工作站。
　　(2) 液体样品苯胺的制备及测试
　　① 液体吸收池法制备试样。将可拆式液体样品池的盐片从干燥器中取出，在红外灯下用少许滑石粉混入几滴无水乙醇磨光其表面。再用几滴无水乙醇清洗盐片后，置于红外灯下烘干备用。将盐片放在可拆液池的孔中央，在盐片上滴一滴苯胺试样，将另一盐片平压在上面（不能有气泡）组装好液池。
　　② 试样测试将液体吸收池置于光度计样品托架上，进行扫谱。扫谱结束后，及时用

CHCl$_3$ 或无水乙醇洗去样品，并按前面方法清洗盐片并保存在干燥器中。

（3）固体样品苯甲酸的制备及测试。采用压片法，将研成为 $2\mu m$ 的粉末样品 $1\sim2mg$ 与 $100\sim200mg$ KBr 粉末混匀，放入压模内，在压片机上边抽真空边加压，制成厚约 $1mm$，直径约 $10mm$ 的透明薄片。将此片装于样品架上，先粗测透光率是否超过 40%，若达到，即可扫谱。若未达到 40%，需重新压片。扫谱结束后，取下样品架，取出薄片，按要求将模具、样品架等清理干净，妥善保管。

数据记录与处理

（1）根据苯胺的光谱进行图谱解析。在 $3000cm^{-1}$ 附近有 4 个弱吸收峰，这是苯环及 CH$_3$ 的 C—H 伸缩振动；在 $1600\sim1500cm^{-1}$ 处有 $2\sim3$ 个峰，是苯环的骨架振动，所以可判定该化合物有苯环存在；在指纹区 $760cm^{-1}$、$692cm^{-1}$ 处有 2 个峰，说明是单取代苯环；在 $3400\sim3500cm^{-1}$ 处的吸收峰分别为 N—H 伸缩振动，所以根据上述图谱分析此物质的结构与苯胺标准红外光谱比较，完全一致。

（2）对苯甲酸的图谱进行解析。在 $3020cm^{-1}$ 的吸收峰是苯环上的 =C—H 伸缩振动引起的。在 $1605cm^{-1}$，$1511cm^{-1}$ 的吸收峰是苯环骨架 C=C 伸缩振动引起的。在 $817cm^{-1}$ 的吸收峰说明苯环上发生了对位取代，所以可初步推断其基本结构。在 $3000cm^{-1}$ 左右和 $1400cm^{-1}$ 左右的吸收峰是酸的吸收，在指纹区 $760cm^{-1}$、$692cm^{-1}$ 处有 2 个峰，说明是单取代苯环。所以推测是苯甲酸，再与苯甲酸的标准红外图谱比较。

思考题

（1）为什么红外分光光度法要采取特殊的制样方法？

（2）影响基团振动频率的因素有哪些？这对于由红外光谱推断分子的结构有什么作用？

注意事项

（1）制备试样是否规范直接关系到红外图谱的准确性，所以对液体样品，应注意使盐片保持干燥透明，每次测定前后均应用无水乙醇及滑石粉抛光，在红外灯下烘干。对固体样品经研磨后也应随时注意防止吸水，否则压出的片子易沾在模具上。

（2）仪器注意防震、防潮、防腐蚀。

实验 8.5　苯及其衍生物的紫外吸收光谱的测绘及溶剂效应的研究

实验目的

（1）了解不同的助色团对苯的紫外吸收光谱的影响。

（2）观察溶剂极性对丁酮、异亚丙基丙酮的吸收光谱以及 pH 对苯酚的吸收光谱的影响。

（3）学习并掌握紫外可见分光光度计的使用方法。

实验原理

　　具有不饱和结构的有机化合物，特别是芳香族化合物，在紫外区（200～400nm）有特征吸收，为鉴定有机化合物提供了有用的信息。方法是比较未知物与纯的已知化合物在相同条件（溶剂、浓度、pH 值、温度等）下绘制的吸收光谱，或将未知物的紫外光谱与标准谱图（如 Sadtler 紫外光谱图）比较，如果两者一致，说明至少它们的生色团和分子母核是相同的。E1 带、E2 带和 B 带是苯环上三个共轭体系中的 $\pi \rightarrow \pi^*$ 跃迁产生的，E1 带和 E2 带属强吸收带，在 230～270nm 范围内的 B 带属弱吸收带，其吸收峰常随苯环上取代基的不同而发生位移。影响有机化合物的紫外吸收光谱的因素有：内因（共轭效应、空间位阻、助色效应）和外因（溶剂的极性和酸碱性）。溶剂的极性和酸碱性不仅影响待测物质吸收波长的移动，还影响吸收峰吸收强度和它的形状。

仪器与试剂

　　（1）紫外可见分光光度计（自动扫描型）；石英吸收池；容量瓶（10mL，5mL）；吸量管（1mL，0.1mL）。

　　（2）苯、乙醇、氯仿、丁酮、异亚丙基丙酮、正庚烷（均为 A. R.）；HCl 0.1mol/L；NaOH 0.1mol/L；苯的正庚烷溶液（以 1∶250 比例混合而成）；0.3mg/mL 苯酚的乙醇溶液、甲苯的正庚烷溶液（以 1∶250 比例混合而成）；0.3mg/mL 苯酚的正庚烷溶液；0.4mg/mL 苯酚的水溶液；0.8mg/mL 苯甲酸的正庚烷溶液；0.8mg/mL 苯甲酸的乙醇溶液；0.3mg/mL 苯乙酮的正庚烷溶液；0.3mg/mL 苯乙酮的乙醇溶液；异亚丙基丙酮分别用水、甲醇、正庚烷配成浓度为 0.4mg/mL 的溶液。

实验步骤

　　（1）苯及其一取代物的吸收光谱的测绘。在 5 只 5mL 容量瓶中分别加入 0.50mL 苯、甲苯、苯乙酮、苯酚、苯甲酸的正庚烷溶液，用正庚烷稀释至刻度，摇匀。将它们依次装入带盖的石英吸收池中，以正庚烷为参比，在 220～320nm 范围内进行波长扫描，得吸收光谱。观察各吸收光谱的图形，找出最大吸收波长 λ_{max}，并计算各取代基使苯的 λ_{max} 红移了多少？

　　（2）溶剂极性对 $n \rightarrow \pi^*$ 跃迁的影响。在 3 只 5mL 的容量瓶中，各加入 0.02mL（长嘴滴管 1 滴）的丁酮，分别用水、乙醇、氯仿稀释至刻度，摇匀。将它们依次装入石英吸收池，分别相对各自的溶剂，在 220～350nm 进行波长扫描，制得吸收光谱。比较它们吸收光谱的最大吸收波长的变化，并解释。

　　（3）溶剂极性对 $\pi \rightarrow \pi^*$ 跃迁的影响。在 3 只 10mL 的容量瓶中依次加入 0.20mL 分别用水、甲醇、正庚烷配制的异亚丙基丙酮溶液，并分别用水、甲醇、正庚烷稀释至刻度，摇匀。将它们依次装入石英吸收池，相对各自的溶剂，在 200～300nm 进行波长扫描，制得吸收光谱。比较吸收光谱的最大吸收波长的变化，并解释。

　　（4）溶剂极性对吸收峰吸收强度和形状的影响。在 3 只 5mL 的容量瓶中，分别加入 0.50mL 苯酚、苯乙酮、苯甲酸乙醇溶液，用乙醇稀释至刻度，摇匀。将它们依次装入带盖的石英吸收池中，以乙醇为参比，在 220～320nm 进行波长扫描，得吸收光谱。与苯酚、苯乙酮、苯甲酸的正庚烷溶液的吸收光谱相比较，得出结论。

（5）溶液的酸碱性对苯酚吸收光谱的影响。在 2 只 5mL 的容量瓶中，各加入 0.50mL 苯酚的水溶液，分别用 0.1mol/L HCl、0.1mol/L NaOH 溶液稀释至刻度，摇匀。将它们分别依次装入石英吸收池，相对水为参比，在 220～350nm 进行波长扫描，制得吸收光谱。比较它们的最大吸收波长，并解释。

思考题

（1）举例说明溶剂极性对 n→π* 跃迁和 π→π* 跃迁吸收峰将产生什么影响？

（2）在本实验中能否用蒸馏水代替各溶剂作参比溶液，为什么？

实验 8.6　X 衍射法测定 NaCl 的晶体结构

实验目的

（1）掌握 X 射线衍射的基本原理，熟悉布拉格方程和立方晶体 X 射线衍射图的标定方法。

（2）学习立方 X 射线衍射图的标定方法。测定 NaCl 的点阵形式并计算其晶体密度。

（3）初步了解 X 射线衍射仪的构造和使用方法。

（4）学习有关 X 射线的防护知识，学会查阅 PDF 卡片。

实验原理

X 射线是一种波长范围在 0.001～10nm 之间的电磁波，晶体衍射用的 X 射线波长约在 0.1nm 左右，当 X 射线通过晶体时，可以产生衍射效应。衍射方向与所用波长 (λ)、晶体结构和晶体取向有关。

若以 $(h'k'l')$ 代表晶体的一族平面点阵（或晶面）的指标（$h'k'l'$ 为互质的整数），$d_{(h'k'l')}$ 是这族平面点阵中相邻两个平面之间的距离，入射的 X 射线与这族平面点阵的夹角 $\theta_{(nh'nk'nl')}$ 满足布拉格（Bragg）方程时就可产生衍射。

$$2d_{(h'k'l')}\sin\theta_{(nh'nk'nl')}=n\lambda \tag{8.6.1}$$

式中，n 为整数，表示相邻两平面点阵的光程差为 n 个波，所以 n 又叫衍射级数；$nh'nk'nl'$ 常用 hkl 表示，hkl 称为衍射指标，它和平面点阵指标是整数倍关系。

当一束 X 射线照到单晶体上，和 $(h'k'l')$ 平面点阵族的夹角为 θ 且满足布拉格公式时，衍射线方向与入射线方向相差 2θ，如图 8.6.1(a) 所示。对于粉末晶体，晶粒有各种取向，同样一族平面点阵和 X 射线夹角为 θ 的方向有无数个，产生无数个衍射，分布在顶角为 4θ 的圆锥上，如图 8.6.1(b) 所示。晶体中有许多平面点阵族，当它们符合衍射条件时，相应地会形成许多张角不同的衍射线，共同以入射的 X 射线为中心轴，分散在 $2\theta=0°～180°$ 的范围内。

收集记录粉末晶体衍射线，常用的方法有德拜-谢乐（Debye-Schrrer）照相法和衍射仪法。本实验是采用衍射仪法。

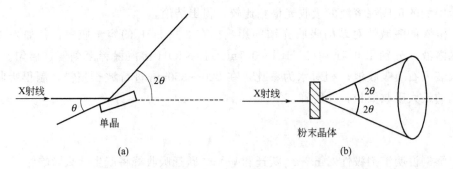

图 8.6.1　单晶（a）和粉末晶体（b）衍射示意图

X 光衍射仪主机，由三个基本部分构成：①X 光源（是一台发射 X 光强度高度稳定的 X 光发生器）；②衍射角测量部分（一台精密分度的测角仪）；③X 光强度测量记录部分（X 光检测器及与之配合的一套量子计数测量记录系统）。图 8.6.2 是衍射仪法的原理示意图。实验时，将样品磨细，在样品架上压成平片，安置在衍射仪的测角器中心底座上，计数管始终对准中心，绕中心旋转。样品每转 θ，计数管转 2θ，电子记录仪的记录纸也同步

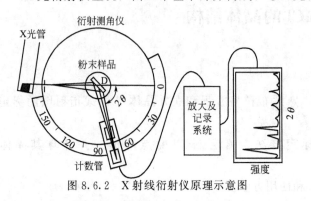

图 8.6.2　X 射线衍射仪原理示意图

地转动，逐一地把各衍射线的强度记录下来。在记录所得的衍射图中，一个坐标代表衍射角 2θ，另一坐标表示衍射强度的相对大小。

从粉末衍射图上量出每一衍射线的 2θ，根据式(8.6.1)求出各衍射线的 dn 值，各衍射线的强度 I 可由衍射峰的面积求算，或近似地用峰的相对高度计算，这样即可获得 "$dn\sim I$" 的数据。

由于每一种晶体都有它特定的结构，不可能有两种晶体的晶胞大小、形状、晶胞中原子的数目和位置完全一样，因此晶体的粉末图就像人的指纹一样各不相同，即每种晶体都有它自己的 "$dn\sim I$" 的数据。由于衍射线的分布和强度与物质内部的结构有关，因此，根据粉末图得到的 "$dn\sim I$" 数据，查对 PDF 卡片（该卡又称《X 射线粉末衍射数据资料集》它汇集了数万种晶体的 X 射线粉末数据）就可鉴定未知晶体，进行物相分析，这是 X 射线粉末法的重要应用。粉末法的另一方面的应用是测定简单晶体的结构。本实验着重于简单晶体的结构测定。

在立方晶体中，晶面间距 $d_{(h'k'l')}$ 与晶面指标间存在下列关系：

$$d_{(h'k'l')} = a/[(h')^2 + (k')^2 + (l')^2]^{1/2} \tag{8.6.2}$$

式中，a 为立方晶体晶胞的边长。将式(8.6.1) 和式(8.6.2)合并，整理得

$$\sin^2\theta = \lambda^2(h^2 + k^2 + l^2)/(4a^2) \tag{8.6.3}$$

属于立方晶系的晶体有三种点阵形式：简单立方（以 P 表示）、体心立方（以 I 表示）和面心立方（以 F 表示）。它们可以由 X 射线粉末图来鉴别。

从式(8.6.3) 可见，$\sin^2\theta$ 与 ($h^2 + k^2 + l^2$) 成正比。三个整数的平方和只能等于 1，2，

3，4，5，6，8，9，10，11，12，13，14，16，17，18，19，20，21，22，24，25，…因此，对于简单立方点阵，各衍射线相应的 $\sin^2\theta$ 之比为

$$\sin^2\theta_1 : \sin^2\theta_2 : \sin^2\theta_3 : \cdots = 1:2:3:4:5:6:8:9:10:11:12:13:\cdots$$

对于体心立方点阵，由于系统消光的原因，所有 $(h^2+k^2+l^2)$ 为奇数的衍射线都不会出现，因此，体心立方点阵各衍射线 $\sin^2\theta$ 之比为

$$\sin^2\theta_1 : \sin^2\theta_2 : \sin^2\theta_3 : \cdots = 2:4:6:8:10:12:14:16:18:20:\cdots$$

$$= 1:2:3:4:5:6:7:8:9:10:\cdots$$

对于面心立方点阵，也由于系统消光原因，各衍射线 $\sin^2\theta$ 之比为

$$\sin^2\theta_1 : \sin^2\theta_2 : \sin^2\theta_3 : \cdots = 1:1.33:2.67:3.67:4:5.33:6.33:6.67:8:\cdots$$

$$= 3:4:8:11:12:16:19:20:24:\cdots$$

从以上 $\sin^2\theta$ 比可以看到，简单立方和体心立方的差别在于前者无 "7"、"15"、"23" …等衍射线，而面心立方则具有明显的二密一稀分布的衍射线。因此，根据立方晶体衍射线 $\sin^2\theta$ 之比可以鉴定立方晶体所属的点阵形式，表 8.6.1 列出立方点阵三种形式的衍射指标及其平方和。

表 8.6.1　立方点阵的衍射指标及其平方和

$h^2+k^2+l^2$	简单(P)	体心(I)	面心(F)	$h^2+k^2+l^2$	简单(P)	体心(I)	面心(F)
1	100	—	—	14	321	321	—
2	110	110	—	15	—	—	—
3	111	—	111	16	400	400	400
4	200	200	200	17	410,322	—	—
5	210	—	—	18	411,330	411,330	—
6	211	211	—	19	331	—	331
7	—	—	—	20	420	420	420
8	220	220	220	21	421	—	—
9	300,211	—	—	22	332	332	—
10	310	310	—	23	—	—	—
11	311	—	311	24	420	420	420
12	222	222	222	25	500,432	—	—
13	320	—	—				

立方晶体的密度可由下式计算：

$$\rho = Z(M/N_A)/a^3 \tag{8.6.4}$$

式中，Z 为晶胞中分子量或化学式量为 M 的分子或化学式单位的个数；N_A 为阿伏加德罗常数。如果把一个分子或化学式单位与一个点阵联系起来，则简单立方的 $Z=1$，体心立方的 $Z=2$ 面心立方的 $Z=4$。

仪器与试剂

（1）X 射线衍射仪；玛瑙研钵等。

（2）NaCl（A.R.）。

实验步骤

（1）在玛瑙研钵中将 NaCl 晶体磨至 340 目左右（手摸时无颗粒感）。将玻璃样品框放

于平晶上，把样品均匀地洒于框内，略高于样品框玻璃平面，用玻璃片压样晶，使样品足够紧密且表面光滑平整，附着在框内不至于脱落。将样品框插在测角仪粉末样品台上。

（2）按"X 射线衍射仪操作规程"开机操作，并选择实验参数。本实验用铜靶（Cu、Kα、Ni 滤波片），正比计数器。选用狭缝发射为 1°，散射为 1°，接收为 0.4mm，扫描速度为 0.03°/s，采样时间为 1s，走纸速度为 10mm/度，时间常数为 1s，记录仪满量程为 5000脉冲/s。管压 40kV，管流 20mA，用"DATA COLLECTION"进行衍射数据的采集，绘制衍射图谱，起始角度为 25°，终止角度为 156°。按 F_1 键为扫描开始，按 F_2 键为停止。

（3）扫描结束后，按"X 射线衍射仪操作规程"关机。

数据记录及处理

（1）在图谱上标出每条衍射线的 2θ 的度数，计算各衍射线的 $\sin^2\theta$ 之比，与表 8.6.1 比较，确定 NaCl 的点阵形式。

（2）根据表 8.6.1 标出各衍射线的指标 hkl，选择较高角度的衍射线，将 $\sin\theta$、衍射指标以及所用 X 射线的波长代入式（8.6.3）求 a。

（3）用式（8.6.4）计算 NaCl 的密度。

（4）由各衍射线的 2θ 值计算（或查表）相应的 d 值，估算各衍射线的相对强度，同文献值（PDF 卡片）相比较。

（5）解释图谱中衍射（111）和（200）间出现的小衍射峰。

注意事项

（1）实验时应注意安全，以防高压触电和 X 射线辐射。

（2）严格按照开关机顺序操作，切忌颠倒。

思考题

（1）对于一定波长的 X 射线，是否晶面间距 d 为任何值的晶面都可产生衍射？

（2）X 射线对人体有什么危害？应如何防护？

（3）计算晶胞参数 a 时，为什么要用较高角度的衍射线？

第 9 章 常用实验仪器

经典的化学分析方法所用试样量多，操作烦琐，耗时费力。而仪器分析方法具有灵敏度高、取样量少、准确度高、快速无损等特点。仪器分析的方法种类很多，发展也极为迅速，应用前景极为广阔。

在本章，我们选列了十七类常用的分析仪器。有些仪器由于价格特别昂贵，离直接向学生开放尚有一定距离，故暂未作介绍。感兴趣者可参考相关资料。

9.1 阿贝折射仪

光与物质相互作用可以产生各种光学现象（如光的折射、反射、散射、透射、吸收、旋光以及物质受激辐射等），通过分析研究这些光学现象，可以提供原子、分子及晶体结构等方面的大量信息。所以，不论在物质的成分分析、结构测定及光化学反应等方面，都离不开光学测量。折射率是物质的重要物理常数之一，许多纯物质都具有一定的折射率，如果其中含有杂质则折射率将发生变化，出现偏差，杂质越多，偏差越大。因此通过折射率的测定，可以测定物质的浓度。

9.1.1 阿贝折射仪的构造

传统的阿贝折射仪的外形图如图 9.1.1 所示，光学系统示意图如图 9.1.2 所示，数显式阿贝折射仪的外形图如图 9.1.3 所示。

它的主要部分是由两个折射率为 1.75 的玻璃直角棱镜所构成，上部为测量棱镜，是光学平面镜，下部为辅助棱镜，其斜面是粗糙的毛玻璃，两者之间约有 0.1 ～ 0.15mm 厚度空隙，用于装待测液体，并使液体展开成一薄层。当从反射镜反射来的入射光进入辅助棱镜至粗糙表面时，产生漫散射，以各种角度透过待测液体，而从各个方向进入测量棱镜而发生折射。其折射角都落在临界角 β_0 之内，因为棱镜的折射率大于待测液体的折射率，因此入射角从 0°～90°的光线都通过测量棱镜发生折射。具有临界角 β_0 的光线从测量棱镜出来反射到目镜上，此时若将目镜十字线调节到适当位置，则会看到目镜上呈半明半暗状态。折射光都应落在临界角 β_0 内，成为亮区，其他部分为暗区，构成了明暗分界线。

在实际测量折射率时，我们使用的入射光不是单色光，而是使用由多种单色光组成的普通白光，因不同波长的光的折射率不同而产生色散，在目镜中看到一条彩色的光带，而没有清晰的明暗分界线，为此，在阿贝折射仪中安置了一套消色散棱镜（又叫补偿棱镜）。通过调节消色散棱镜，使测量棱镜出来的色散光线消失，明暗分界线清晰，此时测得的液体的折射率相当于用单色光钠光 D 线（5890nm）所测得的折射率 n_D。

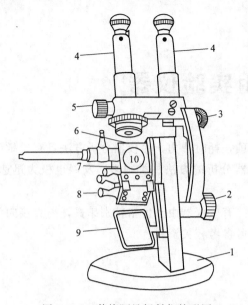

图 9.1.1 传统阿贝折射仪外形图

1—基座；2—阿贝棱镜组及刻度盘手轮；

3—读数照明反射镜子；4—望远镜；

5—阿米西棱镜调节手轮；6—棱镜组锁紧扳手；

7—阿贝棱镜组；8—恒温器接头；

9—反光镜；10—全反射照明窗口

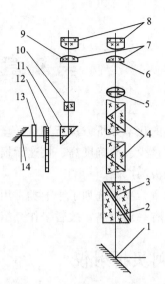

图 9.1.2 阿贝折射仪光学系统示意图

1—反射镜；2—辅助棱镜；3—测量棱镜；

4—消色散棱镜；5—物镜；6—分划板；

7,8—目镜；9—分划板；10—物镜；

11—转向棱镜；12—照明度盘；

13—毛玻璃；14—小反光镜

9.1.2 阿贝折射仪的使用方法

① 仪器安装：将阿贝折射仪安放在光亮处，但应避免阳光的直接照射，以免液体试样受热迅速蒸发。用超级恒温槽将恒温水通入棱镜夹套内，检查棱镜上温度计的读数是否符合要求 [一般选用 (20.0±0.1)℃或 (25.0±0.1)℃]。

② 加样：旋开测量棱镜和辅助棱镜的闭合旋钮，使辅助棱镜的磨砂斜面处于水平位置，若棱镜表面不清洁，可滴加少量丙酮，用擦镜纸顺单一方向轻擦镜面（不可来回擦）。待镜面洗净干燥后，用滴管滴加数滴试样于辅助棱镜的毛镜面上，迅速合上辅助棱镜，旋紧闭

图 9.1.3 某型号数显式阿贝折射仪

合旋钮。若液体易挥发，动作要迅速，或先将两棱镜闭合，然后用滴管从加液孔中注入试样（注意切勿将滴管折断在孔内）。

③ 调光：转动镜筒使之垂直，调节反射镜使入射光进入棱镜，同时调节目镜的焦距，使目镜中十字线清晰明亮。调节消色散补偿器使目镜中彩色光带消失。再调节读数螺旋，使明暗的界面恰好同十字线交叉处重合。

④ 读数：从读数望远镜中读出刻度盘上的折射率数值。常用的阿贝折射仪可读至小数点后的第四位，为了使读数准确，一般应将试样重复测量三次，每次相差不能超过 0.0002，然后取平均值。有的折射仪的刻度盘的示值为两行：一行直接读出试样的折射率（从 1.3000～1.7000）；另一行为 0～95%，当测定糖溶液时，用此刻度可直接得到糖溶液的百分数。

9.1.3　使用注意事项

阿贝折射仪是一种精密的光学仪器，使用时应注意以下几点。

① 使用时要注意保护棱镜，清洗时只能用擦镜纸而不能用滤纸等。加试样时不能将滴管口触及镜面。对于酸碱等腐蚀性液体不得使用阿贝折射仪。

② 每次测定时，试样不可加得太多，一般只需加 2～3 滴即可。

③ 要注意保持仪器清洁，保护刻度盘。每次实验完毕，要在镜面上加几滴丙酮，并用擦镜纸擦干。最后用两层擦镜纸夹在两棱镜镜面之间，以免镜面损坏。

④ 读数时，有时在目镜中观察不到清晰的明暗分界线，而是畸形的，这是由于棱镜间未充满液体；若出现弧形光环，则可能是由于光线未经过棱镜而直接照射到聚光透镜上。

⑤ 若待测试样折射率不在 1.3～1.7 范围内，则阿贝折射仪不能测定，也看不到明暗分界线。

9.1.4　阿贝折射仪的校正和保养

阿贝折射仪刻度盘的标尺零点有时会发生移动，需加以校正。校正的方法一般是用已知折射率的标准液体，常用纯水。通过仪器测定纯水的折射率，读取数值，如同该条件下纯水的标准折射率不符，调整刻度盘上的数值，直至相符为止。也可用仪器出厂时配备的折光玻璃来校正，具体方法一般在仪器说明书中有详细介绍。

阿贝折射仪使用完毕后，要注意保养。应清洁仪器，如果光学零件表面有灰尘，可用高级鹿皮或脱脂棉轻擦后，再用洗耳球吹去。如有油污，可用脱脂棉蘸少许汽油轻擦后再用乙醚擦干净。用毕后将仪器放入有干燥剂的箱内，放置于干燥、空气流通的室内，防止仪器受潮。搬动仪器时应避免强烈振动和撞击，防止光学零件损伤而影响精度。

9.2　黏度计

9.2.1　定义与原理

当流体受外力作用产生流动时，在流动着的液体层之间存在着切向的内部摩擦力。如果要使液体通过管子，必须消耗一部分功来克服这种流动的阻力。在流速低时管子中的液体沿着与管壁平行的直线方向前进，最靠近管壁的液体实际上是静止的，与管壁距离愈远，流动的速度也愈大。

流层之间的切向力 f 与两层间的接触面积 A 和速度差 Δv 成正比，而与两层间的距离 Δx 成反比，即 $f = \eta A(\Delta v/\Delta x)$，其中 η 是比例系数，称为液体的黏度系数，简称黏度。黏度系数的单位在 c.g.s 制单位中用"泊"（P）表示，在国际单位制中用帕斯卡·秒（Pa·s）表示，$1P = 10^{-1} Pa·s$。

液体的黏度可用毛细管法测定。泊肃叶（Poiseuille）得出液体流出毛细管的速度与黏度系数之间存在如下关系式 $\eta = \pi p r^4 t/(8VL)$，式中 V 为在时间 t 内流过毛细管的液体体积，p 为管两端的压力差，r 为管半径，L 为管长。按该式由实验直接来测定液体的绝对黏度是困难的，但测定液体对标准液体（如水）的相对黏度是简单实用的。在已知标准液体的绝对黏度时，即可算出被测液体的绝对黏度。设两种液体在本身重力作用下分别流经同一毛细管，且流出的体积相等，则 $\eta_1 = \pi p_1 r^4 t_1/(8VL)$；$\eta_2 = \pi p_2 r^4 t_2/(8VL)$。比较得

$$\eta_1/\eta_2 = (p_1 t_1)/(p_2 t_2)$$

式中，$p = \rho g h$，这里 h 为推动液体流动的液位差，ρ 为液体密度，g 为重力加速度。如果每次取用试样的体积一定，则可保持 h 在实验中的情况相同，因此可得

$$\eta_1/\eta_2 = (\rho_1 t_1)/(\rho_2 t_2)$$

已知标准液体的黏度和它们的密度，则可得到被测液体的黏度。

常用的毛细管式黏度计有奥斯特瓦尔德（Ostwald）黏度计（图 9.2.1），乌贝路德黏度计（图 9.2.2）等。目前，根据流体的特性原理设计的旋转黏度计（如图 9.2.3）得到了越来越广泛的应用。

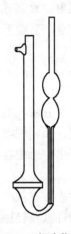
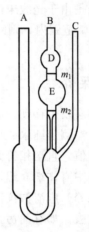
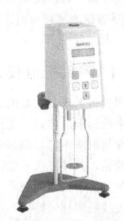

图 9.2.1　奥氏黏度计　　　　图 9.2.2　乌氏黏度计　　　　图 9.2.3　旋转黏度计

9.2.2　乌氏黏度计使用方法

① 将黏度计（见图 9.2.2）用洗液和蒸馏水洗干净，然后烘干备用。

② 调节恒温槽至（25.0±0.1）℃。

③ 用移液管取一定量待测液放入黏度计中，然后把黏度计垂直固定在恒温槽中，恒温 5～10min。

④ 用打气球接于 A 管并堵塞 C 管，向管内打气。待液体上升至 D 球的 2/3 处，停止打气，打开管口 C。利用秒表测定液体流经两刻度间所需的时间。重复同样操作，测定 5 次，要求各次的时间相差不超过 0.3s，取其平均值。

⑤ 将黏度计中的待测液倾入回收瓶中，用热风吹干。再用移液管取 10mL 蒸馏水放入黏度计中，与前述步骤相同，测定蒸馏水流经 m_1 至 m_2 所需的时间，重复同样操作，要求同前。

9.3　pH 计

pH 计又称酸度计，是用来测量溶液 pH 值的一种常用仪器，同时也可用于测量电极电

位。pH 计根据其应用领域的不同，有各种不同的型号和外观，图 9.3.1 为目前常见的几种类型的 pH 计。

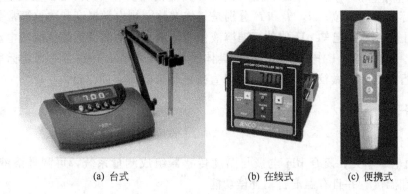

(a) 台式　　　　(b) 在线式　　(c) 便携式

图 9.3.1　几种常见的 pH 计

pH 计由指示电极（又称玻璃电极）、参比电极和用来测量这一对电极所组成的电池电动势的测量装置构成。近年来，出现了将玻璃电极和参比电极合并制成的复合 pH 电极，使测量装置更简化了。常用电极的结构见图 9.3.2～图 9.3.5。

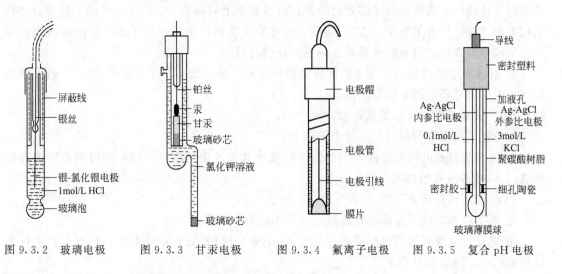

图 9.3.2　玻璃电极　　图 9.3.3　甘汞电极　　图 9.3.4　氟离子电极　　图 9.3.5　复合 pH 电极

9.3.1　复合 pH 电极的结构和测量原理

复合 pH 电极的结构参见图 9.3.5。下端的玻璃膜小球是电极的主要部分，直径为 5～10mm，玻璃膜厚度约 0.1mm，内阻≤250MΩ，它是用对 pH 敏感的特殊玻璃吹制成的。上部则用质量致密的厚玻璃作外壳。Ag-AgCl 电极作为内参比电极，内参比溶液通常采用经 AgCl 饱和的 0.1mol/L HCl。同样以 Ag-AgCl 电极作为外参比电极，外参比溶液为经 AgCl 饱和的 3mol/L KCl。电极管内及引线装有屏蔽层，以防静电感应而引起电位漂移。

当复合电极置于水溶液中时就组成了一个电池：

$$\text{Ag-AgCl} \mid \text{HCl}(0.1\text{mol/L}) \mid \text{玻璃膜} \mid \text{待测溶液} \parallel \text{KCl}(3\text{mol/L}) \mid \text{AgCl-Ag}$$

该电池的电动势为

$$E = \varphi_{\text{Ag/AgCl}} - \varphi_{\text{玻璃}} = \varphi_{\text{Ag/AgCl}} - [\varphi^{\ominus}_{\text{玻璃}} - (2.303RT/F)\text{pH}]$$

即
$$pH = [E - \varphi_{Ag/AgCl} + \varphi_{玻璃}^{\ominus}]/(2.303\,RT/F)$$

式中，$\varphi_{Ag/AgCl}$ 和 $\varphi_{玻璃}$ 分别是外 Ag/AgCl 参比电极和玻璃电极的电极电位；$\varphi_{玻璃}^{\ominus}$ 可称为玻璃电极的标准电极电位；R，T 和 F 分别是气体常数、热力学温度和法拉第常数。

从理论上讲用一个已知 pH 值的标准溶液作为待测溶液来测量上述电池的电动势，就可求得 $\varphi_{玻璃}^{\ominus}$ 值。但在实际工作中，并不需要具体计算出该数值，而是通过测定标准缓冲溶液对酸度计进行标定，并做校正，然后就可以直接进行未知溶液的测量。

9.3.2 pH 计

9.3.2.1 工作原理

pH 计由电子单元、复合 pH 电极与温度传感器组成测量系统，可测量溶液的 pH 值、电极电位值和温度，并且有温度自动补偿功能。

9.3.2.2 开机准备工作

① 接通电源，预热 30min。

② pH 值自动和手动温度补偿的使用：a. 自动温度补偿——将仪器后面板上的转换开关置于"自动"位置，仪器就可进行 pH 值自动温度补偿，此时手动温度补偿不起作用；b. 手动温度补偿——去除温度传感器的插头，将后面板上的转换开关置于"手动"位置，将前面板上的"选择"开关置于"℃"，调节"温度℃"旋钮，使数字显示值与被测溶液中温度计显示值相同即可，测量时同样可达到温度补偿的目的。

③ 溶液温度的测量——接上温度传感器的插头，将"选择"开关置于"℃"，数字显示值即为温度传感器所测量的温度值。

9.3.2.3 仪器标定（自动温度补偿）

仪器使用前需进行标定，具体步骤如下。

① 清洗所有的电极和容器，用滤纸轻轻吸干电极表面的水（注意：不能用力摩擦玻璃电极），并接好所有的连线。

② 将"选择"开关调至"pH"挡。

③ 将"斜率"旋钮按顺时针旋到底（即 100% 的位置）。

④ 把复合电极和温度传感器的探头放入 pH＝6.86(25℃) 或 pH＝9.18(25℃) 的标准缓冲溶液中，轻轻摇晃几下。

⑤ 调节"定位"旋钮，使显示的读数与当时温度下该缓冲溶液的 pH 相一致。

⑥ 取出电极和探头，用蒸馏水清洗干净，再插入 pH＝4.00(25℃) 的标准缓冲溶液中，轻轻摇晃几下。调节"斜率"旋钮，使显示的读数与当时温度下该缓冲溶液的 pH 相一致。

⑦ 重复步骤④～⑥，直至不用再调节"定位"和"斜率"旋钮为止。

⑧ 仪器经标定后，"定位"和"斜率"旋钮不应再有变动。

9.3.2.4 溶液 pH 测量

用蒸馏水清洗电极和探头，用滤纸吸干表面的水，然后插入被测溶液中，轻轻搅动溶液，待显示器读数稳定后即可。

9.3.3 注意事项

在使用复合 pH 电极时应注意：

① 对于新的或长期未使用的复合 pH 电极，使用前需在 3mol/L KCl 溶液中浸泡 24h；

② 使用完毕应清洗干净，然后将电极套于含有 3mol/L KCl 溶液的保护套中；

③ 电极的玻璃膜球不要与硬物接触，稍有破损或擦毛都将使电极失效；

④ 应注意电极管中是否有外参比溶液，如太少则应从电极管上端的小孔中添加 3mol/L KCl 和饱和的 AgCl 混合溶液；

⑤ 保持电极引出端的清洁与干燥，以免两端短路；

⑥ 避免电极长期浸泡在蒸馏水、含蛋白质溶液和酸性氟化物溶液中，并严禁与有机硅油脂接触；

⑦ 使用完毕应将复合电极清洗干净，然后将电极套于含有 3mol/L KCl 溶液的保护套中；

⑧ 复合 pH 电极的有效期一般为一年，但如果添加含有饱和 AgCl 的 3mol/L KCl 混合溶液作为外参比补充溶液，并且使用得当，则可延长电极的使用期。

9.4　电导率仪

用于测量溶液电导的专用仪器称为电导率仪，简称为电导仪。

9.4.1　原理

测定溶液的电导，实际上就是测定溶液的电阻。如果用直流电源进行测量，电流通过溶液时，两电极上就会发生电极反应形成一个电池，溶液的组分就会发生变化，结果带来误差。所以，必须使用 $600\sim1000$Hz 的较高频率交流电源。根据作用原理，电导仪可分为平衡电桥式和分压直流式。

9.4.1.1　平衡电桥式电导仪

这是测量电导的最简单仪器，如雷磁 27 型和 D5906 型电导仪。其作用原理如图 9.4.1 所示。

由标准电阻 R_1、R_2、R_3 和电导池 R_x 构成惠斯顿电桥，由正弦波振荡器产生的幅度稳定、波形没有明显失真的电流从 A、B 两端通过电桥，经交流放大器放大后，再整流将交流信号变成直流信号推动电表。当电桥平衡时电表指零，C、D 两端的电位相等，此时

$$R_x = (R_1/R_2) \times R_3$$

由此可求出溶液的电导：　　$G = 1/R_x = R_2/(R_1 \times R_3)$

式中，R_1，R_2 为比例臂，可选择 $R_1/R_2 = 0.1$，1.0 及 10.0 等；R_3 是一个带刻度盘的可调电阻或精密的多位数字电阻箱。

9.4.1.2　分压直读式电导仪

在实际工作中，大多数采用分压直读式电导仪，因为它具有利于快速测量和连续测量的特点。如 DD-11 型和 DDS-11A 型电导仪。其工作原理如图 9.4.2 所示。由振荡器输出的不随 R_x 改变而改变的高频率电压为 U，则通过电导池（R_x）及负载 R_m（分压电阻）回路中的电流为 $I = U/(R_x + R_m)$，通过负载的电流为 $I = U_m/R_m$，U_m 为负载两端的电位差，所以

$$U_m = UR_m/(R_x + R_m)$$

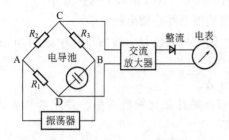

图 9.4.1 平衡电桥式电导仪原理图

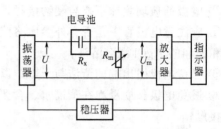

图 9.4.2 分压直读式电导仪原理图

当 $R_m \ll R_x$ 时，上式可简化为

$$U_m = U R_m / R_x = U R_m G$$

当仪器上的范围选择器所在挡一定时，R_m 一定，U 为常数，则 U_m 是电导 G 的函数，即：$U_m = f(G)$，所以只要测得分压 U_m，就可求得电导 G 值。一般仪器表头的刻度直接给出的是 U_m 变化所对应的电导值。

电解质溶液的电导随温度的升高而增加，一般每升高 $1℃$，电导约增加 2%，这是由于离子的迁移速率变化所致。电导的准确测定应该在恒温器内进行，也可按下式校正不同温度时所测的电导值：

$$G_{t℃} = G_{25℃}[1 + 0.018(t - 25)]$$

式中，t 为待测介质的温度。有的仪器装有温度补偿线路，通过测温元件，将仪器的显示部分自动换算为 $25℃$ 时的电导值显示出来。

9.4.2 结构

电导仪主要由电导池、测量电路、指示器等部分组成，高精密的电导仪还有温度及电容补偿电路。电导池由两个电极构成。电导电极一般由两片平行的铂片制成，铂片的形状、面积及两铂片的距离可根据不同的要求进行设计。为减少电流密度，从而减小极化效应，常在铂片表面镀一层致密的"铂黑"。图 9.4.3 为国产 DDS-307 电导率仪的外形图。

图 9.4.3 DDS-307 电导率仪

9.4.3 使用方法

① 开机：电源线插入仪器电源插座，仪器必须有良好接地。按电源开关，接通电源，预热 30min 后，进行校准。

② 校准（仪器使用前必须进行校准！）：将"选择"开关指向"检查"，"常数"补偿调节旋钮指向"1"刻度线，"温度"补偿调节旋钮指向"25"刻度线，调节"校准"调节旋钮使仪器显示为 $100.0\mu S/cm$，至此校准完毕。

③ 测量：在电导率测量过程中，正确选择电导电极常数，对获得较高的测量精度是非常重要的。测量高电导率时，一般采用大常数的电导电极，当电导率 $1000\mu S/cm$ 时，采用常数 10 的电导电极。当选用常数为 10 的电导电极时，测量范围扩展为 $2 \times 10^5 \mu S/cm$。

④ 电极常数的设置：目前电导电极的常数有 0.01，0.1，1.0，10 四种不同的类型，但每种类型电极的电极常数值，制造厂均贴在每支电导电极上，根据电极上所标的电极常数值调节仪器面板"常数"补偿调节旋钮到相应的位置。将"选择"开关指向"检查"，"温度"补偿调节旋钮指向"25"刻度线，调节"校准"调节旋钮，使仪器显示为 $100.0\mu S/cm$。调节"常数"补偿调节旋钮使仪器显示值与电极上所标常数值一致。

⑤ 对常数为 1.0，10.0 类型的电导电极有光亮和铂黑两种形式，镀铂电极习惯称作为铂黑电极，对光亮电极其测量范围为 $0\sim300\mu S/cm$ 为宜。对不同的测量范围，推荐使用电极的电导常数如表 9.4.1 所示。

表 9.4.1　不同的测量范围宜使用电极的电导常数

范围/$(\mu S/cm)$	电导常数	范围/$(\mu S/cm)$	电导常数
0～2	0.01,0.1	2000～20000	1.0,10
2～200	0.1,1.0	2000～200000	10
200～2000	1.0		

⑥ 温度补偿的设置：调节仪器面板上"温度"补偿调节旋钮（6），使其指向待测溶液的实际温度值，此时，测量得到的将是待测溶液经过温度补偿后折算为 25℃下的电导率值；如果将温度补偿调节旋钮（6）指向"25"刻度线，那么测量的将是待测溶液在该温度下未经补偿的原始电导率值。

9.4.4　电极常数的标定方法

9.4.4.1　仪器标定法

① 清洗电极。

② 配制校准溶液，如配制 20℃ 温度下近似浓度为 0.01mol/L KCl 溶液，该电导率为 $1273.7\mu S/cm$。

③ 首先将仪器按说明书中仪器的使用校准好仪器，将"选择"开关指向Ⅲ，待仪器的读数稳定后，调节"常数"旋钮，使显示值与标准浓度的电导值一致。最后"选择"开关指向"检查"。例如，显示为 92.6 则该电极常数为 0.926；显示为 102.2，则该电极常数为 1.022。

9.4.4.2　比较法

用一已知常数的电极与未知常数的电极测量同一溶液的电导率。

① 选择一支已知常数的标准电极（设常数为 $J_标$）。

② 把未知常数的电极（设常数为 J_1）与标准电极以同样的深度插入液体中（都应事先清洗）。

③ 依次把它们接到电导率仪上，分别测出的电导率设为 K_1 及 $K_标$，则 $J_1 = J_标 K_标/K_1$。建议测定电极常数所用的 KCl 标准浓度如表 9.4.2 所示，不同温度下不同 KCl 校准浓度所对应的电导率值如表 9.4.3 所示。

表 9.4.2　测定电极常数所建议的 KCl 标准浓度

电极常数	0.01	0.1	1	10
KCl 近似浓度/(mol/L)	0.001	0.01	0.1	0.1 或 1

注：KCl 应该用一级试剂，并须在 110℃ 烘箱中烘干 4h，取出在干燥器中冷却后方可称重。

表 9.4.3　不同浓度下 KCl 校准浓度及其电导率值　　　　　单位：S/cm

t/℃	1mol/L	0.1mol/L	0.010mol/L	0.001mol/L
15	0.09212	0.010455	0.0011414	0.0001185
18	0.09780	0.011163	0.0012200	0.0001267
20	0.10170	0.011644	0.0012737	0.0001322
25	0.11131	0.012852	0.0014083	0.0001465
35	0.13110	0.015351	0.0016876	0.0001765

9.4.5　注意事项

① 在测量高纯水时，应避免污染，最好采用密封、流动的测量方式。

② 因温度补偿系采用固定的 2% 的温度系数补偿的，故对高纯水测量尽量采用不补偿的方式进行测量后查表。

③ 为确保测量精度，电极使用前应用蒸馏水冲洗两次，然后用被测试样冲洗三次后方可测量。

④ 电极插头座绝对防止受潮，以免造成不必要的测量误差。

⑤ 电极应定期进行常数标定。

9.5　极谱仪

实验化学中，用来测量待测溶液在电解过程中的电流-电压关系曲线并进行定性定量分析的仪器，称为极谱仪。

9.5.1　原理

极谱分析的基本装置如图 9.5.1 所示。极谱分析基本装置实际上是由一个面积很小的滴汞电极（DME）作为工作电极（图 9.5.2）和另一个面积较大、电极电位恒定的参比电极（如饱和甘汞电极，SCE）与待测溶液、直流电源 E、可变电阻 R、滑动电阻 P 相连而构成的电位计线路。

在静止和加入大量支持电解质的条件下，移动滑线电阻接点 C，逐渐增加外加电压，其电路中通过的电流 i 和电压 E 变化情况即可在电流表 G 和电压表 V 上显现出来，绘制相应的 i-E 曲线，即可得出相应的极谱图亦称极谱波（图 9.5.3）。

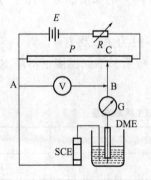

图 9.5.1　极谱仪的基本装置和电路

图 9.5.2　滴汞电极构造

图 9.5.3 中 i_c 为残余电流；i_{max} 为极限电流；i_d 为极限扩散电流。极限扩散电流 i_d 的大小与溶液中待测离子的浓度成正比，这就是极谱定量分析的依据。当电流等于极限扩散电流一半时所对应的电位称半波电位，常用 $\varphi_{1/2}$ 表示。$\varphi_{1/2}$ 的大小与待测物质的性质有关，这是极谱定性分析的依据。

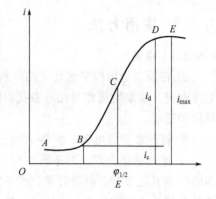

图 9.5.3　常规极谱波

9.5.2　结构

目前国际市场上定型的极谱仪有上百种，尽管它们的设计结构不同，但其定性、定量依据的原理都是一致的。通常根据极化电极施加的扫描电压速度和方式的不同，可将极谱分析方法划分为经典极谱法和近代极谱法两大类。相应的仪器就有经典极谱仪和近代极谱仪之说。我国生产的经典极谱仪器主要有极谱计、光录式极谱仪、笔录式极谱仪。近代极谱仪主要有示波极谱仪、方波极谱仪和脉冲极谱仪等，至于导数极谱既可设计在经典极谱仪上，也可设计在近代极谱仪上。目前应用最广，既可进行近代的常规极谱分析，又可进行导数极谱和溶出极谱分析的是示波极谱仪。它通常由锯齿波发生器、电解池（包括电极）、测量电阻及示波器等主要部件组成。

① 锯齿波发生器：其作用是为电解池两电极提供快速扫描电压。

② 电解池：由滴汞电极和甘汞电极组成。其作用是使待测物质在特殊条件下进行电解。

③ 测量电阻：使电解过程中形成的电解电流产生电压降，并通过示波器反映出电解电流的变化。

④ 示波器：显示电解池电流 i 随电极电位 E 变化的 i-E 曲线即待测离子的极谱图。

示波极谱仪的工作原理（图 9.5.4）及 i-E 曲线（图 9.5.5）。在含有待测离子的电解池的两个电极上，施加一个由锯齿脉冲发生器所产生的快速扫描电压，它所引起的电解电流 i 在测量电阻 R 上可产生电压降 iR，若将测量电阻两端的电压加到示波器的垂直偏向板，则可反映出电解池的电流 i 的变化。同时，将电解池两端的电压加到示波器水平偏向板上，则可反映出电解池电压 E 的变化。由于这两种电压是同时施加的，因而在示波器荧光屏上可直接显示出电解池的电流 i-E 变化曲线。其峰电流 i_p 与待测离子浓度呈线性关系，其峰电位 φ_p 取决于待测离子的特性，据此可进行定量、定性分析。

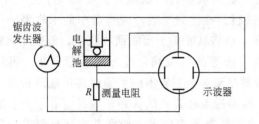

图 9.5.4　示波极谱仪工作原理图

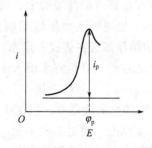

图 9.5.5　示波极谱 i-E 曲线

9.5.3　使用方法

9.5.3.1　准备

① 将滴汞电极的毛细管、铂电极和甘汞电极安装于橡皮塞上，另一端分别与极谱仪的工作电极、辅助电极和参比电极接口相连，并调整贮汞瓶高度，使汞滴滴落周期与电压扫描周期相适应。

② 打开极谱仪电源，预热 15min 左右。

③ 选择测量方式。测还原波时，将测量开关置于"阴极化"位置，扫描光点由左向右移动。测氧化波时，测量开关应置于"阳极化"位置，扫描光点是由右向左移动。测量导数波时，测量开关应置于相应的"一阶导数"、"二阶导数"处。进行阳极溶出或阴极溶出分析时，测量开关应置于"阳极溶出"或"阴极溶出"处，此时滴汞电极必须用悬汞电极、慢滴汞电极或固体电极代替。

④ 选择"原点电位"，使扫描线清晰地出现在示波器的适当位置。若扫描起始光点有上、下跳动现象，可调节"电容补偿"，使之达到平移。若基线出现倾斜，则需调节"斜度补偿"，使之达到水平。

9.5.3.2　测量

将电极插入待测溶液（若采用三电极，应将电极开关从"双电极"转到"三电极"处）。若示波器上出现的极谱波太小时，可提高"电流倍率"，反之，则相反。

9.5.4　注意事项

① 开机或关机前，必须将电极从电解溶液中取出，否则，将损坏滴汞电极的毛细管。同时，电极开关应置于"双电极"处，原点电位应调至"$-0.5V$"左右。

② 电极与电极、电极与电极杆之间不允许接触，电极不能触及电解池壁部和底部。

③ 示波器上读到的波峰高度乘以"电流倍率"才是真正的波峰电流值（μA）。

④ 测定完毕后，应将电极从待测液中取出，用去离子水冲洗 2～3 次，吸水纸吸去电极头水滴，"测量开关"扳回"阴极化"，"斜度补偿"和"电容补偿"应复原。

⑤ 检测中遇到过长间歇，应将"亮度旋钮"关闭，使示波器光点熄灭，从而达到保护示波器的目的。

⑥ 仪器应安放在阴凉、干燥、通风良好的专用房间内。

⑦ 汞在常温下具有较强的挥发性，其蒸气浓度大于 $0.1mg/m^3$ 即可使人中毒。因此，极谱分析室应具有良好的通风和降温设施。由于汞的密度较大，汞蒸气容易下行，室内排风口一般都设在接近地面的墙壁上。同时，使用过程中必须严格遵守以下汞的安全操作规范。a. 贮汞瓶必须选用厚壁耐压玻璃制成，在汞面上要加水覆盖，以免汞直接暴露于空气中。b. 涉及汞的操作都应在盛放一定水的搪瓷盘中进行。操作完毕后，应将盘中的水收集于烧杯中，确认无汞时，方可将水倒入水槽。若有汞，应将其收集于废汞回收瓶中，再做纯化处理，以便重复使用。c. 对于操作过程中洒落在桌面等处的汞滴，应先用吸管收集，再用 Ag，Cu，Zn 等金属片蘸取，以便生成汞齐而被聚集除去。当看不到汞滴时再用硫磺粉覆盖溅落处，反复摩擦，使之生成 HgS 难溶物。d. 接触过汞和汞齐的抹布，应在盛有水的容器内浸泡，使残余汞被充分聚集回收。e. 收集于废汞贮存器内的汞，应在其表面再覆盖一层 10%NaCl 溶液，以防汞蒸气的挥发。

9.6　离子计

离子计与 pH 电极和各种离子选择电极配合，可直接测量溶液中的 pH 值和各种阴、阳离子的浓度、活度以及毫伏值。

9.6.1　工作原理

根据能斯特公式，由离子选择电极和参比电极构成的测量电池，其电池电动势 E 和离子活度 a_x 的关系为

$$E = E^{\ominus} \pm [2.303RT/(nF)] \lg a_x$$

式中，E 为电池电动势；$E^{\ominus}$ 为电池的标准电动势；$R = 8.314\text{J}/(\text{mol} \cdot \text{K})$ 为气体常数；T 为热力学温度，在室温下常取（$273.15 + t℃$）K；$F = 96500\text{C}/\text{mol}$ 为法拉第常数；n 为离子价数。

9.6.2　使用方法

① 按下电源开关，仪器预热 15min。

② 毫伏测量：在不接电极时，选择开关调在"mV"挡，调节定位旋钮，使仪器显示为 ±000.0mV。把清洗好的指示电极和参比电极擦干插入被测溶液，并将电极插头和仪器接通，启动搅拌装置，使溶液均匀。待显示屏数字稳定后，即可读出电池电动势的数值（绝对毫伏值）。

③ pX(pH) 测量：首先配制相差 Δ(pX) 数量的两种标准溶液 A 和 B，A 的浓度比被测样品溶液的浓度低，B 的浓度比被测样品溶液的浓度高。将选择开关设在 pX 挡，把清洗好的电极擦干，插入标准溶液 A 中，再将电极与仪器接通，待显示稳定后调定位旋钮，使仪器显示屏的读数为 ±000.0pX。再取出电极，清洗擦干，插入 B 溶液中，按动斜率开关，使显示屏的数值为标准溶液 A 和 B 的级差 ΔpX，极性符号阳离子为"＋"，阴离子为"－"。此时，斜率开关板上的数字即为该电极的实际斜率值。调节定位旋钮，使显示屏的示值为 B 溶液负对数即 ΔpX$_B$，极性符号阳离子为"－"，阴离子为"＋"。然后将电极清洗擦干，插入被测样品溶液中，待显示值稳定后即可读出被测样品的 pX 值，极性符号"＋"为阴离子，"－"为阳离子（测样品时，若样品溶液温度与标准溶液的温度不一致时，可根据温度每升高 5℃，电极的斜率约增加 1mV 的变化的关系，调节斜率开关给予补偿）。

④ 离子浓度测量：配制浓度相差一个数量级的标准溶液 A 与 B，方法与 pX 测量相同（浓度较浓时，必须调节离子强度）。将选择开关设在 c_x，把清洗好的指示电极和参比电极擦干，插入标准液 A 中，当显示稳定后调节定位旋钮使显示屏上的示值为 1.00。再将电极取出清洗擦干，插入 B 溶液中，待显示稳定后调节斜率使显示值为 10.00。此时，斜率开关上的数值即为该电极的实际斜率值。然后，将电极取出清洗擦干，插入样品溶液中测量，待显示屏的示值稳定后，读出示值 D，再根据标准校准公式 $c_x = c_0 D$ 计算出浓度 c_x。式中，c_x 为被测样品的浓度；c_0 为标准溶液 A 的浓度；D 为显示屏的示值。

9.7　库仑分析仪

用来测量待测溶液在电解反应过程所消耗的电量并进行定量分析的仪器称为库仑分析仪。

9.7.1　原理

根据法拉第（Faraday）电解定律，在电极上生成或被消耗的某物质的质量 m_B 与通过该电解池的电量 Q 成正比，其数学表达式为

$$m_B = [M_B/(nF)]Q = [M_B/(nF)]It$$

式中，m_B 为电极上发生反应的物质 B 的质量，g；M_B 为待测物质 B 的摩尔质量，g/mol；n 为电极反应过程中电子转移数；Q 为给定时间里流过的电量，C；I 为电流强度，A；t 为电解的时间，s。

电极上生成或消耗的物质 B 的质量，既可通过在适当电解条件下，测得其相应电量 Q 值进行计算，也可通过电解过程中电极质量的增减直接称量。前者称为库仑分析法，后者称为电重量分析法（eletrogravimetry）。

库仑分析的基本要求是工作电极上只发生待测组分的单一化学反应，也就是说电解的电流效率应达到 100%。库仑分析法可分为控制电位库仑分析法和控制电流库仑分析法（即库仑滴定法）两种。下面就两种仪器的结构分别进行介绍。

9.7.2　仪器结构

9.7.2.1　控制电位库仑法

控制电位库仑法是根据待测物质在电解过程中所消耗的电量来求其含量的方法，其中被控制的量是电位。其基本装置见图 9.7.1。

电解池中的工作电极 1（常用铂、银、汞、碳等）与辅助电极 2 和参比电极 3 共同组成电位测量与控制系统。当工作电极电位发生变化时，电阻 R' 两端的电压降将相应改变，经放大后推动可逆电机带动 R 变化进行补偿，以维持工作电极保持恒定电位。当电解电位趋近于零时，指示该物质已被电解完全。如果用与之串联的库仑计精确测量其电解电量，即可由法拉第电解定律求得待测物的含量。

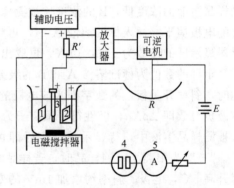

图 9.7.1　控制电位库仑分析装置示意图
1—工作电极；2—辅助电极；
3—参比电极；4—库仑计；5—电流计

9.7.2.2　控制电流库仑分析法

控制电流库仑分析法又称库仑滴定法。它与经典定量分析相似之处都是以某种滴定剂与待测物质起化学反应的。所不同的是库仑滴定所用的滴定剂是由电解产生的，产生的滴定剂的量可以由消耗的电量求得。由于使用恒定的电流进行电解，因此，电解过程所消耗的电量，可由电流与时间的乘积求得。

在控制电流库仑分析中，一定量的待测物质需要一定量的滴定剂起作用，而一定量的滴定剂又通过一定量的电量电解产生的。所以待测的物质的量应等于滴定剂的物质的量，它们所消耗的电量完全符合法拉第电解定律。

控制电流库仑分析的基本装置如图 9.7.2 所示。

由图可知：该装置主要由恒流电源，电解池和计时器三部分组成。

① 恒流电源：最理想的恒流电源可选用高稳定度的电子管或晶体管、乙型干电池或直流稳定电源。串联可变大电阻也可提供恒定电流，因为串联电阻足够大时，电解池的电阻和

电压变化对电流影响可忽略不计。

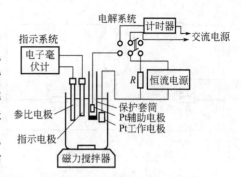

图 9.7.2　库仑滴定基本装置

② 电解池：可在约 200mL 的高型烧杯中，放置 4 个电极，它们分别为参比电极、指示电极、辅助电极和工作电极。前两电极构成终点指示系统，后两电极构成电解系统。为了防止电解的干扰反应，保证 100％的电流效率。常使用多孔性套筒状工作电极与辅助电极隔开。当达到电解反应的化学计量点时，指示电路系统发出"信号"指示滴定终点的到达。

③ 计时器：准确记录电解时间，为电量和待测含量计算做准备。

9.7.3　使用方法

① 按图 9.7.1 或图 9.7.2 装置连接电极线，接通总电源、预热仪器。

② 取适量的电解液，置于电解池中，放入搅拌子，开动电磁搅拌器。

③ 转动恒电流器的旋钮，使输出电流在 4～5mA。

④ 开启指示系统开关。

⑤ 开启电解系统开关进行预电解，当指示系统发出终点"信号"时，立即关闭电解开关，停止电解。对控制电位库仑分析，应精确读取库仑计电量；对控制电流库仑滴定，应准确记录电解时间和电解电流，最后根据记录数据，进行相应的含量计算。

⑥ 对同一电解液可重复步骤⑤的操作 2～3 次，求出平均值。

⑦ 关闭总电源，拆除电极接线，冲洗电极和电解池，并以去离子水浸泡电极。长时间不用时，应将电极按原包装收藏。

9.7.4　思考题

① 试述库仑滴定的基本原理，它与通常的滴定分析有何不同？

② 电解液为什么可以反复多次使用？这样做有何好处？

③ 为什么要进行预电解？

④ 恒电位库仑分析与恒电流库仑分析（滴定）主要区别是什么？

9.8　电位差计

在实验化学中，一种主要测量电动势和校正各种电表的电学测量仪器，称为电位差计。国产的电位差计常见的有学生型、701 型、UJ-1 型、UJ-2 型、UJ-5U 型、UJ-9 型及 UJ-25 型等。还有一些自动测量电动势并显示结果的仪器，如 PHS-4 型 pH 计、数字电压表等。以下按 UJ-25 型电位差计为例进行说明。

9.8.1　原理

电位差计根据对消法原理，使被测电动势与标准电动势相比较，其基本原理线路如图 9.8.1 所示。

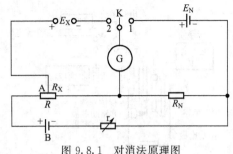

图 9.8.1　对消法原理图

在线路图中，E_N 是标准电池，它的电动势值是已经精确知道的。E_X 为被测电动势，G 是检流计用来做示零仪表。R_N 为标准电池的补偿电阻，其大小是根据工作电流来选择的。R_X 是被测电动势的补偿电阻，它由已经知道电阻值的各进位盘组成，因此通过它可以调节不同的电阻数值，使其电压降相对消。r 是调节工作电流的变阻器，B 是作为电源用的电池，K 为转换开关。

电位差计对未知电动势的测量过程如下。

先将开关 K 合在 1 的位置上，然后调节 R，使检流计 G 指示到零点，这时有下列关系：$E_N = IR_N$。式中 I 是流过 R_N 和 R 上的电流称为电位差计的工作电流。E_N 是标准电池的电动势。由上式可得 $I = E_N/R_N$。

工作电流调好后将转换开关 K 合至 2 的位置上同时移动滑线电阻 A，再次使检流计 G 指到零，此时滑动触头 A 在可调电阻 R 上的电阻值设为 R_K，则有：$E_X = IR_K$。

因为此时的工作电流就是前面所调节的数值，因此有 $E_X = E_N R_K/R_N$。

所以当标准电池电动势 E_N 和标准电池电动势的补偿电阻 R_N 的数值确定时，只要正确读出 R_K 的值，就能正确测出未知电动势 E_X。

应用对消法测量电动势有下列优点：①当被测电动势和测量回路的相应电位在电路中完全对消时测量回路与被测量回路之间无电流通过，所以测量线路不消耗被测量线路的能量，这样被测量线路的电动势不会因为接入电位差计而发生任何变化；②不需要测出线路中所流过电流 I 的数值而只需测得 R_K 与 R_N 的值就可以了；③测量结果的准确性是依赖于标准电池电动势 E_N 及被测电动势之补偿电阻 R_N 与电池电动势补偿电阻 R_K 之比值的准确性。由于标准电池电动势及电阻 E_N、R_N 都可以制成并达到很高的精度，另外还可以采用高灵敏度的检流计，因而可使测量结果极为准确。

9.8.2　UJ-25 型电位差计测量电动势的方法

在 UJ-25 型电位差计面板上方有 13 个端钮供接电计、标准电池、未知 1、未知 2、泄漏屏蔽、静电屏蔽之用。左下方有"标准、未知、断"转换开关和"粗、中、细"3 个电计按钮。右下方有粗、中、细、微 4 个工作电流调节旋钮。在其上方是 2 个标准电池电动势温度补偿旋钮。面板左面 6 个大旋钮，其下都有一个小窗孔，被测电动势值由此示出。

UJ-25 型电位差计测量电动势的范围其上限为 600V，下限为 0.000001V。但当测量高于 1.911110V 以上的电压时必须配用分压箱来提高测量上限。现在说明 1.911110V 以下电压的测量方法。

在电位差计使用前首先将"标准、未知、断"转换开关放在"断"位置，并将左下方 3 个电计按钮全部松开然后将电池电源、被测电动势和标准电池按正负极接在相应旋钮上并接上检流计。

① 调节标准电池电动势温度补偿旋钮，使其读数值与标准电池的电动势值一致，注意标准电池的电动势值受温度的影响发生变动，例如常用镉汞标准电池，调整前可计算标准电池电动势的准确数值。

② 将"标准、未知"转换开关放在"标准"位置上，按下"粗"按钮调节工作电流，使检流计示零，然后再按下"细"按钮，再调节工作电流使检流计示零。此时电位差计的工

作电流调整完毕，接着可以进行未知电动势的测量。

③ 松开全部按钮将转换开关放在"未知"的位置上，调节各测量十进盘，首先在"粗"按钮按下时使检流计示零，然后细调至检流计示零。

④ 6 个大旋钮下方小孔示数的总和即是被测电池电动势值。

9.8.3　注意事项

① 工作电源要有足够的容量以保证工作电流的恒定。

② 接线时应该注意正、负极与标示一致，不能反接，否则测量时容易损害标准电池和检流计。

③ 测电动势应确定正、负极及估计其电动势值大小并输入到电位差计上，然后再进行准确测量。

④ 无论在校正还是测量过程中，不能将测量按钮长时间地按下，而应是按一下，迅速观察检流计的情况，然后放开按钮，调整相应旋钮后按测量按钮检查。反复调整达到目的。在没有调准的情况下长时间地按下测量按钮（甚至锁定）会造成标准电池或待测电池长期放电，将损坏标准电池，或造成测量误差很大。

⑤ 测量过程中若出现检流计受到冲击时，应迅速按下"短路"按钮以保护灵敏检流计（在测量过程中应经常校核工作电流是否正确）。

9.9　旋光仪

9.9.1　旋光现象和旋光度

一般光源发出的光，其光波在垂直于传播方向的一切方向上振动，这种光称为自然光，或称非偏振光；而只在一个方向上有振动的光称为平面偏振光。当一束平面偏振光通过某些物质时，其振动方向会发生改变，此时光的振动面旋转一定的角度，这种现象称为物质的旋光现象，这种物质称为旋光物质。旋光物质使偏振光振动面旋转的角度称为旋光度。尼科耳（Nicol）棱镜就是利用旋光物质的旋光性而设计的。

9.9.2　旋光仪的结构

常用的旋光仪的外形如图 9.9.1 和图 9.9.2 所示。旋光仪的主要元件是两块尼科耳棱镜。尼科耳棱镜是由两块方解石直角棱镜沿斜面用加拿大树脂黏合而成，如图 9.9.3 所示。

图 9.9.1　普通旋光仪

图 9.9.2　自动旋光仪

当一束单色光照射到尼科耳棱镜时，分解为两束相互垂直的平面偏振光，一束折射率为1.658的寻常光，一束折射率为1.486的非寻常光，这两束光线到达加拿大树脂黏合面时，折射率大的寻常光（加拿大树脂的折射率为1.550）被全反射到底面上被墨色涂层吸收，而折射率小的非寻常光则通过棱镜，这样就获得了一束单一的平面偏振光。用于产生平面偏振光的棱镜称为起偏镜，如让起偏镜产生的偏振光照射到另一个透射面与起偏镜透射面平行的尼科耳棱镜，则这束平面偏振光也能通过第二个棱镜，如果第二个棱镜的透射面与起偏镜的透射面垂直，则由起偏镜出来的偏振光完全不能通过第二个棱镜。如果第二个棱镜的透射面与起偏镜的透射面之间的夹角 θ 在 $0°\sim90°$ 之间，则光线部分通过第二个棱镜，此第二个棱镜称为检偏镜。通过调节检偏镜，能使透过的光线强度在最强和零之间变化。如果在起偏镜与检偏镜之间放有旋光性物质，则由于物质的旋光作用，使来自起偏镜的光的偏振面改变了某一角度，只有检偏镜也旋转同样的角度，才能补偿旋光线改变的角度，使透过的光的强度与原来相同。旋光仪就是根据这种原理设计的，如图9.9.4所示。

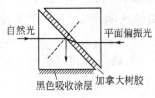

图9.9.3　尼科耳棱镜

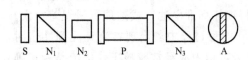

图9.9.4　旋光仪构造示意图

S—钠光光源；N_1—起偏镜；N_2—石英片；
P—旋光管；N_3—检偏镜；A—目镜视野

　　通过检偏镜用肉眼判断偏振光通过旋光物质前后的强度是否相同是十分困难的，这样会产生较大的误差，为此设计了一种在视野中分出三分视界的装置，原理是：在起偏镜后放置一块狭长的石英片，由起偏镜透过来的偏振光通过石英片时，由于石英片的旋光性，使偏振旋转了一个角度 Φ，通过镜前观察。

　　A是通过起偏镜的偏振光的振动方向，A′是又通过石英片旋转一个角度后的振动方向，此两偏振方向的夹角 Φ 称为半暗角（$\Phi=2°\sim3°$），如果旋转检偏镜使透射光的偏振面与A′平行时，在视野中将呈现中间狭长部分较明亮，而两旁较暗，这是由于两旁的偏振光不经过石英片，如图9.9.5(b)所示。如果检偏镜的偏振面与起偏镜的偏振面平行（即在A的方向时），在视野中将呈现中间狭长部分较暗而两旁较亮，如图9.9.5(a)。当检偏镜的偏振面处于 $\Phi/2$ 时，两旁直接来自起偏镜的光偏振面被检偏镜旋转了 $\Phi/2$，而中间被石英片转过角度 Φ 的偏振面对被检偏镜旋转角度 $\Phi/2$，这样中间和两边的光偏振面都被旋转了 $\Phi/2$，故视野呈微暗状态，且三分视野内的暗度是相同的，如图9.9.5(c)，将这一位置作为仪器的零

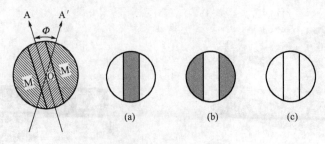

图9.9.5　三分视野示意图

点，在每次测定时，调节检偏镜使三分视界的暗度相同，然后读数。

9.9.3　影响旋光度的因素

9.9.3.1　溶剂的影响

旋光物质的旋光度主要取决于物质本身的结构。另外，还与光线透过物质的厚度，测量时所用光的波长和温度有关。如果被测物质是溶液，影响因素还包括物质的浓度。溶剂也有一定的影响。因此旋光物质的旋光度，在不同的条件下，测定结果通常不一样。因此一般用比旋光度作为量度物质旋光能力的标准，其定义式为

$$[\alpha]_D^t = 10c/(Lc)$$

式中，D 表示光源，通常为钠光 D 线；t 为实验温度；α 为旋光度；L 为液层厚度，cm；c 为被测物质的浓度 [以每毫升溶液中含有样品的质量（g）表示]，在测定比旋光度值时，应说明使用什么溶剂，如不说明一般指水为溶剂。

9.9.3.2　温度的影响

温度升高会使旋光管膨胀而长度加长，从而导致待测液体的密度降低。另外，温度变化还会使待测物质分子间发生缔合或离解，使旋光度发生改变。通常温度对旋光度的影响，可用下式表示：

$$[\alpha]_D^t = [\alpha]_D^{20} + Z(t-20)$$

式中，t 为测定时的温度；Z 为温度系数。不同物质的温度系数不同，一般在 $-0.01 \sim -0.04℃^{-1}$ 之间。为此在实验测定时必须恒温，旋光管上装有恒温夹套，与超级恒温槽连接。

9.9.3.3　浓度和旋光管长度对比旋光度的影响

在一定的实验条件下，常将旋光物质的旋光度与浓度视为成正比，因为将比旋光度作为常数。而旋光度和溶液浓度之间并不是严格地呈线性关系，因此严格讲比旋光度并非常数，在精密的测定中比旋光度和浓度间的关系可用下面的三个方程之一表示：$[\alpha]_t^\lambda = A + Bq$；$[\alpha]_t^\lambda = A + Bq + Cq^2$；$[\alpha]_t^\lambda = A + Bq/(C+q)$。式中 q 为溶液的质量分数；A，B，C 为常数，可以通过不同浓度的几次测量来确定。

旋光度与旋光管的长度成正比。旋光管通常有 10cm、20cm、22cm 三种规格。经常使用的是 10cm 长度的。但对旋光能力较弱或者较稀的溶液，为提高准确度，降低读数的相对误差，需用 20cm 或 22cm 长度的旋光管。

9.9.4　旋光仪的使用方法

首先打开钠光灯，稍等几分钟，待光源稳定后，从目镜中观察视野，如不清楚可调节目镜焦距。

选用合适的样品管并洗净，充满蒸馏水（应无气泡），放入旋光仪的样品管槽中，调节检偏镜的角度使三分视野消失，读出刻度盘上的刻度并将此角度作为旋光仪的零点。

零点确定后，将样品管中蒸馏水换为待测溶液，按同样方法测定，此时刻度盘上的读数与零点时读数之差即为该样品的旋光度。

9.9.5　使用注意事项

旋光仪在使用时，需通电预热几分钟，但钠光灯使用时间不宜过长。

旋光仪是比较精密的光学仪器，使用时，仪器金属部分切忌沾污酸碱，防止腐蚀。光学镜片部分不能与硬物接触，以免损坏镜片。不能随便拆卸仪器，以免影响精度。

9.9.6　自动指示旋光仪结构及测试原理

目前国内生产的旋光仪，其三分视野检测、检偏镜角度的调整，采用光电检测器。通过电子放大及机械反馈系统自动进行，最后数字显示。该旋光仪具有体积小、灵敏度高、读数方便、减少人为的观察三分视野明暗度相同时产生的误差，对弱旋光性物质同样适应。

WZZ 型自动数字显示旋光仪，其结构原理如图 9.9.6 所示。该仪器用 20W 钠光灯为光源，并通过可控硅自动触发恒流电源点燃，光线通过聚光镜、小孔光栅在物镜后形成一束平行光，然后经过起偏镜后产生平行偏振光，这束偏振光经过有法拉第效应的磁旋线圈时，其振动面产生 50Hz 的一定角度的往复振动，该偏振光线通过检偏镜透射到光电倍增管上，产生交变的光电讯号。当检偏镜的透光面与偏振光的振动面正交时，即为仪器的光学零点，此时出现平衡指示。而当偏振光通过一定旋光度的测试样品时，偏振光的振动面转过一个角度 α，此时光电讯号就能驱动工作频率为 50Hz 的伺服电机，并通过蜗轮杆带动检偏镜转动 α 角而使仪器回到光学零点，此时读数盘上的示值即为所测物质的旋光度。

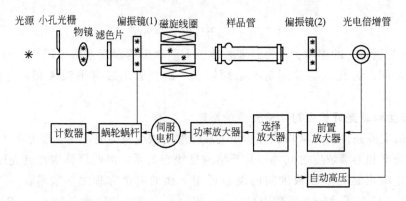

图 9.9.6　WZZ 型自动数字显示旋光仪结构原理图

9.10　荧光分析仪

用于测量荧光物质的荧光光谱或荧光强度的仪器称为荧光分析仪。荧光分析仪通常分为荧光光度计和荧光分光光度计两大类。

9.10.1　原理

荧光物质受光辐射激发发光，其荧光的激发光谱和发射光谱取决于各物质的分子结构，其荧光强度取决于物质的浓度（或含量），故可以进行定性和定量分析。荧光分光光度计就是根据这一原理制成的。它与普通（可见）分光光度计比较，主要有两个区别。

① 采用垂直测量方式，即检测器与光源位置成垂直方向，以消除透射光的影响。

② 有两个单色器。一个置于样品池前（称为激发单色器），一个置于样品池与检测器之间（称为发射单色器）。通过调整和控制两个单色器的波长（分别为激发光波长和荧光发射

波长）可以绘制荧光的激发光谱和发射光谱。依此，不仅可以鉴别荧光物质而且可以选择最佳激发光（波长）和最佳的测定荧光（波长）并消除其他杂散光的干扰。

9.10.2　仪器结构

荧光分析仪通常由光源、单色器、样品池、狭缝、光电倍增管(检测器)等主要构件组成。

① 光源。常用的光源是氙弧灯或高压汞灯。氙弧灯可发射 $250 \sim 800nm$ 很强的连续光谱，灯的寿命大约为 2000h。高压汞灯常常利用其发射的 365nm，405nm，436nm 谱线作激发光，灯的寿命约为 $1500 \sim 3000h$。

② 单色器。荧光计常用滤光片为单色器，由一块滤光片从光源发射的光中分离出所需的激发光，用另一块滤光片滤去杂散光和杂质所发射的荧光。荧光计能用于荧光强度的定量测定，不能用于测定激发光谱和荧光光谱。荧光分光光度计大多采用光栅作为单色器，它具有较高的灵敏度，较宽的波长范围，能扫描激发光谱和荧光光谱。

③ 样品池。样品池常常称为液池，通常是石英方形池，四个面都是光学面。使用时应拿样品池的棱。

④ 狭缝。狭缝越小，仪器的单色性越好，但光强相应降低，测定的灵敏度也相应降低。当入射狭缝和出射狭缝的宽度相等时，单色器射出的单色光有 75% 的能量是辐射在有效的带宽内。此时，既有好的分辨率，又保证了光通量。

⑤ 检测器。荧光分光光度计多采用光电倍增管（PMT）作检测器，施加于 PMT 光阴极的电压越高，其放大倍数越大，且电压每改变 1V，放大倍数会波动 3%。所以，要获得良好的线性响应，PMT 的高压源要很稳定。

⑥ 读出装置。读出装置可以用数字电压表、记录仪或阴极示波器。数字电压表价格便宜，用于定量分析有准确、方便的特点。记录仪可用于扫描光谱，记录笔的响应时间通常为 $0.1 \sim 0.5s$，而阴极示波器的显示速度比记录仪还要快。

9.10.3　荧光分析仪的使用方法

通常，荧光分析仪的使用方法大致如下。

① 准备工作。仪器在未接通电源之前，应做好各项测试的准备工作，如电表指针应位于 “0” 刻度，光电管应避免受强光照射等。

② 零位调节。接通电源，旋动零位调节旋钮，使电表指针位于 “0” 处，预热仪器 10min。

③ 测读荧光值。将盛有已知浓度的荧光溶液置于样品池放入光路中，调节刻度钮使其电表读数接近满刻度或其他相应的数值，然后换上其他盛有试液的样品池置于光路上，即可测读试液的荧光值。

9.11　红外光谱仪

用于测量和记录物质的红外吸收光谱并进行结构分析及定性、定量分析的仪器称为红外光谱仪（也称红外分光光度计）。

9.11.1　原理

当一束连续的红外光照射待测物质时，若一定波长（或波数）的红外光所具有的能量恰好与物质中的振动能级差（$\Delta E_振$）相适应（即 $\Delta E_振 = h\nu$）时，则该波长（或波数）的光被该物质选择性地吸收，由振动能级基态跃迁到激发态（同时不可避免的伴随有转动能级的跃迁）。红外光谱仪就是将待测物质对红外光的吸收情况，以波数 σ（或波长 λ）为横坐标，以透光度 T 为纵坐标，记录并绘制出了 T-σ（或 T-λ）曲线，即红外吸收光谱或红外吸收曲线。光波谱区与能量跃迁的相互关系如图 9.11.1 所示。

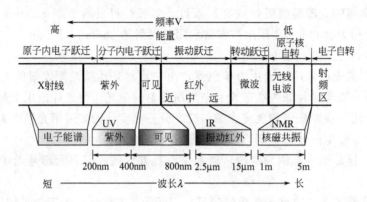

图 9.11.1　光波谱区及能量跃迁相关图

红外吸收光谱的吸收峰形状、位置和强度，取决于物质的分子结构。物质不同，分子结构不同，红外吸收光谱就不同。图 9.11.2 和图 9.11.3 分别为水分子和二氧化碳分子的红外吸收谱图。因此，红外吸收光谱主要用于结构分析和定性分析。同时，由于物质对红外光的吸收，服从朗伯-比尔定律，故红外吸收光谱也可用于定量分析（但由于灵敏度较低，不适用于微量组分的测定）。

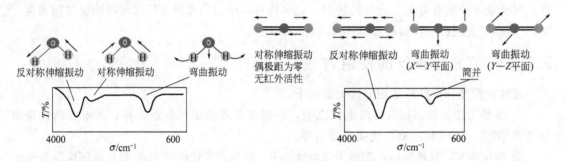

图 9.11.2　H_2O 分子的振动形式及　　　　图 9.11.3　CO_2 分子的振动形式及红外吸收光谱
　　　　　　　红外吸收光谱

9.11.2　结构

红外光谱仪有以棱镜为色散元件的棱镜分光红外光谱仪，称第一代红外光谱仪；有以光栅为色散元件的光栅分光红外光谱仪，称第二代红外光谱仪。随着近代科学技术的迅速发展，以色散元件为主要分光系统的光谱仪器在许多方面已不能完全满足需要，例如这种类型的仪器在远红外区能量很弱，得不到理想的光谱，同时它的扫描速度太慢，使得一些动态研究以及和其他仪器（如色谱）的联用遇到困难。随着光学、电子学尤其是计算机技术的迅速发展，已发展为干涉分光傅里叶变换红外光谱仪，也称第三代红外光谱仪。

目前虽然已进入干涉分光傅里叶变换红外光谱仪器时代，但还有大量光栅仪器仍在使用之中，常用的光栅红外光谱仪多为光栅双光束红外分光光度计，由光源、吸收池、单色器、检测器、放大器以及机械装置、记录器组成。光栅光谱仪与傅里叶变换光谱仪各组成部分之间的排列分别如图 9.11.4 和图 9.11.5 所示。下面简单介绍光栅红外光谱仪的主要部件。

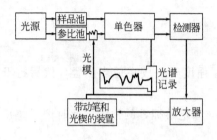

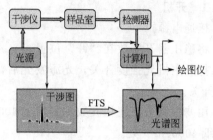

图 9.11.4　光栅红外光谱仪的结构图　　图 9.11.5　傅里叶变换光谱仪的结构图

① 光源。常用的光源有能斯特灯和硅碳棒两种，它们都能发射高强度连续波长的红外光。能斯特灯的中空棒或实心棒（$\varphi = 1 \sim 3nm$，$L = 2 \sim 5cm$），由锆、钇、铈等氧化物的混合物烧结而成，两端绕有铂丝以及电极，加热至 800℃ 时变成导体，开始发光，因此工作前必须预热。硅碳棒寿命长，发光面积大，室温下为导体，不需加热。

② 吸收池。由于玻璃、石英对红外光几乎全部吸收，因此吸收池窗口的材料一般是一些盐类的单晶，如 NaCl、KBr、LiF，但它们易吸湿引起吸收池的窗口模糊，需在特定的恒湿环境中工作。

③ 单色器。单色器由光栅、准直镜和狭缝（入射狭缝和出射狭缝）组成，它的作用是把通过样品池和参比池而进入入射狭缝的复合光分成"单色光"射到检测器上。光栅是一平行、等宽而又等间隔的多线槽反射镜。一般的红外光谱仪使用的衍射光栅，每厘米长度内约有一千条以上的等距线槽。光栅刻得愈密，其色散能力愈强。

④ 检测器。红外光谱仪上使用的检测器的检测原理是利用照射在它上面的红外光产生热效应，再转变成电信号加以测量。常用的检测器有真空热电偶、热电热量计、高莱槽等。

⑤ 放大器、机械装置及记录器。检测器输出微小的电信号，需经电子放大器放大。放大后的信号驱动梳状光楔和电动机，使记录笔在长条记录纸上移动。

傅里叶变换红外光谱仪（FTIR）主要由迈克尔逊干涉仪和计算机两部分组成。干涉仪将光源来的信号以干涉图的形式送往计算机进行傅里叶变换的数学处理，最后将干涉图还原成光谱图。

与普通红外光谱分析方法相比，傅里叶变换红外光谱显微分析技术作为显微样品和显微区分析，有以下特点。

① 灵敏度高，检测限可达 10ng，几纳克样品能获得很好的红外光谱图。

② 能进行微区分析。目前，傅里叶变换红外光谱所配显微镜测量孔径可达 $8\mu m$ 或更小。在显微镜观察下，可方便地根据需要选择不同部位进行分析。

③ 样品制备简单，只需把待测样品放在显微镜样品台上，就可以进行红外光谱分析。对于体积较大或不透光样品，可在显微镜样品台上选择待分析部位，直接测定反射光谱。

④ 在分析过程中，能保证样品原有形态和晶型。测量后的样品，不需要重处理，可直接用于其他分析。

9.11.3　使用方法

红外分光光度计使用时，通常包括以下步骤。

9.11.3.1　开机

① 接通电源。

② 将稳压器开关放在"开"位置。

③ 打开主机光强度开关，光源发光后，再将光源强度开关放在适当位置。然后打开主机电源开关。

④ 用波数调节旋钮将波数刻度盘上 $4000 \mathrm{cm}^{-1}$ 对准固定游标零的位置，此时记录笔应对准记录纸 $4000 \mathrm{cm}^{-1}$ 处。

⑤ 打开参考光束闸，记录笔应在透光度 100％处，如没有对准，应用 100％控制按钮调节。

9.11.3.2　测定

打开样品光束闸，插入待测样品。将笔按钮放入"自动"位置，将波数扫描开关放在"开"的位置。测量开始，记录仪开始扫描，并绘图。

9.11.3.3　关机

测量完毕后，波数扫描开关自动停止，记录笔自动提升。

① 撕下记录纸。

② 先关闭样品光束闸，再关闭参考光束闸。

③ 关主机电源开关，再旋转光强度开关到"关"位置。

④ 关闭稳压器开关。

⑤ 拉掉电闸，切断电源。

9.12　紫外-可见分光光度计

用于测量和记录待测物质对紫外光、可见光的吸光度及紫外-可见吸收光谱，并进行定性、定量以及结构分析的仪器，称为紫外-可见分光光度计。

9.12.1　仪器原理

当一束连续的紫外-可见光照射待测物质的溶液时，若某一定频率（或波长）的光所具有的能量恰好与分子中的价电子的能级差 $\Delta E_{电}$ 相适应（即 $\Delta E_{电} = E_2 - E_3 = hf$）时，则该频率（波长）的光被该物质选择性地吸收，价电子由基态跃迁到激发态（同时不可能避免地伴随有振动和转动能级跃迁）。紫外-可见分光光度计就是将物质对紫外-可见光的吸收情况以波长 λ 为横坐标，以吸收度 A 为纵坐标，绘制出 A-λ 曲线，即紫外-可见吸收光谱（紫外可见光吸收曲线）。

紫外-可见吸收光谱的吸收峰形状、位置、个数和强度，取决于分子的结构。物质不同，分子结构不同，紫外-可见吸收光谱就不同。因此，根据紫外-可见吸收光谱可进行定性鉴定和结构分析。同时，物质对紫外-可见光的吸收服从朗伯-比尔（Lambert-Beer）定律，即式 $A = \varepsilon c l$。

为此，当用一适当波长的单色光照射吸收物质的溶液时，其吸光度 A 与溶液的浓度 c

和光程长度 l 的乘积成正比,这就是其进行定量分析的依据。

9.12.2 仪器结构

目前紫外-可见分光光度计主要分为两大类,一类为自动扫描型,该类仪器一般由微电脑控制,功能较多,档次高。它能自动测定光谱吸收曲线,如岛津 UV-3000 型和 UV-265 型。另一类是非自动扫描型,如 721 型(见图 9.12.1)该类仪器通过手动方式变化波长,一般用于固定波长下的物质吸光度的测定,功能较少。

紫外-可见分光光度计虽然种类、型号各不相同,但都包括光源、分光系统、样品池、检测器以及记录和读出装置。波长范围通常为 200~800nm 之间,用钨灯及氘(氢)灯提供可见光及紫外光。对于自动扫描型仪器,通过微机控制电动机并带动棱镜或光栅转动角度,以不断改变入射单色光波长,而且具有自动切换光源的功能。其中双光束仪器能使该入射光快速地交替照射参比及样品,从而能瞬时得到样品相对于参比的吸收信号,自动做出光谱曲线,该类仪器有较高的稳定性。而单光束扫描型仪器,首先对参比进行一定波长范围的扫描,然后对样品进行扫描,内部微处理器自动将样品信号扣除了参比信号,也能得到相对吸收信号,但该类仪器的稳定性较差。而对于非自动扫描型分光光度计,则只能通过手动的方式转动光栅棱镜,得到不同波长的单色光,所以较适合于测定组分在一定波长下的吸光度。图 9.12.2 为双光束紫外-可见分光光度计的光路图。

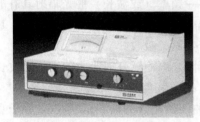

图 9.12.1　721 型分光光度计

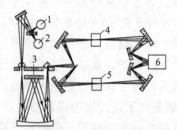

图 9.12.2　双光束紫外-可见分光光度计光路图
1—钨灯；2—氘灯；3—光栅；4—参比池；
5—样品池；6—光电倍增管

9.12.3 使用方法

对于紫外-可见分光光度计,通常可按以下步骤操作。

9.12.3.1 开机

① 根据测试波长,选择合适光源(氘灯或氢灯、钨灯等)。

② 开启总电源开关。

③ 开启主机电源开关,预热 20min。

9.12.3.2 测试准备

① 关闭光路使检测器不受光。

② 用波长选择钮选定测试波长。

③ 将参比溶液及试液分别放入吸收池,置于暗盒内。

9.12.3.3 测定

① 扣除暗电流。

② 将参比溶液置于光路,调节缝宽选择钮,使透光度 T 为 100(或 100%)。

③ 改将试液池置于光路，从读出装置读出该试样透光度，若要读吸光度值，只按"A"键，即读出吸光度值，按"打印键"，即能打印数据。

9.12.3.4 关机

关机时应先关主机电源开关，再关总电源开关。

9.12.4 注意事项

① 样品池的选择必须根据测试的波长范围而定。在可见光区分析可以选用玻璃样品池，而在紫外光区分析时，必须使用石英样品池。样品池的种类可根据刻在样品池上面的字母来辨认，"G"表示玻璃，"S"表示石英。

② 样品池必须垂直放置于光路中，如果倾斜会造成测试误差。

9.13 原子吸收分光光度计

用于测量和记录待测物质在一定条件下形成的基态原子蒸气对其特征光谱线的吸收程度，并进行定量分析的仪器，称为原子吸收分光光度计。

9.13.1 原理

当光辐射通过待测物质的基态原子蒸气时，如果某一频率（或波长）的光辐射具有的能量（$h\nu$）恰好等于原子的电子由基态跃迁到激发态所需的能量（$\Delta E = h\nu = hc/\lambda$）时，基态原子就可能吸收光辐射，获得能量而跃迁到激发态，产生原子吸收。

不同种类的原子，其电子基态与激发态的能量差不同，因而跃迁时吸收的光辐射波长也不同，即吸收各自相应的特征原子谱线，而且原子吸收线的宽度很窄（$\Delta\lambda$ 只有 2×10^{-3} nm 左右）。一般条件下，无法测得积分吸收（即整个吸收曲线所包含的面积），所以，原子吸收分光光度计都有一个能发射（待测原子吸收的）共振线的锐线光源，这样就可以用峰值吸收代替积分吸收，实现原子吸收强度的测量。

在实验条件一定时，原子吸收分光光度计测得的吸光度 A 与待测元素浓度 c 呈线性关系，因此，可采用标准曲线法、标准加入法、双标准比较法等方法进行定量分析。

9.13.2 仪器的结构

原子吸收分光光度计由锐线光源、原子化器、分光系统和检测与记录系统等部分组成。其结构示意图如图 9.13.1 所示，国产 AA5800 原子吸收光谱仪如图 9.13.2 所示。

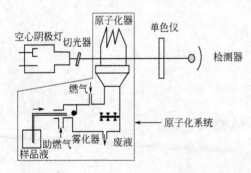

图 9.13.1 原子吸收光谱仪结构示意图

图 9.13.2 国产 AA5800 原子吸收光谱仪

① 锐线光源。发射待测元素吸收的共振线。如空心阴极灯、无极放电灯等。

② 原子化器。将试样中的待测元素转化为基态原子，以便对光源发射的特征谱线产生吸收。

③ 分光系统。将待测元素的分析线与其他干扰谱线分开，使检测器只接收分析线。

④ 检测与记录系统。将分光系统分出来的待测元素分析线的微弱光能转换成电信号，经适当放大后显示并记录下来。

原子吸收分光光度计有单光束和双光束两种类型。单光束仪器具有装置简单、价格较低、共振线在外光路损失较少的特点。由于现代电子科学的发展，以前困扰人们的零漂（因光源强度变化而导致的基线漂移）问题也逐渐得到解决，因而单光束仪器应用较为广泛。双光束仪器用斩光器将光源辐射分成两束，试样光束通过原子化器中的样品基态原子，参比光束不通过原子化器中的样品基态原子，检测器测定的是此两光束的强度比，故光源的任何漂移都可由参比光束的同步变化而得到补偿。

9.13.3　使用方法

原子吸收分光光度计种类及型号不同，使用方法也不尽相同，但大致可分为以下步骤。

① 开机。在完成以下操作后方可开机，即打开仪器电源开关。

a. 增益旋钮调至最小位置。

b. 标尺扩展，曲线校正旋钮调至最小位置。

c. "通带选择"调节在所需位置（如 0.2nm 挡）。

② 空心阴极灯的安装及灯电流调节。根据所测定的组分选择相当的空心阴极灯装好后，按下灯电源开关，选择适当的灯电流，使其预热 15～30min。

③ 负高压及增益调节。增益调节（又称灵敏度调节）用以控制光电倍增管的负高压。当表头零点正常，增益的粗细调均旋至最小值，仪器总电源及阴极灯电源均已接通后，方可打开负高压开关，然后依次用增益粗细调旋钮调节负高压。

④ 波长扫描及波长精选。波长扫描用以准确选择待测元素的波长，仪器通常设有波长自动扫描和手动扫描两种装置，可以任选。

⑤ 阴极灯位置精确调节。将波长放置在精选位置，调节增益至表头指针在 0.5 左右，仔细调节灯位置找出表头指针偏转最大值。此时的灯位为精调最佳位置。

⑥ 状态选择。仪器的"状态选择"通常有能量键（即透光度键）和吸光度键两类。按吸光度键时，能量键必须置于按下状态，且表头指针偏转应接近于满刻度。

⑦ 燃气、助燃气调节及点火。接通空压机电源，调整空气压强为 196～294 kPa，旋动助燃气针型阀至助燃气流量计上显示出所需流量。打开燃气（如乙炔）高压阀，调整燃气输出压约为 49kPa。旋助燃气针型阀至燃气流量计上显示出所需流量。用电子枪点火。火焰如果出现锯齿缺口，则应取下燃烧头，进行清洗。

⑧ 仪器零点调节。将原子化器毛细管插入盛有去离子水的烧杯中，按下能量键、旋动增益键调至表头指针偏转满刻度。按下吸光度键旋动增益键使指针指零。如此反复调节几次，直至按下能量键时指在满刻度，按下吸光度键时指针指零为止。

⑨ 测定。将原子化器毛细管先后插入盛有标准溶液（或系列标准溶液）、试液中，分别测得吸光度，然后用比较法或标准曲线法求出试液中待测元素含量。

⑩ 关气。测定结束后继续吸收去离子水约 1min，清洗原子化器。关闭燃气针型阀，熄

火后随即关闭燃气钢瓶高压阀。切断空压机电源。关闭助燃气针型阀。

⑪ 关机。置"状态选择"于能量挡，将增益键旋至最小。关闭负高压开关。将灯电源旋至最小值，关闭电源开关。最后关闭总电源开关及稳压器开关。

⑫ 清洗灯头。取下原子化器灯头用自来水冲洗干净，然后用去离子水冲洗。用滤纸吸干备用。

9.13.4 注意事项

① 如果测定过程中，由于某些原因，仪器零点有时发生漂移，此时可按上述步骤⑧的方法重新校正零点。

② 标尺扩展（放大标尺）在进行微量分析时，由于元素含量极低，电信号弱，指针偏转小，读数不方便，使用标尺扩展可以解决。

9.14 发射光谱分析仪

用来观察和记录或检测待测物质的原子发射光谱并进行定性、定量分析的仪器，称为发射光谱分析仪。

9.14.1 仪器原理

发射光谱分析仪是将待测物质用热能或电能激发后，发射待测元素的特征光谱线，这种特征光谱线，仅由该元素的原子结构决定。根据某种元素的特征光谱线出现与否，进行定性分析，根据谱线的强弱程度进行定量分析。

9.14.2 仪器结构

发射光谱仪包含三个主要组成部分。

① 激发光源。激发光源的作用是为试样的蒸发、解离和激发发光提供所需要的能量。目前常用的激发光源有直流电弧、交流电弧、高压火花和电感耦合等离子体、激光等，其中电感耦合等离子体（简称 ICP）光源，灵敏度高、干扰少、稳定性好、工作线性范围宽，是一种极有发展前途的光源，应用将越来越广泛。

② 分光系统。分光系统的作用是将试样中待测元素的激发态原子（或离子）所发射的特征光谱与光源及其他干扰谱线分离开，以便进行测量。

③ 检测系统。检测系统的作用是将原子的发射光谱记录下来或检测出来，以进行定性或定量分析。

9.14.3 等离子体发射光谱仪及其使用方法

等离子体发射光谱仪（简称 ICP）是一种利用等离子体作激发光源的新型原子发射光谱仪。

9.14.3.1 ICP 装置及其工作原理

ICP 激发源通常由高频发生器感应线圈、等离子炬管、雾化器三部分组成，如图 9.14.1 所示。

等离子体一般指有相当电离程度的气体，它由离子、电子及未电离的中性粒子所组成，其正、负电荷密度几乎相等,从整体看呈中性,与一般气体不同,等离子体能导电。等离子管炬由三层同心石英管构成(外层管导入冷却氩气,防止烧坏石英管。中层管通入辅助气氩气维持等离子体。内层管由载气将雾化的试液引入等离子体),石英管外绕以高频感应线圈,以此将高频电能耦合到石英管内,用电火花引燃使引发管内的氩气放电形成等离子体。当达到足够的导电率时,即产生几百安培的感应电流,瞬间将该气体加热到 $9000\sim10000K$ 的高温并在石英管内形成高温火球,当用氩气将火球吹出石英管口,即形成感应焰炬,试液被雾化器雾化后由载气从内层石英管引入等离子体内,被加热到极高的温度而激发成离子态。发射出的光由入射狭缝进入分光系统。在分光器中光栅将不同波长的光分开后送入检测器,检测器中的光电倍增管将光信号转变成电信号,经放大器放大后进行计算机数据处理,计算机屏幕显示并绘制工作曲线,计算试样分析结果,在打印机上打印出检测结果。

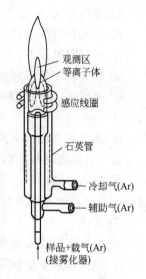

图 9.14.1　ICP 激发源

电感耦合等离子体原子发射光谱仪(简称 ICP-AES)的结构虽然较复杂,但主要由高频发生器、等离子炬管、分光器、检测器、通道放大、计算机、打印机和蠕动泵等组成。

9.14.3.2　ICP 的使用方法

① 等离子炬点火前的调整

a. 检查该装置上的门是否都关闭。

b. 开主机前先通氩气 40min,以排除炬管内空气。接通(雾化样品及保护石英管的)氩气。

c. 启动动力开关,合上高频发生器上的开关,接通电源。开稳压电源,预热 2min(停电后必须 10min 后才能够再开)。

d. 启动工作站,检查电脑能否正常操作。

e. 打开抽风机排风。

f. 开主机,注意仪器自检动作。

g. 检查光学系统的温度是否稳定。

h. 检查各个接触点是否漏气。

② 点火

a. 迅速按下"点火"按钮,点燃等离子体光源。呈现绿色火炬,稳定 15min(注意:按下后要立刻松开,不要一直按住不放,若一次没有引燃可再按一次。在引燃的同时要注意观察火焰形状,若在石英炬管上出现畸形橙色火焰必须立即按按钮熄灭火焰,否则石英炬管将熔化)。

b. 检查光室温度是否稳定。

c. 开启蠕动泵,使去离子水进入炬管。

③ 准备标准溶液、样品溶液、空白溶液。

④ 人机对话操作

a. 点击目录,建立新的分析方法(由元素周期表选择元素、谱线)。

b. 输入待测溶液信息,进行全谱图的拍摄,选择光源(紫外光或可见光),并且校正波长(选择干扰元素最低的波长)。

c. 编辑方法。

d. 确定标准溶液的元素及其浓度。

e. 开打印机开关。

⑤ 输入高、低不同浓度标准溶液

a. 将高浓度标准溶液（多元素混合液）用蠕动泵送入炬管后，按下计算机上的相应按钮。

b. 将低浓度标准溶液用蠕动泵送入炬管后，按下相应按钮。

此时计算机已根据高、低浓度标准溶液浓度作出标准曲线。

⑥ 输入待测样品。用蠕动泵把样品送入炬管后，在计算机上按下相应按钮。数秒后就可打印出样品中各元素的浓度。若有多个待测样品则可重复这步。

⑦ 关机

a. 将进样管浸入去离子水中（至少 10min），冲洗进样系统。

b. 关闭高频发生器开关。

c. 关蠕动泵。

d. 继续通入氩气 40～60min。

⑧ 进行数据处理，打印。

⑨ 关计算机电源；关总电闸；关闭氩气、冷却水。

⑩ 检查水、电、气开关是否全部关好。

9.14.4　火焰光度计

以火焰为激发源的发射光谱分析仪，称为火焰光度计。主要用于记录或检测待测物质的原子发射线的强度以进行定量分析。

9.14.4.1　原理

当试样溶液以气溶胶形式引入火焰光源中，依靠火焰的热能将试样元素原子化，再由火焰高温激发，当原子的外层电子由高能级向低能级跃迁时即发射出待测物质的特征原子光谱。由于火焰光源温度较低，激发出来的原子谱线也较简单。利用光电检测系统，即可测量出待测元素的原子所发射的特征光谱线强度 I。谱线强度 I 与待测元素的浓度 c 之间的关系为 $I = ac^b$。由于火焰激发光源较为稳定，式中 a 为一常数，当浓度很低时，自吸现象可忽略，此时自吸系数 $b = 1$ 于是，I 与 c 成正比，即 $I = ac$。

为此，便可采用标准曲线法或标准加入法，用火焰光度计测得谱线强度 I，进行定量分析。

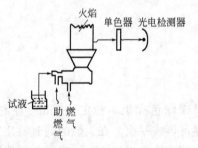

图 9.14.2　火焰光度计示意图

9.14.4.2　结构

火焰光度计的结构如图 9.14.2 所示，图中助燃气以一定速度喷入体积较大的混合室，喷嘴附近由于节流效应造成负压区，可以将试液沿毛细管吸入，然后被高速气流雾化。试液雾滴、助燃气和燃气在混合室充分混合后，进入燃烧器，颗粒较大的雾滴在混合室室壁上凝结，沿废液管排出。

燃烧器是一个空心圆柱体，一般用不锈钢制成，其顶端用有均匀细孔的金属板覆盖。

如果单色器使用光栅或棱镜，其波长可以在一定范围内调节，这样的仪器叫火焰分光光度计。如果单色器使用滤光片，则仪器较为简单，这一类仪器就叫火焰光度计。图 9.14.3 为 6400A 火焰光度计主机外型图。

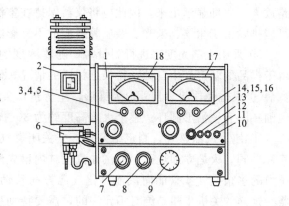

图 9.14.3　6400A 火焰光度
计主机外型图

1—主机；2—燃烧室；3—K 调 100%旋钮；4—K 调零旋钮；
5—K 挡开关；6—进样雾化器；7—点火阀；8—燃气阀；
9—进样压力表；10—电源指示灯；11—主机开关；
12—空压机开关；13—点火按钮；14—Na 挡开关；
15—Na 调零旋钮；16—Na 调 100%旋钮；
17—Na 表；18—K 表

9.14.4.3　火焰光度计的使用方法

火焰光度计的使用方法，通常按以下操作步骤进行。

① 准备工作

a. 启动空气压缩机和接通电源；查看仪器指示灯及压力表是否正常。

b. 开机点火：首先将进样开关阀、燃气与助燃气针型阀均放置在关处，用右手揿点火按钮，左手慢慢旋动燃气针型阀点火。

c. 调节火焰形状至最佳状态：点火后，打开进样阀，一边查看火焰形状，一边缓慢调节燃气针型阀，使燃气与空气混合比达到适当比例（此处空气为助燃气），将火焰形状调节至最佳状态。

② 仪器的预热。为保证仪器的稳定性和重现性。使用前需将仪器预热，其方法是点火后调整好火焰，用蒸馏水进样，同时检查雾化器工作状态，预热时间为 20min，待仪器稳定后方可进行正式测试。

③ 校正和操作

a. 表头调零。将量程开关置于"0"处，调节内调电势（位）器，使表头指示均在"0"位。

b. 根据所选用的标准溶液浓度，选择适当"量程"。

c. 以蒸馏水进样，缓慢旋动"调零"电势（位）器，使指针指示"0"位，然后以最浓的标准溶液进样，调"满度"电势（位）器，使指针指示满度或在所需值上，重复几次，并观察读数有无明显漂移现象。如基本稳定，则可开始样品测试工作。

d. 连续测试样品时，应在 3～5 个样品间进行一次标准溶液的校正。不同样品之间的测量均需用蒸馏水校零冲洗，排除样品间相互干扰。

④ 结束工作。火焰光度计在使用结束时，使用的燃气不同则关机的操作步骤不同。通常如下。

a. 汽油作燃气时，应先关掉空气压缩机，让火焰自然燃烧，直至燃气气压降低，火焰熄灭为止。再切断电源，将燃气针型阀顺时针关闭。

b. 若使用煤气或液化石油气时，应先切断燃气气源，然后关闭其他开关和电源。

9.14.5　注意事项

① 火焰光度计的火焰受气压、流量、燃烧温度影响很大，室内空气中的尘埃、样品中的杂质、气路中的沉淀物等进入燃烧室，都会产生火焰无规则的跳动，这微小的变化，经电

路放大，立即显示出来，因此应将仪器保持在室温、无强光、无震动、无尘埃的环境中，尽可能排除由于尘埃、杂光、杂质等造成的不良影响。

② 采用火焰光度法进行测量时，随着浓度的增加，工作曲线将呈指数曲线变化，这是由于样品的辐射产生自蚀，需根据标样的情况，做适当稀释，才会得到满意结果。

③ 火焰最佳状态：外形为锥形，呈蓝色，尖端摆动较小，火焰底部中间是多个小突起，周围一圈有波浪形圆环。整个火焰高度约为 30～60mm 左右。

④ 使用汽油燃气，测定结束时若先关闭燃气针型阀或关闭空气压缩机后，随即关闭燃气针型阀，火焰立即熄灭。但汽油汽化缸内事先注入的空气无法进入喷雾器燃烧，具有一定压力的多余空气就只能向汽油汽化气源方向移动，造成汽油外泄，进入仪器内部，损坏机器。这样的关机步骤是绝对不允许的，需要特别注意。

9.15　色谱仪

色谱法的创始人是俄国的植物学家茨维特。1905 年，他将从植物色素提取的石油醚提取液倒入一根装有碳酸钙的玻璃管顶端，然后用石油醚淋洗，结果使不同色素得到分离，在管内显示出不同的色带，色谱一词也由此得名。这就是最初的色谱法。后来，用色谱法分析的物质已极少为有色物质，但色谱一词仍沿用至今。

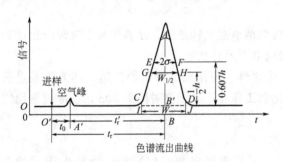

图 9.15.1　色谱峰示意图

在色谱分离中固定不动、对样品产生保留的一相称为固定相；与固定相处于平衡状态、带动样品向前移动的另一相称为流动相。色谱法又称色层法或层析法，是一种物理化学分析方法，它利用不同溶质（样品）与固定相和流动相之间的作用力（分配、吸附、离子交换等）的差别，当两相做相对移动时，各溶质在两相间进行多次平衡，使各溶质达到相互分离。典型的色谱峰如图 9.15.1 所示。

色谱法的分类方法很多，最粗的分类是根据流动相的状态将色谱法分成四大类：①气相色谱法（流动相为气体，称为载气）；②液相色谱法（流动相为液体，也称淋洗液）；③超临界流体色谱法（流动相为超临界流体）；④电色谱法（流动相为缓冲溶液，电场）。

色谱法的特点包括：①分离效率高（几十种甚至上百种性质类似的化合物可在同一根色谱柱上得到分离，能解决许多其他分析方法无能为力的复杂样品分析）；②分析速度快（一般而言，色谱法可在几分钟至几十分钟的时间内完成一个复杂样品的分析）；③检测灵敏度高（随着信号处理和检测器制造技术的进步，不经过预浓缩可以直接检测 10^{-9}g 级的微量物质，如采用预浓缩技术，检测下限可以达到 10^{-12}g 数量级）；④样品用量少（一次分析通常只需数纳升至数微升的溶液样品）；⑤选择性好（通过选择合适的分离模式和检测方法，可以只分离或检测感兴趣的部分物质）；⑥多组分同时分析（在 20min 左右的时间内，可以实现几十种成分的同时分离与定量）；⑦易于自动化（现在的色谱仪器已经可以实现从进样到数据处理的全自动化操作）。色谱法的缺点是定性能力较差。为克服这一缺点，已经发展起来了色谱法与其他多种具有定性能力的分析技术的联用。

9.15.1　气相色谱仪的组成

气相色谱法的流程如图 9.15.2 所示。高压钢瓶中的载气（气源）经减压阀减低至0.2～0.5MPa，通过装有吸附剂（分子筛）的净化干燥管除去载气中的水分和杂质，到达稳压阀，维持气体压力稳定。样品在气化室变成气体后被载气带至色谱柱，各组分在柱中达到分离后依次进入检测器。

9.15.1.1　载气系统

载气系统包括气源和流量的调节与测量元件等。载气通常为氮、氢和氩气，由高压气瓶供给。由高压气瓶出来的载气需经过装有活性炭或分子筛的净化器，以除去载气中的水、氧等有害杂质。由于载气流速的变化会引起保留值和检测灵敏度的变化，因此，一般采用稳压阀、稳流阀或自动流量控制装置，以确保流量恒定。载

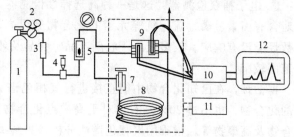

图 9.15.2　气相色谱仪的组成和结构
1—载气钢瓶；2—减压阀；3—净化干燥管；4—针形阀；5—流量计；6—压力表；7—进样器和气化室；8—色谱柱；9—热导检测器；10—放大器；11—温度控制器；12—记录仪

气气路有单柱单气路和双柱双气路两种。前者比较简单，后者可以补偿因固定液流失、温度波动所造成的影响，因而基线比较稳定。

9.15.1.2　进样系统

进样系统包括进样装置和气化室。气体样品可以用注射进样，也可以用定量阀进样；液体样品用微量注射器进样；固体样品则要溶解后用微量注射器进样。样品进入气化室后在一瞬间就被气化，然后随载气进入色谱柱。根据分析样品的不同，气化室温度可以在 50～400℃ 范围内任意设定。通常，气化室的温度要比使用的最高柱温高 10～50℃ 以保证样品全部气化。进样量和进样速度会影响色谱柱效率。进样量过大造成色谱柱超负荷，进样速度慢会使色谱峰加宽，影响分离效果。

9.15.1.3　分离系统

试样中各组分的分离在色谱柱中进行，因此，色谱柱是色谱仪的核心部分。色谱柱主要有填充柱和毛细管柱两类。填充柱由柱管和固定相组成，柱管材料为不锈钢或玻璃，内径为2～4mm，长为1～3m，柱内装有固定相，固定相又包括固体固定相和液体固定相两种。毛细管柱又叫空心柱，目前使用较多的是涂壁空心柱和载体涂层毛细管柱。

9.15.1.4　检测系统

常用的检测器如下。

① 热导检测器（基于载气和样品的热导率的差异，并用惠斯登电桥检测）：热导检测器是一种通用型检测器。被测物质与载气的热导率相差愈大，灵敏度也就愈高。此外，载气流量和热丝温度对灵敏度也有较大的影响。这种检测器结构简单、稳定性好，对有机物和无机气体都能进行分析，其缺点是灵敏度低。

② 氢火焰离子化检测器：当含有机物的载气由喷嘴喷出进入火焰时，在热裂解层发生裂解反应产生自由基，产生的自由基在反应层火焰中与外面扩散进来的激发态原子氧或分子氧发生如下反应，生成的正离子 CHO^+ 与火焰中大量水分子碰撞而发生分子离子反应

$CHO^+ + H_2O \longrightarrow H_3O^+ + CO$。在电场作用下，离子流向收集极形成离子流。离子流经放大、记录即得色谱峰。所产生的离子数与单位时间内进入火焰的碳原子质量有关，因此，氢焰检测器是一种质量型检测器。这种检测器对绝大多数有机物都有响应，其灵敏度比热导检测器要高几个数量级，易进行痕量有机物分析。其缺点是不能检测惰性气体、空气、水、CO、CO_2、NO、SO_2 及 H_2S 等。

③ 电子捕获检测器：这是一种高选择性检测器，只对含有电负性元素的组分产生响应，仅对含有卤素、磷、硫、氧等元素的化合物有很高的灵敏度，检测下限 $10^{-14} g/mL$，对大多数烃类没有响应。较多应用于农副产品、食品及环境中农药残留量的测定。主要缺点是线性范围较窄。

据估计，在已知化合物中能直接进行气相色谱分析的化合物约占 15%，加上制成衍生物的化合物，也不过 20% 左右。对于高沸点化合物、难挥发及热不稳定的化合物、离子型化合物及高聚物等，很难用气相色谱法分析。为解决这个问题，20 世纪 70 年代初发展了高效液相色谱。

9.15.2　高效液相色谱法

9.15.2.1　高效液相色谱仪的特点与种类

高效液相色谱法的特点是高压、高效、高速，是一种适用于高沸点、热不稳定有机及生化试样的高效分离分析的方法。高效液相色谱可以分为液-固吸附色谱、液-液分配色谱、离子交换色谱和凝胶渗透色谱四类。

① 液-固吸附色谱。液-固色谱的色谱柱内填充固体吸附剂，如硅胶、氧化铝等，较常使用的是 $5 \sim 10 \mu m$ 的硅胶吸附剂。由于不同组分具有不同的吸附能力，因此，流动相带着被测组分经过色谱柱时，各组分被分开。流动相可以是各种不同极性的一元或多元溶剂。常用溶剂：己烷、四氯化碳、甲苯、乙酸乙酯、乙醇、乙腈、水。

② 液-液分配色谱。液-液色谱的流动相和固定相都是液体。早期通过在载体上涂渍一薄层固定液制备固定相，现多为化学键合固定相，即用化学反应的方法通过化学键将固定液结合在载体表面。流动相与固定液不互溶。当带有被测组分的流动相进入色谱柱时，组分在两相间很快达分配平衡，由于各组分在两相间分配系数不同而彼此分离。流动相的极性小于固定相的极性，称为正相液液色谱法，若流动相的极性大于固定液的极性，则称为反相液液色谱。

③ 离子交换色谱。固定相为离子交换树脂，流动相为无机酸或无机碱的水溶液。各种离子根据它们与树脂上的交换基团的交换能力的不同而得到分离。

④ 凝胶色谱（空间排阻色谱）以凝胶为固定相。凝胶是一种经过交联的、具有立体网状结构和不同孔径的多聚体的通称，如葡聚糖凝胶、琼脂糖等软质凝胶，多孔硅胶、聚苯乙烯凝胶等硬质凝胶。

9.15.2.2　高效液相色谱仪的组成

高效液相色谱仪的流程如图 9.15.3 所示。输液泵将流动相以稳定的流速（或压力）输送至分析体系，在色谱柱之前通过进样器将样品导入，流动相将样品带入色谱柱，在色谱柱中各组分因在固定相中的分配系数或吸附力大小的不同而被分离，并依次随流动相流至检测器，检测到的信号送至数据系统记录、处理或保存。

① 输液系统。输液系统包括流动相贮存器，高压输液泵，梯度淋洗装置等。

a. 高压输液泵：按输出液恒定的因素分恒压泵和恒流泵。对液相色谱分析来说，输液泵的流量稳定性更为重要，这是因为流速的变化会引起溶质的保留值的变化，而保留值是色谱定性的主要依据之一。因此，恒流泵的应用更广泛。

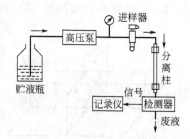

图 9.15.3　HPLC 的流程示意图

b. 梯度淋洗装置：在进行多成分的复杂样品的分离时，经常会碰到前面的一些成分分离不完全，而后面的一些成分分离度太大，且出峰很晚和峰形较差。为了使保留值相差很大的多种成分在合理的时间内全部洗脱并达到相互分离，往往要用到梯度洗脱技术。根据溶液混合的方式可以将梯度洗脱分为高压梯度和低压梯度。高压梯度一般只用于二元梯度，即用两个高压泵分别按设定的比例输送两种溶液至混合器，混合器是在泵之后，即两种溶液是在高压状态下进行混合的。其优点是只要通过梯度程序控制器控制每台泵的输出，就能获得任意形式的梯度曲线，而且精度很高，易于实现自动化控制。其缺点是，使用了两台高压输液泵，使仪器价格变得更昂贵，故障率也相对较高，而且只能实现二元梯度操作。低压梯度只需一个高压泵，与等度洗脱输液系统相比，就是在泵前安装了一个比例阀，混合就在比例阀中完成。因为比例阀是在泵之前，所以是在常压（低压）下混合，在常压下混合往往容易形成气泡，所以低压梯度通常配置在线脱气装置。

② 进样系统。一般高效液相色谱多采用六通阀进样。先由注射器将样品常压下注入样品环。然后切换阀门到进样位置，由高压泵输送的流动相将样品送入色谱柱。样品环的容积是固定的，因此进样重复性好。

③ 分离系统。分离系统包括色谱柱和恒温器。

a. 色谱柱：由内部抛光的不锈钢管制成，一般长 $10 \sim 50 \text{cm}$，内径 $2 \sim 5 \text{mm}$，柱内装有固定相，通常是 $5 \sim 10 \mu \text{m}$ 粒径的球形颗粒。典型的液相色谱分析柱尺寸是内径 4.6mm，长 250mm。

b. 恒温器：在高效液相色谱分析中，适当提高柱温可改善传质，提高柱效，缩短分析时间。因此，在分析时可以采用带有恒温加热系统的金属夹套来保持色谱柱的温度。温度可以在室温到 60℃ 间调节。

④ 检测系统。用来连续监测经色谱柱分离后的流出物的组成和含量变化的装置。检测器利用溶质的某一物理或化学性质与流动相有差异的原理，当溶质从色谱柱流出时，会导致流动相背景值发生变化，从而在色谱图上以色谱峰的形式记录下来。常用的有紫外-可见光检测器，二极管阵列检测器示差折光检测器，荧光检测器，电导检测器，蒸发光散射检测器等。

a. 紫外-可见光（UV-VIS）检测器。由光源产生波长连续可调的紫外光或可见光，经过透镜和遮光板变成两束平行光，无样品通过时，参比池和样品池通过的光强度相等，光电管输出相同，无信号产生；有样品通过时，由于样品对光的吸收，参比池和样品池通过的光强度不相等，有信号产生。根据朗伯-比尔定律，样品浓度越大，产生的信号越大。这种检测器灵敏度高，检测下限约为 10^{-10}g/mL，而且线性范围广，对温度和流速不敏感，适于进行梯度洗脱。用 UV-VIS 检测时，为了得到高的灵敏度，常选择被测物质能产生最大吸收的波长作检测波长，但为了选择性或其他目的也可适当牺牲灵敏度而选择吸收稍弱的波长，另外，应尽可能选择在检测波长下没有背景吸收的流动相。

b. 二极管阵列检测器（DAD）。以光电二极管阵列（或 CCD 阵列，硅靶摄像管等）作为检测元件的 UV-VIS 检测器。它所得到的是时间、光强度和波长的三维谱图。普通 UV-VIS 检测器是先用单色器分光，只让特定波长的光进入流动池。而二极管阵列 UV-VIS 检测器是先让所有波长的光都通过流动池，然后通过一系列分光技术，使所有波长的光在接收器上被检测。采用 DAD 检测器所得到的色谱图如图 9.15.4 所示。

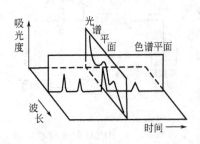

图 9.15.4   DAD 检测器下的色谱峰

c. 示差折光检测器（RI）。基于样品组分的折射率与流动相溶剂折射率有差异，当组分洗脱出来时，会引起流动相折射率的变化，这种变化与样品组分的浓度成正比。绝大多数物质的折射率与流动相都有差异，所以 RI 是一种通用的检测方法。虽然其灵敏度比其他检测方法相比要低 1～3 个数量级。对于那些无紫外吸收的有机物（如高分子化合物、糖类、脂肪烷烃）是比较适合的。

d. 荧光检测器。许多有机化合物，特别是芳香族化合物、生化物质，如有机胺、维生素、激素、酶等，被一定强度和波长的紫外光照射后，发射出较激发光波长要长的荧光。荧光强度与激发光强度、量子效率和样品浓度成正比。有的有机化合物虽然本身不产生荧光，但可以与发荧光物质反应衍生化后检测。荧光检测器具有非常高的灵敏度和良好的选择性，灵敏度要比紫外检测法高 2～3 个数量级。而且所需样品量很小，特别适合于药物和生物化学样品的分析。

⑤ 辅助系统。辅助系统包括数据处理系统和自动控制单元。

a. 数据处理系统：又称色谱工作站。它可对分析全过程（分析条件、仪器状态、分析状态）进行在线显示，自动采集、处理和储存分析数据。

b. 自动控制单元：将各部件与控制单元连接起来，在计算机上通过色谱软件将指令传给控制单元，对整个分析实现自动控制，从而使整个分析过程全自动化。

9.16   质谱仪

用来检测和记录待测物质的气态分子分解出的带正电荷离子在电场和磁场作用下，按其质荷比（m/z）的大小排列的质谱，并进行相对分子（原子）质量、分子式的测定以及组成和结构分析的仪器，称为质谱仪。

9.16.1   原理

质谱仪将待测化合物在高真空中加热气化，然后运用离子化技术使气态分子失去一个电子形成离子或发生化学键断裂形成碎片正离子和自由基（也有分子可能捕获一个电子形成负离子），再让这些正离子在电场和磁场的综合作用下，加速通过狭缝进入高真空的质量分析器（即磁分析器）中，在外磁场的作用下，其运动方向发生偏转，由直线运动改作圆周运动。在磁感应强度 B 和加速电压 V 固定不变的情况下，离子运动半径 R 取决于质荷比 m/z。

$$R = (1/B)(2Vm/z)^{1/2}$$

即 m/z 越大 R 越大；反之 R 越小。为此，在质量分析器中，各种离子就按质荷比 m/z 的大小顺序被分开。

质谱仪的出射狭缝的位置是固定的，只有离子运动半径 R 与质量分析器的半径 R_s 相等时，离子才能通过出射狭缝到达检测器，从而可以获得按 R 即 m/z 大小顺序排列的质谱。

质谱仪的用途包括：①测定相对原子质量与相对分子质量；②同位素分析；③定性、定量分析；④提供丰富的结构信息。

9.16.2　结构

质谱仪具有高灵敏度、高自动化并能提供丰富的结构信息，但其结构非常复杂、价格昂贵。质谱仪的种类很多，按研究对象不同，质谱仪可分为同位素质谱仪、无机质谱仪和有机质谱仪。按质量分离器不同可分为单聚焦质谱仪、双聚焦质谱仪、四极滤质器及飞行时间质谱仪。

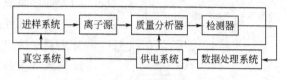

图 9.16.1　质谱仪组成方块图

图 9.16.1 所示为质谱仪组成方块图。其中进样系统的作用是将待测物质（即样品）送进离子源；离子源把样品中的原子、分子电离成为离子；质量分析器使离子按照质荷比的大小分离开来；离子检测器用以测量、记录离子流强度，从而得出质谱图。离子源的结构与性能对分析效果的影响极大，有人称之为质谱仪的心脏。它与质量分析器、离子检测器皆为质谱仪的关键部件。此外，仪器中还配置真空系统、供电系统和数据处理系统，以保证仪器正常运行。

① 离子源。为了适应不同形态样品的分析要求，人们利用气体放电、粒子轰击、场致电离、离子-分子反应等机理，发展了数十种离子源，使样品中的原子（分子）电离成为离子（正离子、负离子、分子离子、碎片离子、单电荷离子、多电荷离子），并将离子加速，聚焦成为离子体，以便送进质量分析器。

② 质量分析器。质量分析器的作用是将离子源产生的离子按照质荷比的大小分开。理想的质量分析器应该能分开质荷比相差很微小的离子，使质谱仪具有较高的分辨率，而且能产生强的离子流使质谱仪具有较高的灵敏度。质量分析器的种类繁多，常用的有单聚焦分离器、双聚焦分离器、四极滤质器、飞行时间分离器四种。

③ 离子检测器。为了进行高灵敏度与高速度检测，现代质谱仪一般采用电子倍增检测器或后加速式倍增检测器，由检测器输出的电流信号经前置放大器放大并转变为适合数字转换的电压，由计算机完成数据处理并绘制成质谱图。

④ 真空系统。为了保证样品中的原子（分子）在进样系统与离子源中正常运行，保证离子在离子源中的正常运行，减少不必要的粒子碰撞、散射效应、复合效应和离子-分子反应，减小本底与记忆效应，均要求质谱仪中的有关部分保持一定的真空度。

⑤ 电学系统。原子（分子）的电离以及离子的引出、聚焦、加速、分离的整个过程，都需要利用电学系统提供能量，使仪器按确定的电磁参数正常运行。离子流的检测与记录、数据采集与处理系统的运行，同样需要仪器中设置的电学系统加以实现。

9.16.3　使用方法

9.16.3.1　普通质谱仪

普通质谱仪的使用方法，一般按以下步骤进行。

① 在开机前要将仪器的真空系统调节到规定的真空度（否则严禁开机）。

② 根据待测定的对象选择能量相当的电离源，如选择常用的电子轰击源，则要调节好一定的发射电流和离子源温度。

③ 调节好磁场扫描范围和扫描速度及扫描方式。

④ 调节好检测器的电子倍增器电压范围。

⑤ 选择适当的进样方式将待测样品进样，并记录质谱图。

9.16.3.2　色谱-质谱联用仪

GC-MS 联用仪由气相色谱仪、质谱仪、计算机和 GC 与 MS 之间的中间连接装置接口四大部件组成，见图 9.16.2。

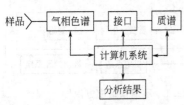

图 9.16.2　GC-MS 联用仪组成方块图

四大部件的作用是：气相色谱仪是混合样品的组分分离器；接口是样品组分的传输线和 GC、MS 两机工作流量或气压的匹配器；质谱是试样组分的鉴定器；计算机是整机工作的指挥器、数据处理器和分析结果输出器。

GC-MS 联用仪操作要点如下。

① 对给定的 GC-MS 联用仪，按流量匹配原则，选择色谱柱类型、尺寸、柱前压（或流量）是仪器正常工作和良好性能的基础。一般 GC-MS 联用仪的操作说明书对规格、接口和柱前压有较详细的规定，应遵照执行。

② 了解并控制混合物分离的气相色谱条件，是利用 GC-MS 联用仪分析成功的第一步。在 GC 法中，一切有利于试样色谱分离的方法都应继承，如样品萃取、衍生、硅烷化处理等。

③ 合理设置 GC-MS 联用仪各温度带区的温度，防止出现冷点，是保证色谱有效分离的关键。

④ 防止离子源沾污是减少离子源清洗次数、保持整机良好工作状态的重要措施。防止离子源沾污的方法有：柱老化时不连质谱仪，柱最高工作温度应低于老化温度 10℃以上。保持离子源温度，必要时加热，减少引入高沸点和高含量样品，防止真空度下降等。

⑤ 质谱仪操作参量（质谱图质量范围、分辨率和扫描速度）的综合考虑。按分析要求和仪器所能达到的性能设定操作参量：在选定 GC 柱和分离条件下，可知 GC 峰的宽度。以 1/10GC 峰宽初定扫描周期，由所需谱图的质量范围、分辨率和扫描速度，再实测之。若仪器性能不能满足要求再适当修正。

⑥ 注意进样量的综合分析。以能检出和可鉴定为度，尽量减少进样量，以防止沾污质谱仪。

⑦ GC-MS 联用仪的操作随具体仪器的自动化程度而有很大差异，自动化程度越低，操作人员越应注意操作要求。

9.17　核磁共振波谱仪

用来检测和记录在磁场中的待测自旋原子核，吸收无线电波而形成的核磁共振吸收波谱，并进行结构及其他分析的仪器，称为核磁共振波谱仪（NMR）。

9.17.1　工作原理

待测的自旋原子核在外磁场的作用下，自旋能级发生分裂，其能级间的能量差 ΔE 取决于外磁感应强度 B_0，即 $\Delta E=\gamma h B_0/2\pi$。式中 h 为普朗克常数；γ 为磁旋比，一定的原子核具有一定的磁旋比，如 ^1H 核的 γ 值为 $2.6753\times10^8 \text{rad}/(\text{s}\cdot\text{T})$。

当以一定频率的无线电波照射外磁场 B_0 中的自旋原子核（如 ^1H 核）时，若某一无线电波的频率 ν 恰好与自旋能级差 ΔE 相适应时，即 $\Delta E=h\nu=\gamma h B_0/2\pi$，则该频率的无线电波被待测原子选择性地吸收，处于低能态的原子核由于吸收此频率的无线电波而跃迁至高能态（即所谓的"核磁共振"）。核磁共振波谱仪就是将待测物质对无线电波的吸收情况以化学位移（常数）δ 作横坐标，以吸收强度作纵坐标，记录并绘制出核磁共振波谱（或核磁共振谱图）。

核磁共振波谱中的吸收峰组数、化学位移、裂分峰数目、耦合常数以及各峰的峰面积（积分高度）等都与物质中存在的基团及物质结构有密切关系。因此，根据核磁共振波谱可鉴定和推测化合物（有机物）的分子结构。

9.17.2　结构

NMR 仪的型号和种类很多，按产生磁场的来源可分为永久磁铁、电磁铁和超导磁铁三种；按磁场强度的大小不同，所用的照射频率不同又分为 60MHz(1.4097T)，90MHz(2.11T) 等。按仪器的扫描方式又可分为连续波（CW）方式和脉冲傅里叶变换（PFT）方式两种。电磁铁 NMR 仪最高可达 100MHz，超导 NMR 仪目前已达到并超过 600MHz。频率越大的仪器，分辨率和灵敏度越高，更主要的是可以简化谱图而利于解析。图 9.17.1 是一般 NMR 仪的工作原理示意图。

不论哪种类型的仪器，都由磁铁、探头、发射系统、接收系统和自动化、智能化记录器组成。

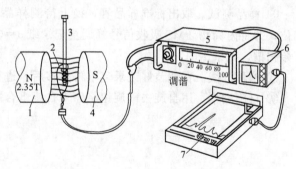

图 9.17.1　NMR 波谱仪原理图
1,4—磁体；2—射频线圈；3—样品；5—发射机；
6—接收机；7—记录仪

① 磁铁。磁铁是用来产生一个恒定的、均匀的磁场，是关系到 NMR 仪灵敏度和测量准确度的部分。增大磁场强度可提高仪器的灵敏度。目前常用的磁铁有永久磁铁、电磁铁、超导磁铁三种。

② 探头。又称检测器，是核磁共振仪的眼睛。为了得到更多的信息，探头也发展成许多种类，有单核、双核和多核探头之分。单核探头只能检测一种核，如 ^1H 或 ^{13}C 核探头；双核探头既可以测 ^1H 核，又可检测 ^{13}C 核；多核探头可以测定 ^{19}F，^{31}P，^{15}N 等多种核，但灵敏度一般不如单核探头高。

③ 发射系统。它包括观察道发射及去耦道发射，二者都由频率源、脉冲调制、功放、相移、计算机控制接口等部分组成。

④ 接收系统。它包括低噪声前放、超外差接收、中放、相敏检波、滤波、计算机 A/D 转换、傅里叶变换，相位校正、显示绘图等。目前好的 NMR 谱仪都采用正交检波、相位

循环。

　　⑤ 波谱仪。它通常包括专用控制微机（如自动保护、自动控制）、计算机数据处理系统（如二维谱、谱分析、谱模拟等）。

　　总之，NMR 谱仪采用了现代科学各方面的最新技术，发展成大型精密仪器，不断满足各种结构分析的需要。不断采用更新的技术，以便最大限度地扩大 NMR 谱仪的功能。

9.17.3　使用方法

　　核磁共振波谱仪的使用方法通常包括以下步骤。

　　① 开机并放好标准样品管。打开波谱仪开关（注意 1h 后方可进行测试），并使空气压缩机开始工作。将标准样品管沉入探头底部，使其以一定转速平稳旋转。

　　② 匀场。用磁场调节旋钮调节好磁场均匀性，直至标准样品吸收峰在记录仪和示波器上有适当的幅度和相位。

　　③ 调节分辨率。先用磁场旋钮将 TMS（四甲基硅烷）峰调至示波器中间并将扫谱宽度调节到适当范围，然后调节分辨率细调旋钮，直至在示波器中看到 TMS 吸收信号的尾波高度是吸收信号高度的 70%，再用信号强度表进一步调节分辨率，直至 TMS 吸收信号尾波的峰高是吸收信息高度的 85%～90%，则表明分辨率已调好。

　　④ 调节幅度与相位。调节好幅度和相位旋钮，以使标准样品信号强度适当，吸收信号峰前峰后在一条基线上。

　　⑤ 样品测试。取出标准样品管，换上待测样品管，按上述步骤调节待测样品的幅度与相位，并将内标物 TMS 吸收信号峰调至记录纸 $\sigma=0$ 位置，将记录笔移至 $\sigma=10$ 位置，然后开始扫谱，记录谱图。

　　⑥ 扫积分线。在调节好记录笔不再漂移后，进行扫描积分。

　　⑦ 自旋去耦。用自旋去耦旋钮将原来自旋耦合裂分的多重峰变为单峰。

（张跃华　王凤云）

参 考 文 献

［1］ 张小林，余淑娴，彭在姜主编. 化学实验教程. 北京：化学工业出版社，2006.

［2］ 刘约全，李贵深主编. 实验化学. 第 2 版. 北京：高等教育出版社，2005.

［3］ 徐伟亮主编. 基础化学实验. 北京：科学出版社，2005.

［4］ 雷群芳主编. 中级化学实验. 北京：科学出版社，2005.

［5］ 复旦大学等编. 物理化学实验. 第 3 版. 北京：高等教育出版社，2004.

［6］ 黄允中，张元勤，刘凡. 计算机辅助物理化学实验. 北京：化学工业出版社，2003.

［7］ 张晓丽主编. 仪器分析实验. 北京：化学工业出版社，2006.

［8］ 孙毓庆主编. 分析化学实验. 北京：科学出版社，2004.

［9］ 苏克曼，张济新主编. 仪器分析实验. 第 2 版. 北京：高等教育出版社，2004.

［10］ 朱明华. 仪器分析. 第 3 版. 北京：高等教育出版社，2000.

［11］ 余振宝，姜桂兰. 分析化学实验. 北京：化学工业出版社，2006.

［12］ 李华昌，符斌主编. 实用化学手册. 北京：化学工业出版社，2006.

［13］ 印永嘉主编. 大学化学手册. 济南：山东科学技术出版社，1985.

［14］ J A Dean 主编. 兰氏化学手册. 北京：科学出版社，1991.

［15］ R C Weast. CRC Handbook of Chemistry & Physics. FL：CRC Press，1989.

附　录

附录1　SI 基本单位

量		单　位		量		单　位	
名　称	符　号	名　称	符　号	名　称	符　号	名　称	符　号
长度	l	米	m	热力学温度	T	开[尔文]	K
质量	m	千克(公斤)	kg	物质的量	n	摩[尔]	mol
时间	t	秒	s	发光强度	I_v	坎[德拉]	cd
电流	I	安[培]	A				

附录2　常用的 SI 导出单位

量		单　位		
名　称	符　号	名　称	符　号	定义式
频率	ν	赫[兹]	Hz	s^{-1}
能量	E	焦[耳]	J	$kg \cdot m^2/s^2$
力	F	牛[顿]	N	$kg \cdot m/s^2 = J/m$
压力	p	帕[斯卡]	Pa	$kg/(m \cdot s^2) = N/m^2$
功率	P	瓦[特]	W	$kg \cdot m^2/s^3 = J/s$
电量	Q	库[仑]	C	$A \cdot s$
电位,电压,电动势	$U \cdot R \cdot G$	伏[特]	V	$kg \cdot m^2/(s^3 \cdot A) = J/(A \cdot s)$
电阻	R	欧[姆]	Ω	$kg \cdot m^2/(s^3 \cdot A^2) = V/A$
电导	G	西[门子]	S	$s^3 \cdot A^2/(kg \cdot m^2) = \Omega^{-1}$
电容	C	法[拉]	F	$A^2 \cdot s^4/(kg \cdot m^2) = A \cdot s/V$
磁通量	Φ	韦[伯]	Wb	$kg \cdot m^2/(s^2 \cdot A) = V \cdot s$
电感	L	亨[利]	H	$kg \cdot m^2/(s^2 \cdot A^2) = V \cdot s/A$
磁通量密度(磁感应强度)	B	特[斯拉]	T	$kg/(s^2 \cdot A) = V \cdot s$

附录3　基本常数 (1986 年国际推荐值)

物　理　量	符　号	数　值
光速	C	$299792458 m/s$
真空导磁率	M_0	$4\pi \times 10^{-7} N/A^2$
真空电容率,$1/(\mu^0 C^2)$	E_0	$8.854187817 \times 10^{-12} F/m$
牛顿引力常数	G	$6.67259(85) \times 10^{-11} m^3/(kg \cdot s^2)$
普朗克常数	h	$6.6260755(40) \times 10^{-34} J \cdot s$
基本电荷	E	$1.60217733(49) \times 10^{-19} C$
电子质量	m_e	$0.91093897(54) \times 10^{-30} kg$
质子质量	m_p	$1.6726231(10) \times 10^{-27} kg$
质子-电子质量比	m_p/m_e	$1836.152701(37)$
精细结构常数	α	$7.29735308(33) \times 10^{-3}$
里德伯常数	R^∞	$10973731.534(13) m^{-1}$
阿伏加德罗常数	L, N_A	$6.0221367(36) \times 10^{23} mol^{-1}$
法拉第常数	F	$96485.309(29) C/mol$
摩尔气体常数	R	$8.314510(70) J/(mol \cdot K)$
玻尔兹曼常数,R/L_A	K	$1.380658(12) \times 10^{-23} J/K$
斯式藩-玻尔兹曼常数$(\pi^2 k^4/60 h^3 c^2)$	σ	$5.67051(12) \times 10^{-8} W/(m^2 \cdot K^4)$
电子伏	eV	$1.60217733(49) \times 10^{-19} J$
原子质量,$(1/12)m(^{12}C)$	u	$1.6605402(10) \times 10^{-27} kg$

附录4　压力单位换算表

单　　　位	Pa(N/m²)	bar	mmH₂O	kgf/m²
牛顿/米²(N/m²)或帕斯卡(Pa)	1	1×10^{-5}	0.101972	0.101972
巴(bar)	1×10^5	1	10.1972×10^3	10197.2
毫米水柱 4℃(mmH₂O)	0.101972	9.80665×10^{-5}	1	1×10^{-8}
公斤力/米²(kgf/m²)	9.80665	9.80665×10^{-5}	1×10^{-8}	1
工程大气压(at)	9.80665×10^4	0.980665	1×10^{-4}	1×10^4
标准大气压(atm)	1.01325×10^5	1.01325	10.3323×10^3	10332.3
毫米水银柱 0℃(mmHg)	133.322	0.00133322	13.5951	13.5951
磅/英寸²(lb/in²,psi)	6.89476×10^3	0.0689476	703.072	703.072

附录5　热功单位换算表

单　　　位	J	kcal	kgf·m	kW·h	hp·h
焦耳(J)	1	2.389×10^{-4}	0.10204	2.778×10^{-7}	3.777×10^{-7}
千卡(kcal)	4186.75	1	427.216	1.227×10^{-3}	1.58×10^{-3}
千克力·米(kgf·m)	9.80665	2.342×10^{-3}	1	2.724×10^{-6}	3.704×10^{-6}
千瓦·小时(kW·h)	3.6×10^6	860.04	3.67×10^5	1	1.36
公制马力·小时(hp·h)	2.648×10^6	632.61	2.703×10^5	0.7356	1

附录6　电磁波谱范围

光　谱　区	频率范围	空气中波长	作用类型
宇宙或γ射线	$>10^{20}$(能量 MeV)	$<10^{-12}$m	原子核
X射线	$10^{20} \sim 10^{16}$	$10^{-3} \sim 10$nm	内层电子跃迁
远紫外光	$10^{16} \sim 10^{15}$	$10 \sim 200$nm	电子跃迁
紫外光	$10^{15} \sim 7.5 \times 10^{14}$	$200 \sim 400$nm	电子跃迁
可见光	$7.5 \times 10^{14} \sim 4.0 \times 10^{14}$	$400 \sim 750$nm	价电子跃迁
近红外光	$4.0 \times 10^{14} \sim 1.2 \times 10^{14}$	$0.75 \sim 2.5 \mu$m	振动跃迁
红外光	$1.2 \times 10^{14} \sim 10^{11}$	$2.5 \sim 1000 \mu$m	振动或转动跃迁
微波	$10^{11} \sim 10^8$	$0.1 \sim 100$cm	转动跃迁
无线电波	$10^8 \sim 10^5$	$1 \sim 1000$m	原子核旋转跃迁
声波	$20000 \sim 30$	$15 \sim 10^6$km	分子运动

附录7　不同温度下水的 ρ, p, σ, n_D, η 和 ε

$T/℃$	密度 10^{-3} $\rho/(\text{kg/m}^3)$	蒸气压 p/mmHg	表面张力 σ $10^{-3}/(\text{N/m})$	折射率 n_D	黏度 $\eta/10^{-3}\text{Pa·s}$	介电常数 ε
0	0.99987	4.579	75.64	1.33395	1.7702	87.74
5	0.99999	6.543	74.92	1.33388	1.5108	85.76
10	0.99973	9.209	74.22	1.33369	1.3039	83.83
15	0.99913	12.788	73.59	1.33339	1.1374	81.95
20	0.99823	17.535	72.75	1.33300	0.0019	80.10
21	0.99802	18.650	72.59	1.33290	0.9764	79.73

续表

T/℃	密度 10⁻³ $\rho/(kg/m^3)$	蒸气压 $p/mmHg$	表面张力 σ $10^{-3}/(N/m)$	折射率 n_D	黏度 $\eta/10^{-3}Pa \cdot s$	介电常数 ε
22	0.99780	19.827	72.44	1.33280	0.9532	79.38
23	0.99756	21.068	72.28	1.33271	0.9310	79.02
24	0.99732	22.377	72.13	1.33261	0.9100	78.65
25	0.99707	23.756	71.97	1.33250	0.8903	78.30
26	0.99681	25.209	71.82	1.33240	0.8703	77.94
27	0.99654	26.739	71.66	1.33229	0.8512	77.60
28	0.99626	28.349	71.50	1.33217	0.8328	77.24
29	0.99597	30.043	71.35	1.33206	0.8145	76.90
30	0.99567	31.824	71.18	1.33194	0.7973	76.55
35	0.99406	42.175	70.38	1.33131	0.7190	74.83
40	0.99224	55.324	69.56	1.33061	0.6526	73.15
45	0.99025	71.880	68.74	1.32985	0.5972	71.51
50	0.98807	92.510	67.91	1.32904	0.5468	69.91
55	0.98573	118.040				
60	0.98324	149.380	66.18			
65	0.98059	187.540				
70	0.97781	283.700	64.42			
75	0.97489	289.100				
80		355.100	62.61			
90		525.760	60.75			
100		760.000	58.85			

附录8 常用有机溶剂的物理常数

溶　剂	mp/℃	bp/℃	D_4^{20}	n_D^{20}	ε	R_D	μ/D
乙酸	17	118	1.049	1.3716	6.15	12.9	1.68
丙酮	−95	56	0.788	1.3587	20.7	16.2	2.85
乙腈	−44	82	0.782	1.3441	37.5	11.1	3.45
苯甲醚	−3	154	0.994	1.5170	4.33	33	1.38
苯	5	80	0.879	1.5011	2.27	26.2	0.00
溴苯	−31	156	1.495	1.5580	5.17	33.7	1.55
二硫化碳	−112	46	1.274	1.6295	2.6	21.3	0.00
四氯化碳	−23	77	1.594	1.4601	2.24	25.8	0.00
氯苯	−46	132	1.106	1.5248	5.62	31.2	1.54
氯仿	−64	61	1.489	1.4458	4.81	21	1.15
环己烷	6	81	0.778	1.4262	2.02	27.7	0.00
丁醚	−98	142	0.769	1.3992	3.1	40.8	1.18
邻二氯苯	−17	181	1.306	1.5514	9.93	35.9	2.27
1,2-二氯乙烷	−36	84	1.253	1.4448	10.36	21	1.86
二氯乙烷	−95	40	1.326	1.4241	8.93	16	1.55
二乙胺	−50	56	0.707	1.3864	3.6	24.3	0.92
乙醚	−117	35	0.713	1.3524	4.33	22.1	1.30
1,2-二甲氧基乙烷	−68	85	0.863	1.3796	7.2	24.1	1.71
N,N-二甲基乙酰胺	−20	166	0.937	1.4384	37.8	24.2	3.72
N,N-二甲基甲酰胺	−60	152	0.945	1.4305	36.7	19.9	3.86
二甲基亚砜	19	189	1.096	1.4783	46.7	20.1	3.90
1,4-二氧六环	12	101	1.034	1.4224	2.25	21.6	0.45
乙醇	−114	78	0.789	1.3614	24.5	12.8	1.69

溶　剂	mp/℃	bp/℃	D_4^{20}	n_D^{20}	ε	R_D	μ/D
乙酸乙酯	−84	77	0.901	1.3724	6.02	22.3	1.88
苯甲酸乙酯	−35	213	1.050	1.5052	6.02	42.5	2.00
甲酰胺	3	211	1.133	1.4475	111.0	10.6	3.37
六甲基磷酰胺	7	235	1.027	1.4588	30.0	47.7	5.54
异丙醇	−90	82	0.786	1.3772	17.9	17.5	1.66
异丙醚	−60	68		1.36			
甲醇	−98	65	0.791	1.3284	32.7	8.2	1.70
2-甲基-2-丙醇	26	82	0.786	1.3877	10.9	22.2	1.66
硝基苯	6	211	1.204	1.5562	34.82	32.7	4.02
硝基甲烷	−28	101	1.137	1.3817	35.87	12.5	3.54
吡啶	−42	115	0.983	1.5102	12.4	24.1	2.37
叔丁醇	25.5	82.5	—	1.3878	—	—	—
四氢呋喃	−109	66	0.888	1.4072	7.58	19.9	1.75
甲苯	−95	111	0.867	1.4969	2.38	31.1	(0.43)
三氯乙烯	−86	87	1.465	1.4767	3.4	25.5	0.81
三乙胺	−115	90	0.726	1.4010	2.42	33.1	0.87
三氟乙酸	−15	72	1.489	1.2850	8.55	13.7	2.26
2,2,2-三氟乙醇	−44	77	1.384	1.2910	8.55	12.4	2.52
水	0	100	0.998	1.3330	80.1	3.7	1.82
邻二甲苯	−25	144	0.880	1.5054	2.57	35.8	0.62

注：mp—熔点；bp—沸点；D—相对密度；n_D—折射率；ε—相对介电常数；R_D—摩尔折射率；μ—偶极矩。

附录9　相关有机化合物的蒸气压

下列各化合物的蒸气压可用方程式 $\lg p = A - B/(C+t)$ 计算之，式中 A、B、C 为三常数。p 为化合物蒸气压（mmHg），t 为℃。

名　称	分子式	温度范围/℃	A	B	C
四氯化碳	CCl_4	—	6.87926	1212.021	226.41
氯仿	$CHCl_3$	−35～61	6.4934	929.44	196.03
甲醇	CH_4O	−14～65	7.89750	1474.08	229.13
二氯乙烷	$C_2H_4Cl_2$	−31～99	7.0253	1271.3	222.9
醋酸	$C_2H_4O_2$	液体	7.38782	1533.313	222.309
乙醇	C_2H_6O	−2～100	8.32109	1718.10	237.52
丙酮	C_3H_6O	液体	7.11714	1210.595	229.664
异丙醇	C_3H_8O	0～101	8.11778	1580.92	219.61
乙酸乙酯	$C_4H_8O_2$	15～76	7.10179	1244.95	217.88
正丁醇	$C_4H_{10}O$	15～131	7.47680	1362.39	178.77
苯	C_6H_6	8～103	6.90565	1211.033	220.790
环己烷	C_6H_{12}	20～81	6.84130	1201.53	222.65
甲苯	C_7H_8	6～137	6.95464	1344.800	219.48
乙苯	C_8H_{10}	26～164	6.95719	1424.255	213.21

附录10　一些有机化合物的密度

在给定温度范围内，下列几种有机化合物的密度可用方程式 $\rho_t = \rho_0 + 10^{-3}\alpha(t - t_0) +$

$10^{-6}\beta(t-t_0)^2+10^{-9}\gamma(t-t_0)^3$ 来计算。式中 ρ_0 为 $t_0=0℃$ 时的密度，单位为 g/cm^3。

化合物	ρ_0	α	β	γ	温度范围/℃
四氯化碳	1.63255	-1.9110	-0.690	0	0～40
氯仿	1.52643	-1.8563	-0.5309	-8.81	-53～55
乙醚	0.73629	-1.1138	-1.237	0	0～70
乙醇	0.78506($t_0=25℃$)	-0.8591	-0.56	-5	—
醋酸	1.0724	-1.1229	0.058	-2.0	9～100
丙酮	0.81248	-1.100	-0.858	0	0～50
异丙醇	0.8014	-0.809	-0.27	0	0～25
正丁醇	0.82390	-0.699	-0.32	0	0～47
乙酸甲酯	0.95932	-1.2710	-0.405	-6.00	0～100
乙酸乙酯	0.92454	-1.168	-1.95	20	0～40
环己烷	0.79707	-0.8879	-0.972	1.55	0～65
苯	0.90005	-1.0638	-0.0376	-2.213	11～72

附录 11　几种溶剂的冰点下降常数

K_f 是指 1mol 溶质，溶解在 1000g 溶剂中的冰点下降常数。

溶 剂	纯溶剂的凝固点/℃	K_f	溶 剂	纯溶剂的凝固点/℃	K_f
水	0	1.853	对二氧六环	11.7	4.71
醋酸	16.6	3.90	环己烷	6.54	20.0
苯	5.533	5.12			

附录 12　常压下一些二元共沸物的沸点和组成

共 沸 物		各组分的沸点/℃		共沸物的性质	
甲组分	乙组分	甲组分	乙组分	沸点/℃	组成 $w_甲$/%
苯	乙醇	80.1	78.3	67.9	68.3
环己烷	乙醇	80.8	78.3	64.8	70.8
正己烷	乙醇	68.9	78.3	58.7	79.0
乙酸	乙酯乙醇	77.1	78.3	71.8	69.0
乙酸乙酯	环己烷	77.1	80.7	71.6	56.0
异丙醇	环己烷	82.4	80.7	69.4	32.0

附录 13　无机化合物的标准溶解热

（25℃下，1mol 标准状态下的纯物质溶于水生成浓度为 $1mol/dm^3$ 的理想溶液过程的热效应。）

化 合 物	$\Delta_{sol}H_m/(kJ/mol)$	化 合 物	$\Delta_{sol}H_m/(kJ/mol)$
$BaCl_2$	-13.22	KNO_3	34.73
$Ba(NO_3)_2$	40.38	$MgCl_2$	-155.06
$Ca(NO_3)_2$	-18.87	$Mg(NO_3)_2$	-85.48
$CuSO_4$	-73.26	$MgSO_4$	-91.21
KBr	20.04	$ZnCl_2$	-71.46
KCl	17.24	$ZnSO_4$	-81.38

附录 14　25℃ 下醋酸在水溶液中的电离度和离解常数

$c/(mol/m^3)$	α	$10^2 K_c/(mol/m^3)$	$c/(mol/m^3)$	α	$102 K_c/(mol/m^3)$
0.1113	0.3277	1.754	12.83	0.03710	1.743
0.2184	0.2477	1.751	20.00	0.02987	1.738
1.028	0.1238	1.751	50.00	0.01905	1.721
2.414	0.0829	1.750	100.00	0.1350	1.695
5.912	0.05401	1.749	200.00	0.00949	1.645
9.842	0.04223	1.747			

附录 15　不同浓度范围内 KCl 溶液的电导率（$10^{-2}\kappa$）

单位：S/m

$t/℃$	$c/(mol/dm^3)$				$t/℃$	$c/(mol/dm^3)$			
	1.000	0.1000	0.0200	0.0100		1.000	0.1000	0.0200	0.0100
0	0.06541	0.00715	0.001521	0.000776	21	0.10400	0.01191	0.002553	0.001305
5	0.07414	0.00822	0.001752	0.000896	22	0.10594	0.01215	0.002606	0.001332
10	0.08319	0.00933	0.001994	0.001020	23	0.10789	0.01229	0.002659	0.001359
15	0.09252	0.01048	0.002243	0.001147	24	0.10984	0.01264	0.002712	0.001386
16	0.09441	0.01072	0.002294	0.001173	25	0.11180	0.01288	0.002765	0.001413
17	0.09631	0.01095	0.002345	0.001199	27	0.11377	0.01313	0.002819	0.001441
18	0.09822	0.01119	0.002397	0.001225	28	0.11574	0.01337	0.002873	0.001468
19	0.10014	0.01143	0.002449	0.001251	29	—	0.01362	0.002927	0.001496
20	0.10207	0.01167	0.002501	0.001278	30	—	0.01387	0.002981	0.001524

附录 16　25℃ 下常见标准电极电位及温度系数

电　极	电极反应	φ^0/V	$d\varphi^0/dT/(mV/K)$
Ag^+/Ag	$Ag^+ + e \Longrightarrow Ag$	0.7991	−1.000
$AgCl\text{-}Ag/Cl^-$	$AgCl + e \Longrightarrow Ag + Cl^-$	0.2224	−0.658
$AgI\text{-}Ag/I^-$	$AgI + e \Longrightarrow Ag + I^-$	−0.151	−0.284
Cd^{2+}/Cd	$Cd^{2+} + 2e \Longrightarrow Cd$	−0.403	−0.093
Cl_2/Cl^-	$Cl_2 + 2e \Longrightarrow 2Cl^-$	1.3595	−1.260
Cu^{2+}/Cu	$Cu^{2+} + 2e \Longrightarrow Cu$	0.337	0.008
Fe^{2+}/Fe	$Fe^{2+} + 2e \Longrightarrow Fe$	−0.440	0.052
Mg^{2+}/Mg	$Mg^{2+} + 2e \Longrightarrow Mg$	−2.37	0.103
Pb^{2+}/Pb	$Pb^{2+} + 2e \Longrightarrow Pb$	−0.126	−0.451
$PbO_2, PbSO_4, SO_4^{2-}, H^+$	$PbO_2 + SO_4^{2-} + 4H^+ + 2e \Longrightarrow PbSO_4 + 2H_2O$	1.685	−0.326
OH^-/O_2	$O_2 + 2H_2O + 4e \Longrightarrow 4OH^-$	0.401	−1.680
Zn^{2+}/Zn	$Zn^{2+} + 2e \Longrightarrow Zn$	−0.7628	0.091

附录 17　常见液体的黏度

物　　质	$10^3 \eta / Pa \cdot s$				
	15℃	20℃	25℃	30℃	40℃
甲醇	0.623	0.597	0.547	0.510	0.456
乙醇		1.200		1.003	0.834
丙酮	0.337		0.316	0.295	0.280(41℃)
醋酸	1.31		1.155(25.2℃)	1.04	1.00(41℃)
苯		0.652		0.564	0.503
甲苯		0.590		0.526	0.471
乙苯		0.691(17℃)			

附录 18　相关有机化合物的标准摩尔燃烧焓

名称	化　学　式	$t/℃$	$-\Delta_c H_m^{\ominus}/(kJ/mol)$	名称	化　学　式	$t/℃$	$-\Delta_c H_m^{\ominus}/(kJ/mol)$
甲醇	$CH_3OH(l)$	25	726.51	己烷	$C_6H_{14}(l)$	25	4163.1
乙醇	$C_2H_5OH(l)$	25	1366.8	苯甲酸	$C_6H_5COOH(s)$	20	3226.9
草酸	$(CO_2H)_2(s)$	25	245.6	樟脑	$C_{10}H_{16}O(s)$	20	5903.6
甘油	$(CH_2OH)_2CHOH(l)$	20	1661.0	萘	$C_{10}H_8(s)$	25	5153.8
苯	$C_6H_6(l)$	20	3267.5	尿素	$NH_2CONH_2(s)$	25	631.7

附录 19　18～25℃下难溶化合物在水中的溶度积

化　合　物	K_{sp}	化　合　物	K_{sp}
AgBr	4.95×10^{-13}	$BaSO_4$	1×10^{-10}
AgCl	7.7×10^{-10}	$Fe(OH)_3$	4×10^{-38}
AgI	8.3×10^{-17}	$PbSO_4$	1.6×10^{-8}
Ag_2S	6.3×10^{-52}	CaF_2	2.7×10^{-11}
$BaCO_3$	5.1×10^{-9}		

附录 20　相关均相反应的速率常数

A. 蔗糖水解反应速率常数

$c_{HCl}/(mol/dm^3)$	$10^3 k/min^{-1}$			$c_{HCl}/(mol/dm^3)$	$10^3 k/min^{-1}$		
	298.2K	308.2K	318.2K		298.2K	308.2K	318.2K
0.0502	0.4169	1.738	6.213	0.9000	11.16	46.76	148.8
0.2512	2.255	9.35	35.86	1.214	17.455	75.97	
0.4137	4.043	17.00	60.62				

B. 乙酸乙酯皂化反应的速率常数 $k[dm^3/(mol \cdot min)]$ 与温度的关系

$$lgk = 4.53 - 1780T^{-1} + 0.00754T$$

C. 丙酮碘化反应的速率常数

$$k(25℃) = 1.71 \times 10^{-3} (mol \cdot dm^{-3})^{-1} \cdot min^{-1}$$

$$k(35℃) = 5.284 \times 10^{-3} (mol \cdot dm^{-3})^{-1} \cdot min^{-1}$$